工程材料工艺学

冷加工

主　编　成红梅
副主编　崔明铎　马海龙　吕英波

清华大学出版社
北京

内容简介

本书是根据教育部最新颁布的"工程材料与机械制造基础课程教学基本要求",并结合我国普通高校多年来的教学改革经验而编写的。

本书侧重应用性人才培养,以工程材料的成形技术为主线,以各类零件结构设计为重点,注重理论知识与生产技术相结合,针对"中国制造"发展的实际和需要,强化了成形工艺设计的比例,强调了产品结构工艺设计中的经济分析的理论与方法。全书内容包括:金属切削的基础知识,金属切削机床的基础知识,常用金属切削方法,成形面、螺纹和齿轮齿形的加工,现代制造技术及其发展,机械加工工艺过程基础知识,以及零件的结构工艺性等。

本书可作为高等工科院校本、专科以及高职和成人教育等层次院校的通用教材,也可供其他有关专业的师生和工程技术人员参考。

图书在版编目(CIP)数据

工程材料工艺学:冷加工/成红梅主编.--北京:清华大学出版社,2010.9(2017.7重印)
ISBN 978-7-302-23575-0

Ⅰ.①工… Ⅱ.①成… Ⅲ.①工程材料-冷加工-工艺学-高等学校-教材 Ⅳ.①TB3 ②TG386

中国版本图书馆CIP数据核字(2010)第158332号

责任编辑:庄红权
责任校对:赵丽敏
责任印制:杨 艳

出版发行:清华大学出版社
网 址:http://www.tup.com.cn,http://www.wqbook.com
地 址:北京清华大学学研大厦A座 邮 编:100084
社 总 机:010-62770175 邮 购:010-62786544
投稿与读者服务:010-62776969,c-service@tup.tsinghua.edu.cn
质量反馈:010-62772015,zhiliang@tup.tsinghua.edu.cn
印 装 者:虎彩印艺股份有限公司
经 销:全国新华书店
开 本:185mm×260mm **印 张**:12.5 **字 数**:288千字
版 次:2010年9月第1版 **印 次**:2017年7月第7次印刷
定 价:28.00元

产品编号:039287-03

随着我国高等教育的迅猛发展，金工系列课程改革已取得重要成果，为适应目前高等院校本科机械类、近机类专业工程材料工艺学课堂教学的需求，特编写《工程材料工艺学》一书，分为热加工和冷加工两部分。本书即为冷加工部分。

工程材料工艺学内容在保留必要的传统制造工艺的基础上，引进了多学科结合的制造技术工艺。根据教育部工程材料及其机械制造基础课程教学指导小组新颁布的机械类"工程材料成形及制造技术基础"教学的基本要求，本书在保持传统教学内容的基础上，增加了新的教学内容和技术经济分析的内容。

本教材具有如下特点：

(1) 符合高等工科院校机械类专业的培养目标及教育部工程材料及机械制造基础课程指导小组制定的《高等工业学校工程材料成形及制造技术基础教学基本要求》的精神。考虑到对历史的继承、兼顾发展又紧密联系现代，为方便应用，本书定名《工程材料工艺学》，针对多数院校现有的教学条件，本教材以常规机械制造方法为主，增加了其他工程材料(塑料、橡胶、陶瓷和复合材料等)成形工艺和零件结构工艺分析等。

(2) 增加了相关技术领域最新进展的介绍。力求科学、系统、先进、实用。既注重学生获取知识、分析问题与解决工程技术实际问题能力的培养，又力求体现对学生工程素质和创新能力的培养，通过课堂教学强化大学毕业生从事工程实践能力的理论基础。

(3) 与崔明铎已出版的教材《工程材料及其热处理》配合紧密。

(4) 全书名词术语和计量单位采用了最新国家标准及其他有关标准。

(5) 本书坚持叙述简练、深入浅出、直观形象、图文并茂，同时不使篇幅过大。

本书由成红梅担任主编，崔明铎、马海龙、吕英波任副主编。山东大学张进生教授对本书进行了认真审阅并提出了许多宝贵的意见。参加本书编写的还有王全景、汤爱君、钟佩思、刘梅、秦月霞、闫玉芹、李英杰、李静、崔浩新、米丰敏等。

在本书编写过程中参考了有关教材和相关文献，并征求了有关领导与相关企业人士的意见，在此向上述人员一并表示谢意。

由于编者理论水平及教学经验所限，本书难免有谬误或欠妥之处，敬请读者和各校教师同仁提出批评建议，共同搞好本门课程教材建设工作不胜企盼。

编　者

2010年8月

金属切削的基础知识

1.1 概　述

1.1.1 切削的实质和分类

切削是指利用切削刀具，从工件上切除多余的材料，从而获得尺寸、形状、位置精度及表面质量都符合技术要求的零件的一种加工方法。切削分为机械加工和钳工两大类。

机械加工是利用机械力对工件进行加工的方法，一般在金属切削机床上进行，其主要形式有车削、钻削、刨削、铣削、磨削、齿形加工等，所用机床相应为车床、钻床、刨床、铣床、磨床及齿轮加工机床等。

钳工一般是指在钳工台上以手工工具为主，对工件进行的各种加工方法，其主要工作有锯切、锉削、刮削、研磨、攻螺纹和套螺纹等。

零件的切削一般是在常温状态下进行的，不需要加热，故习惯上称为冷加工。

1.1.2 切削的特点和应用

与铸造及塑性加工等材料成形方法相比，切削成形的一个显著特点是加工精度高、表面粗糙度低。例如，外圆磨削的精度可达 IT7～IT5 级，表面粗糙度可达 $Ra0.8 \sim 0.2\mu m$；镜面磨削的表面粗糙度甚至可达 $0.006\mu m$；而最精密的压力铸造只能达到 IT10～IT9，$Ra6.3 \sim 3.2\mu m$。因此，面对现代机器零件较高的加工质量要求，除少数零件采用精密铸造、精密锻造以及粉末冶金等方法直接获得外，绝大多数的零件都要通过切削获得。统计表明，切削在机械制造中所担负的工作量占机械制造总工作量的 40%～60%，因此，切削成形在工业、农业、国防、科技等各部门中占有十分重要的地位。

切削成形是机械制造过程中的重要环节，其技术水平直接影响机械制造业的产品质量和劳动生产率，影响整个国家工业的发展。

1.1.3 加工质量和生产率

对任何零件进行加工，都应该在保证加工质量的前提下，尽可能地提高生产率和降低成本。

1. 加工质量

零件的加工质量包括加工精度和表面质量，它直接影响零件的使用性能和寿命。

1）加工精度

任何加工方法都不可避免地有误差存在，要想使零件的尺寸、形状、位置等参数加工得绝对准确是不可能实现的。因此，在保证零件使用要求的前提下，应允许这些参数有一定的误差范围，即公差。只要加工后零件的误差在其要求的公差范围内，零件就是合格品。

加工后零件的尺寸、形状、位置等参数的实际数值与绝对准确的理想值相符合的程度称为加工精度。符合程度越高，即偏差（加工误差）越小，加工精度越高。加工精度包括尺寸精度、形状精度和位置精度。

（1）尺寸精度

加工后的零件尺寸与理想尺寸相符合的程度即为尺寸精度。公差越小，则尺寸精度越高。GB/T 1800.2—1998 规定，标准公差分为 20 个等级，分别用 IT01、IT0、IT1、IT2、…、IT18 表示。IT01 的公差值最小，精度最高。从 IT01 至 IT18，公差值依次加大，而其精度依次降低。

（2）形状精度

为了保证机器的装配质量和使用性能，对于机械零件，除了控制尺寸精度外，还应该对表面形状和相互位置加以控制。加工后零件表面的实际几何形状与理想几何形状相符合的程度即为形状精度。形状精度用形状公差来衡量。GB/T 1182—1996 至 GB/T 1184—1996 规定了 6 种形状公差，其项目名称和符号见表 1-1。

表 1-1 形状公差项目名称和符号

项目	直线度	平面度	圆度	圆柱度	线轮廓度	面轮廓度
符号	—	▱	○	⌭	⌒	⌓

（3）位置精度

位置精度是指加工后零件的实际位置与理想位置相符合的程度。位置精度用位置公差来衡量。GB/T 1182—1996 至 GB/T 1184—1996 规定了 8 项位置公差，其项目名称和符号见表 1-2。

表 1-2 位置公差项目名称和符号

项目	平行度	垂直度	倾斜度	位置度	同轴度	对称度	圆跳动	全跳动
符号	//	⊥	∠	⌖	◎	≡	↗	⌰

2）表面质量

表面质量是指零件的表面粗糙度、表层加工硬化的程度和深度、表面残余应力的性质和大小。

(1) 表面粗糙度

经过机械加工的表面，由于加工过程中的振动、刀痕、摩擦及塑性变形等原因，总会产生许多高低不平的峰谷。零件加工表面上具有的较小间距和峰谷所组成的微观几何形状特性称为表面粗糙度。表面粗糙度直接影响零件的疲劳强度、耐磨性、抗腐蚀性和配合性质等，从而影响零件的使用性能和使用寿命。

GB/T 1031—2009 及 GB/T 1031—2006 规定了表面粗糙度的代号、标注、评定参数和评定参数允许数值系列。常用轮廓算术平均偏差 Ra 值来表示表面粗糙度，单位为 μm，如图 1-1 所示，Ra 值越小，表面越光滑。表 1-3 为常用加工方法所能达到的表面粗糙度。

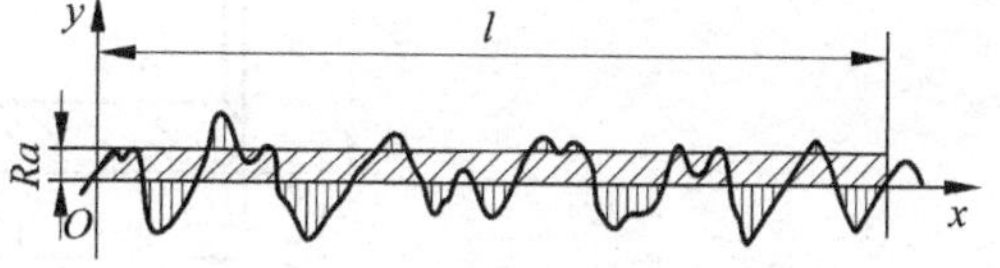

图 1-1 轮廓算术平均偏差

表 1-3 常用加工方法所能达到的表面粗糙度

表面要求	表面特性	Ra/μm	加工方法举例
不加工	毛坯表面清除毛刺	√	钳工
粗加工	明显可见刀痕 可见刀痕 微见刀痕	50 25 12.5	钻孔、粗车、粗铣、粗刨、粗镗
半精加工	可见加工痕迹 微见加工痕迹 不见加工痕迹	6.3 3.2 1.6	半精车、精车、精铣、精刨、粗磨、精镗、铰孔、拉削
精加工	可辨加工痕迹的方向 微辨加工痕迹的方向 不辨加工痕迹的方向	0.8 0.4 0.2	精铰、刮削、精拉、精磨
精密加工	按表面光泽判别	0.1～0.008	精密磨削、珩磨、研磨、抛光、超精加工、镜面磨削

(2) 表层加工硬化和残余应力

经过机械加工后，零件一定深度的表面层内常常会产生加工硬化和残余应力，影响零件的使用性能和加工精度。

在零件图上，通常只规定尺寸公差和表面粗糙度，对要求较高的零件，还要规定形状和位置公差。

零件加工质量与加工成本有着密切的关系。加工精度要求高，将会使加工过程复杂化，导致成本上升，所以在确定零件加工精度和表面粗糙度时，总的原则是：在满足零件使用性能要求和后续工序要求的前提下，尽可能选用较低的精度等级和较大的表面粗糙度值。

图 1-2 给出了套筒零件的尺寸精度、位置精度以及表面粗糙度等要求，如果零件的加工质量满足零件图上的要求即为合格品。

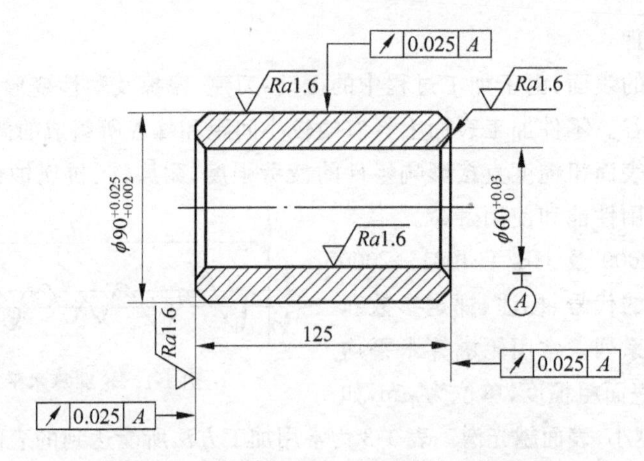

图 1-2　套筒零件的加工精度和表面粗糙度

2. 生产率

切削成形中，常以单位时间内生产的零件数量来表示生产率，即

$$R_o = \frac{1}{t_w}$$

式中，R_o——生产率；

t_w——生产一个零件所需的时间。

在机床上加工一个零件所用的时间包括三个部分：

$$t_w = t_m + t_c + t_o$$

式中，t_m——基本工艺时间，即加工一个零件所需的总切削时间，也称为机动时间；

t_c——辅助时间，即除切削时间之外，与加工直接有关的其他时间。它是工人为了完成切削成形而消耗于各种操作上的时间，如调整机床、装卸刀具、安装和找正工件、手动进刀和退刀、测量工件等；

t_o——其他时间，即除切削时间之外，与加工没有直接关系的时间，如擦拭机床、清理切屑、收拾工具等。

故生产率又可表示为

$$R_o = \frac{1}{t_m + t_c + t_o}$$

由上式可知，提高切削成形的生产率，实际上就是设法减少零件加工的基本工艺时间、辅助时间及其他时间。采用先进的机床设备及自动化控制系统，使用先进的和自动化程度较高的工、夹、量具等，可有效减少辅助时间。改进车间管理、妥善安排和调度生产，可以减少其他时间的消耗。而减少基本工艺时间有很多方法。

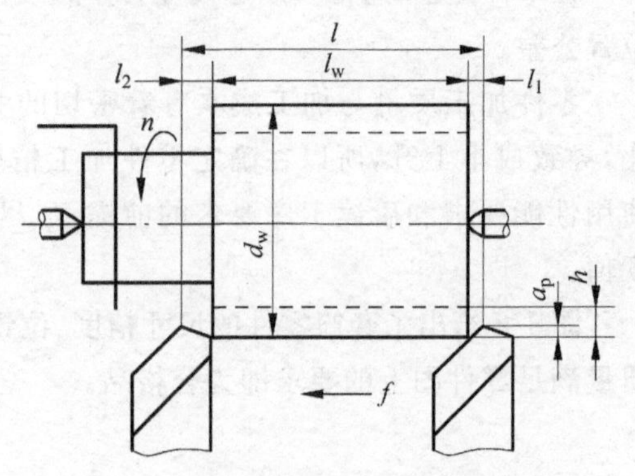

图 1-3　车削外圆时基本工艺时间的计算

以图 1-3 所示的车削外圆为例，基本工艺时间可用下式计算：

$$t_m = \frac{lh}{nfa_p} = \frac{\pi d_w lh}{1000 v_c f a_p}$$

式中，l——车刀行程长度(mm)，包括工件长度 l_w、切入长度 l_1 和切出长度 l_2；

d_w——工件待加工表面直径(mm)；

h——外圆面加工余量之半(mm)；

v_c——切削速度(m/s)；

f——进给量(mm/r)；

a_p——背吃刀量(mm)；

n——工件的转速(r/s)。

上式表明，通过以下途径可以有效减少基本工艺时间、提高加工生产率。

(1) 在可能的条件下，采用先进的毛坯制造工艺和方法，减少加工余量。

(2) 合理地选择切削用量，粗加工时可采用强力切削以增大 f 和 a_p，精加工时可采用高速切削以提高 v_c。

(3) 改善其他切削条件，如选用新型的刀具材料和合理的刀具角度，改进刀具结构，采用优良的切削液和先进的工艺方法等。

1.2 切削运动和切削要素

1.2.1 切削运动

切削过程中，为了去除多余的材料，刀具和工件之间必须有相对运动，即切削运动，如图 1-4 所示。按照所起作用的不同，切削运动分为主运动和进给运动两种。

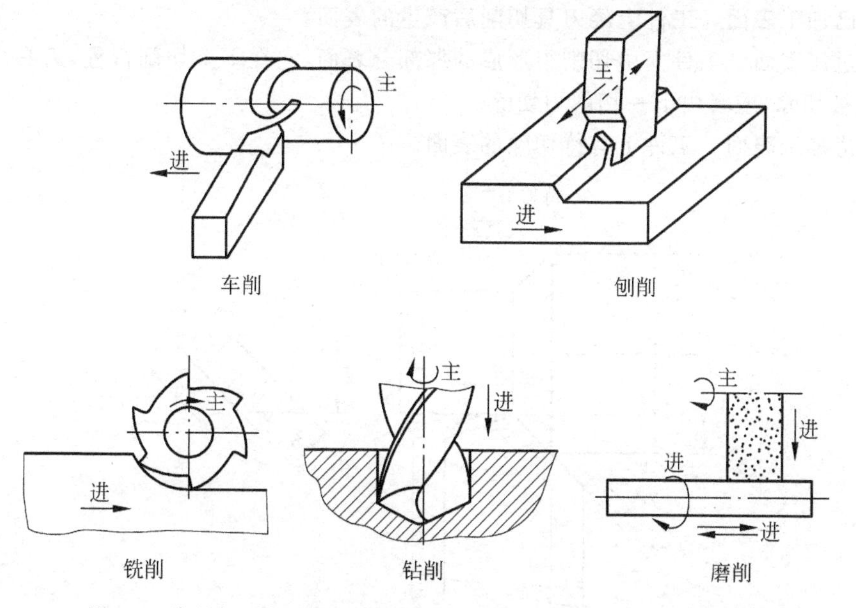

图 1-4 常见加工方法的切削运动(主代表主运动，进代表进给运动)

1. 主运动

主运动是指由机床或人力提供的主要运动,它促使刀具和工件之间产生相对运动,从而使刀具前面接近工件。主运动是切除工件上多余金属层,使之变成切屑所需要的最基本的运动,其特点是速度最高、消耗机床功率最多。通常主运动只有一个,它可由工件完成,也可由刀具完成。如车削时工件的旋转运动,牛头刨床刨削时刨刀的直线往复运动都是主运动。

2. 进给运动

进给运动是指由机床或人力提供的运动,它使刀具与工件之间产生附加的相对运动,加上主运动,即可不断地切除切屑,并得出具有所需几何特性的已加工表面。进给运动的特点是速度较低,消耗机床功率较少。切削过程中进给运动可能有一个或几个。如车削时车刀的纵向或横向运动,铣削时工作台带动工件的纵向、横向或垂直方向的移动。

1.2.2 切削要素

切削要素包括切削用量和切削层参数。

1. 切削用量

切削用量是指切削过程中切削速度、进给量和背吃刀量三者的总称,也称为切削用量三要素。其数值的大小反映了切削运动的快慢和刀具切入工件的深浅。以车外圆为例,工件在切削过程中形成了三个不断变化的表面,如图 1-5 所示。

(1) 已加工表面　工件上经刀具切削后产生的表面。

(2) 过渡表面　工件上由切削刃形成的那部分表面,它在下一切削行程、刀具或工件的下一转里被切除,或者由下一切削刃切除。

(3) 待加工表面　工件上有待切除的表面。

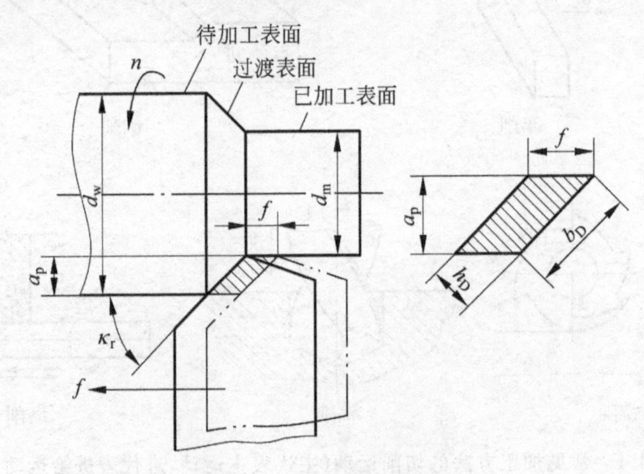

图 1-5　车外圆的切削要素

1）切削速度 v_c

刀具切削刃上的选定点相对于工件的主运动的瞬时速度，即主运动速度，称为切削速度，单位为 m/s。若主运动为旋转运动，切削速度是指圆周运动的线速度，其计算公式为

$$v_c = \frac{\pi d_w n}{1000 \times 60} (m/s)$$

式中，d_w——工件待加工表面的直径或刀具的最大直径(mm)；

n——主运动转速(r/min)。

若主运动为直线往复运动，则切削速度是指直线往复运动的平均速度，其计算公式为

$$v_c = \frac{2Ln_r}{1000 \times 60} (m/s)$$

式中，L——往复运动的行程长度(mm)；

n_r——主运动每分钟的往复次数(str/min)。

2）进给量 f

进给量是指刀具在进给运动方向上相对于工件的位移量，可用刀具或工件每转或每行程的位移量来度量。

例如，车削时，进给量 f 是工件每转一转，车刀沿进给方向移动的距离，单位为 mm/r；牛头刨床刨平面时，进给量 f 是刨刀往复一次工件移动的距离，单位为 mm/str。

对于铣削、拉削等，由于采用多齿刀具，还规定了每齿进给量 f_z 和进给速度 v_f。每齿进给量为刀具每转或每行程中每齿相对工件在进给运动方向上的位移量，单位为 mm/z；进给速度为进给运动的瞬时速度，单位为 mm/s 或 mm/min。

f_z、f、v_f 之间的关系为

$$v_f = fn = f_z zn (mm/min)$$

式中，z——刀具的齿数；

n——刀具或工件的转速(r/min)。

3）背吃刀量 a_p

背吃刀量是指工件上待加工表面与已加工表面之间的垂直距离，也叫切削深度，单位为 mm。对于车削外圆来说，背吃刀量为

$$a_p = \frac{d_w - d_m}{2} (mm)$$

式中，d_w——工件待加工表面的直径(mm)；

d_m——工件已加工表面的直径(mm)。

2. 切削层参数

切削时，由刀具切削部分的一个单一动作(如车削时工件每转一圈，车刀主切削刃移动一段距离)所切除的工件材料层，称为切削层。切削层决定了切屑的尺寸及刀具切削部分的载荷。切削层参数通常是在与主运动方向相垂直的切削层尺寸平面内度量的，如图 1-5 所示。

(1) 切削层公称横截面积 A_D　简称切削面积，是在给定瞬间，切削层在切削层尺寸平

面里的实际横截面积,单位为 mm^2。

(2) 切削层公称宽度 b_D　简称切削宽度,是在给定瞬间,作用主切削刃截形上两个极限点间的距离,即主切削刃参加切削工作的长度,单位为 mm。车外圆时,有

$$b_D = a_p / \sin\kappa_r$$

(3) 切削层公称厚度 h_D　简称切削厚度,是在同一瞬间的切削层横截面积与其公称切削层宽度之比,单位为 mm。车外圆时,有

$$h_D = f\sin\kappa_r$$

由上述定义可知,车外圆时,有

$$A_D = b_D h_D = a_p f$$

由于主偏角 κ_r 不同,引起切削层公称宽度与切削层公称厚度的变化,从而对切削过程产生较大的影响。

1.3　金属切削刀具

刀具是金属切削过程中必不可少的工具,也是影响零件加工质量、生产率和成本的重要因素。认识各种刀具的基本特征并能正确选用刀具是极其重要的。

1.3.1　刀具的种类

刀具的种类繁多,按工种可分为车刀、铣刀、刨刀、镗刀、滚刀等;按刀具结构形式可分为整体式、焊接式、机械安装式等;按刀具切削的类型可分为以下几类。

(1) 切刀　包括车刀、刨刀、镗刀、成形车刀、自动机床和半自动机床用的切刀以及专用机床用的特种切刀。它们可用于各类车床、刨床、插床、镗床和其他专用机床。

(2) 孔加工刀具　包括钻头、扩孔钻、铰刀、镗刀和复合孔加工刀具(如钻-铰复合刀具)等。

(3) 铣刀　包括加工平面的圆柱铣刀、面铣刀等;加工沟槽的立铣刀、键槽铣刀、三面刃铣刀、锯片铣刀等;加工特形面的模数铣刀、凸(凹)圆弧铣刀、成形铣刀等。

(4) 拉刀　可用于加工各种形状的通孔、平面以及成形表面等,包括圆孔拉刀、平面拉刀、成形拉刀(如花键拉刀)等。

(5) 螺纹加工刀具　包括螺纹车刀、螺纹铣刀、丝锥和板牙等。

(6) 齿轮加工刀具　包括滚刀、成形齿轮铣刀、插齿刀、剃齿刀等。

(7) 磨具　磨削加工的主要工具,包括砂轮、砂带、磨头和油石等。

(8) 其他刀具　包括数控机床专用刀具、自动线专用刀具等。

1.3.2　刀具的材料

各种刀具的结构都是由夹持部分和切削部分组成的。夹持部分用来将刀具可靠地固定在机床上,切削部分直接担负切削工作。刀具切削性能的优劣主要取决于切削部分的材料、

几何形状和几何角度。

1. 对刀具材料的基本要求

金属切削过程中，刀具切削部分除受高温作用外，还承受着很大的切削力、摩擦力、冲击、振动，因此要求刀具切削部分的材料应具备以下基本性能。

(1) 高硬度　刀具材料的硬度必须高于被切工件材料的硬度，常温硬度通常应该在60HRC以上。

(2) 高耐磨性　耐磨性表示刀具抵抗磨损的能力，耐磨性好，刀具寿命长。

(3) 足够的强度和韧性　以便刀具承受切削力、冲击和振动。

(4) 高耐热性　刀具材料在高温下仍能保持较高的硬度和耐磨性，以保持切削的连续进行。

(5) 良好的工艺性　为了便于刀具制造，要求刀具材料有较好的可加工性，包括锻、轧、焊接、切削和热处理特性等。

2. 常用刀具材料

刀具材料种类很多，常用的有碳素工具钢、合金工具钢、高速钢、硬质合金、陶瓷材料、金刚石和立方氮化硼等。

1) 碳素工具钢

碳素工具钢是含碳量较高的优质钢，碳的质量分数一般为0.7%～1.3%，常用牌号有T10A、T12A等。其优点是淬火后硬度较高，可达60HRC～66HRC，价格低廉；但耐热性较差，在200～250℃时硬度便会显著下降，因而切削速度较低；淬透性差，热处理时变形大，易产生裂纹。故只适于制造锯条、锉刀等形状简单的手工工具。

2) 合金工具钢

合金工具钢是在碳素工具钢中加入一定量的合金元素(如Cr、W、Mn等)而形成的，常用牌号有9SiCr、CrWMn等。与碳素工具钢相比，其耐热性、耐磨性和韧性得到提高，能耐350～400℃的高温，淬透性较好，热处理变形小。故常用于制造丝锥、板牙、铰刀等形状较为复杂、切削速度较低(v_c<0.15m/s)的刀具。

3) 高速钢

高速钢是一种加入了W、Mo、Cr、V等合金元素的高合金工具钢，常用牌号有W18Cr4V和W6Mo5Cr4V2。高速钢的耐热性明显高于合金工具钢，能耐550～600℃的高温，因而能在较高切削速度下工作，故称高速钢。高速钢还具有较高的强度和韧性，工艺性能和热处理性能也较好，因此常用于制造钻头、铣刀、成形车刀、拉刀和齿轮刀具等形状较为复杂的刀具。

4) 硬质合金

硬质合金是由高硬度、高熔点的金属碳化物(WC、TiC等)粉末，以Co等作黏结剂，用粉末冶金法制造的合金材料。其硬度高，常温下可达74HRC～81HRC，具有良好的耐磨性和耐热性，能耐800～1000℃的高温，因此能采用比高速钢高几倍甚至十几倍的切削速度。但其抗弯强度低，冲击韧性差，制造工艺性差，不易做成形状复杂的整体刀具。在实际使用中，多制成各种形状的刀片，夹固或焊接在车刀、刨刀、端铣刀等的刀体上使用。

根据 GB 2075—1987,硬质合金主要分为三类:

(1) K 类硬质合金 旧牌号钨钴类硬质合金 YG,由 WC+Co 组成。

(2) P 类硬质合金 旧牌号钨钛钴类硬质合金 YT,由 WC+TiC+Co 组成。

(3) M 类硬质合金 旧牌号钨钛钽钴类硬质合金 YW,由 WC+TiC+TaC(NbC)+Co 组成。

K 类硬质合金的抗弯强度和韧性较好,适于加工铸铁、青铜等脆性材料。常用的牌号有 K01、K10、K20、K30 等,其中数字大的表示 Co 含量的百分比高。Co 含量少者,较脆、耐磨性好,适用于精加工,如 K01。粗加工时宜选用 Co 含量较多的型号,如 K30。

P 类硬质合金比 K 类硬度高、耐磨性好,适于加工钢材等塑性材料。常用的牌号有 P01、P10、P20、P30、P40、P50 等,其中数字大的表示 TiC 含量的百分比低。TiC 的含量越高,则韧性越小,耐磨性越好,适于精加工。粗加工宜用 TiC 含量少的型号,如 P30。

M 类硬质合金具有较好的综合切削性能,既可用于加工铸铁等脆性材料,也可用于加工钢材、有色金属等塑性材料,所以人们常称它为“万能合金”。但是,这类合金的价格比较贵,主要用于加工难切削材料。其常用的牌号有 M10、M20、M30、M40 等,数字越大,耐磨性越低而韧性越大,精加工选用 M10,粗加工选用 M30。

5) 陶瓷材料

陶瓷材料是以氧化铝为主要成分,经压制成形后烧结而成的一种刀具材料。它具有很高的硬度、耐磨性及耐热性,硬度达 78HRC,耐热性高达 1200℃以上,化学性能稳定,故能承受较高的切削速度。但其抗弯强度低,冲击韧性差。陶瓷材料可做成各种刀片,主要用于冷硬铸铁、高硬度钢材等难加工材料的半精加工和精加工。

6) 金刚石

金刚石分天然和人造两种,天然金刚石由于价格昂贵用得很少。金刚石是目前已知的最硬物质,其硬度接近 10 000HV,是硬质合金的 80~120 倍。金刚石除了可以加工硬质合金、陶瓷、玻璃等高硬度材料外,还可以加工有色金属以及非金属材料。但是金刚石在一定温度下与铁族元素亲和力大,因此不宜加工黑色金属。

7) 立方氮化硼(CBN)

立方氮化硼是由氮化硼在高温高压作用下转变而成的,其硬度可达 8000HV~9000HV,仅次于金刚石的硬度,能耐 1400~1500℃的高温,并且与铁族元素亲和力小,但强度低、焊接性差,主要用于淬硬钢、冷硬铸铁、高温合金和一些难加工材料的加工。

1.3.3 刀具的角度

金属切削刀具虽然种类繁多,形状也有很大差异,但它们切削部分的结构和几何角度却有许多相同之处,其中以车刀最具有代表性,其他刀具都可看作由车刀演变而成,如图 1-6 所示。因此,掌握了车刀的结构,就可了解其他刀具。

1. 车刀切削部分的组成

车刀切削部分一般由三个刀面、两条切削刃和一个刀尖组成,即前刀面、主后刀面和副后刀面,主切削刃、副切削刃及刀尖,如图 1-7 所示。

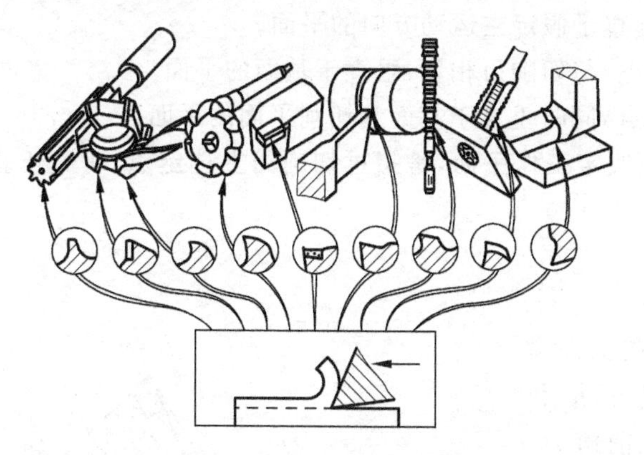

图 1-6 各种刀具切削部分的形状

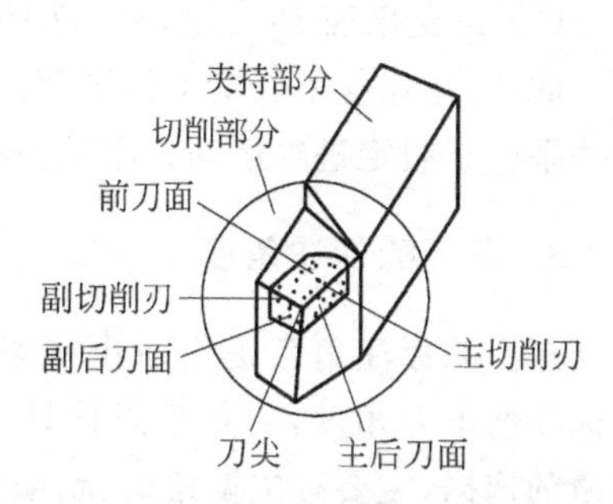

图 1-7 车刀切削部分的组成

(1) 前刀面　刀具上切屑流过的表面。

(2) 后刀面　刀具上与工件上切削中产生的表面相对的表面，有主后刀面和副后刀面之分。同前刀面相交形成主切削刃的后刀面称为主后刀面；同前刀面相交形成副切削刃的后刀面称为副后刀面。

(3) 切削刃　刀具前刀面上拟作切削用的刃，有主切削刃和副切削刃之分。主切削刃是起始于切削刃上主偏角为零的点，并至少有一段切削刃拟用来在工件上切出过渡表面的那个整段切削刃。主切削刃担负主要切削任务。副切削刃是指切削刃上除主切削刃以外的刃，也起始于主偏角为零的点，但它向背离主切削刃的方向延伸。副切削刃担负少量切削任务。

(4) 刀尖　主切削刃与副切削刃的连接处相当少的一部分切削刃。为了增加刀尖的强度和刚度，通常磨成一小段过渡圆弧或直线，分别称为修圆刀尖和倒角刀尖，如图 1-8 所示。

2. 车刀标注角度参考系

为了确定刀具各刀面和切削刃的空间位置，必须首先建立一个空间坐标参考系，这个参考系由三个相互垂直的辅助平面组成，如图 1-9 所示。

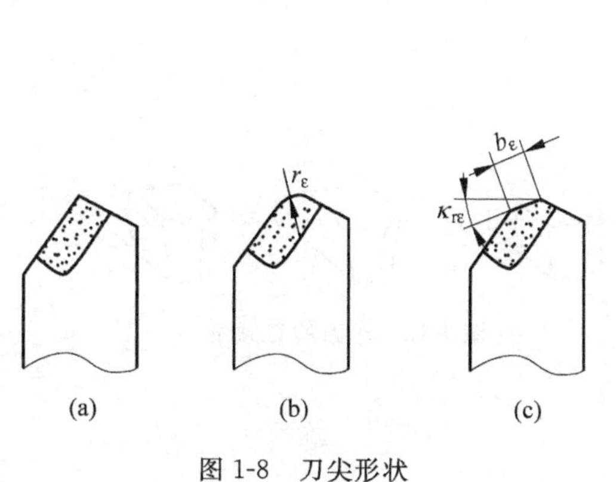

图 1-8 刀尖形状

(a) 交点刀尖；(b) 修圆刀尖；(c) 倒角刀尖

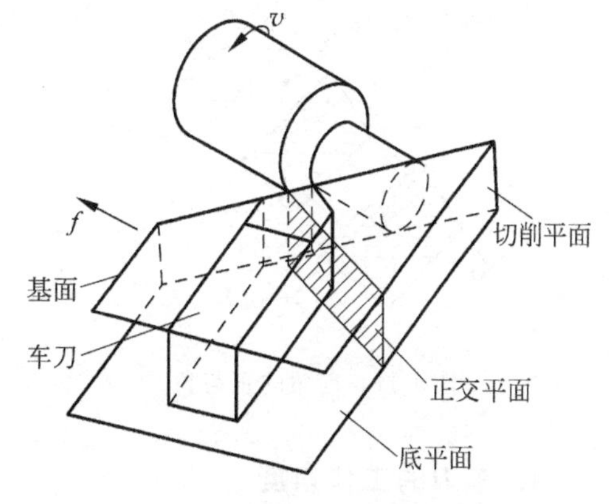

图 1-9 车刀标注角度辅助平面

（1）基面 P_r　过切削刃上选定点，垂直于假定主运动方向的平面。

（2）切削平面 P_s　过切削刃上选定点，与切削刃相切，垂直于基面的平面。

（3）正交平面 P_o　过切削刃上选定点，同时垂直于基面和切削平面的平面。

此外，还建立了假定工作平面。所谓假定工作平面，是指过切削刃上选定点，垂直于基面并平行于假定进给运动方向的平面。

3. 车刀的标注角度

车刀的标注角度是指静止状态下，在工程图上标注的车刀角度，它是车刀设计、制造、刃磨和测量的依据，主要有主偏角 κ_r、副偏角 κ_r'、前角 γ_o、后角 α_o、刃倾角 λ_s 等，如图 1-10 所示。

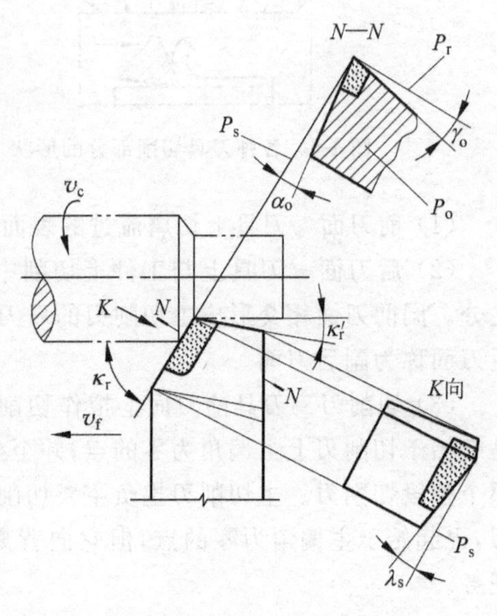

图 1-10　车刀的标注角度

（1）主偏角 κ_r　在基面中测量的主切削平面与假定工作平面间的夹角。

（2）副偏角 κ_r'　在基面中测量的副切削平面与假定工作平面间的夹角。

（3）前角 γ_o　在正交平面中测量的前刀面与基面间的夹角。前角表示前刀面的倾斜程度，根据前刀面与基面相对位置的不同，前角可有正、负、零三种，如图 1-11 所示。当前刀面与基面平行时，前角为零；基面在前刀面以外，前角为正；基面在前刀面以内，前角为负。

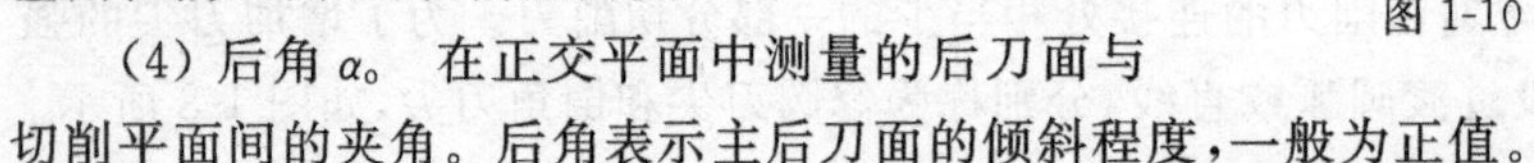

（4）后角 α_o　在正交平面中测量的后刀面与切削平面间的夹角。后角表示主后刀面的倾斜程度，一般为正值。

（5）刃倾角 λ_s　在主切削平面中测量的主切削刃与基面间的夹角。刃倾角的正、负由主切削刃在空间的方位确定，如图 1-12 所示。刀尖处于主切削刃的最高点时，刃倾角为正；刀尖处于主切削刃的最低点时，刃倾角为负；主切削刃平行于基面时，刃倾角为零。

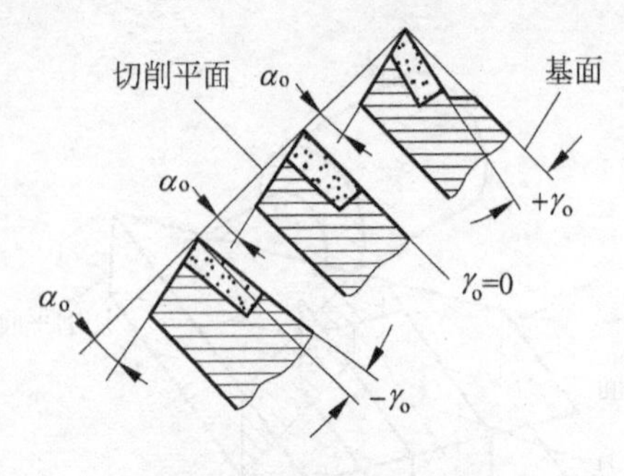

图 1-11　前角的正与负

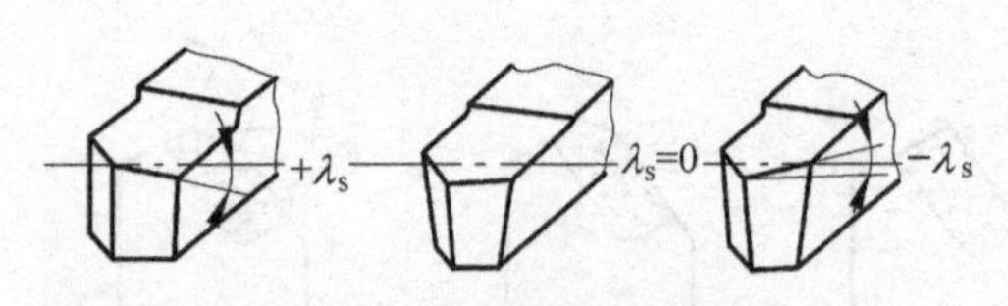

图 1-12　车刀的刃倾角

4. 车刀的工作角度

以上介绍的车刀角度是车刀处于理想状态下的标注角度。实际切削时，由于车刀安装位置和进给运动的影响，基面、切削平面、正交平面的实际位置将发生变化，使刀具的实际角度与标注角度有所不同，刀具进行切削时的实际角度称为工作角度。

如图 1-13 所示，车削外圆时，若车刀刀尖与工件的轴线等高，则工作前角 $\gamma_{oe}=\gamma_o$，工作后角 $\alpha_{oe}=\alpha_o$；若刀尖高于工件轴线，则工作前角 $\gamma_{oe}>\gamma_o$，工作后角 $\alpha_{oe}<\alpha_o$；若刀尖低于工件轴线，则上述角度的变化恰恰相反。

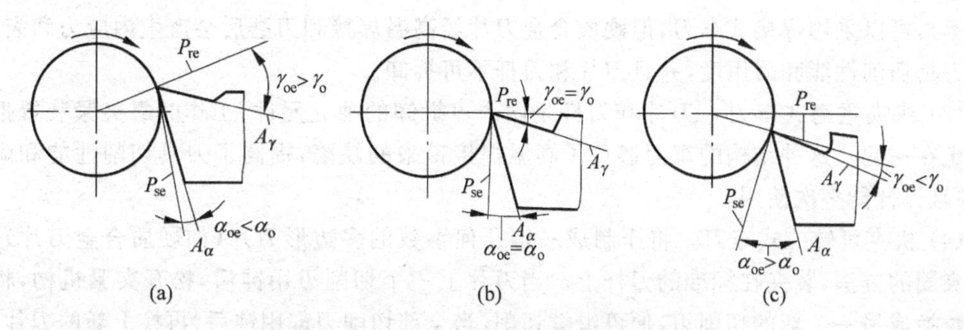

图 1-13 车刀安装高度对前角和后角的影响

(a) 偏高；(b) 等高；(c) 偏低

如图 1-14 所示，若车刀刀杆与进给方向不垂直，则会引起工作主偏角 κ_{re} 与工作副偏角 κ'_{re} 的变化。

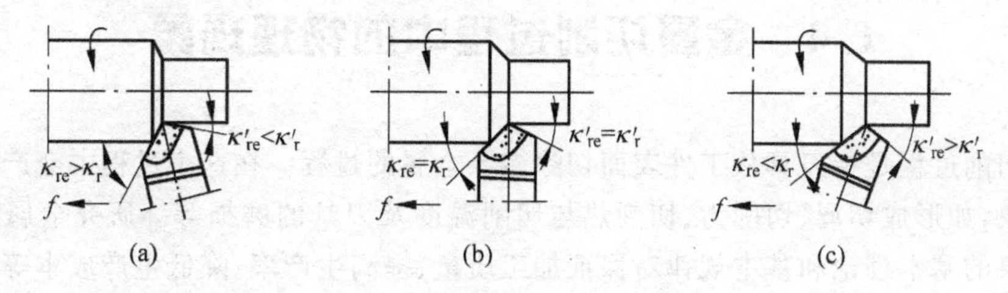

图 1-14 刀杆安装倾斜对主偏角和副偏角的影响

(a) 右倾；(b) 垂直；(c) 左倾

1.3.4 刀具的结构

刀具的结构形式很多，有整体式、焊接式、机夹重磨式、机夹可转位式。下面以车刀为例加以说明，图 1-15 为常用车刀结构示意图。

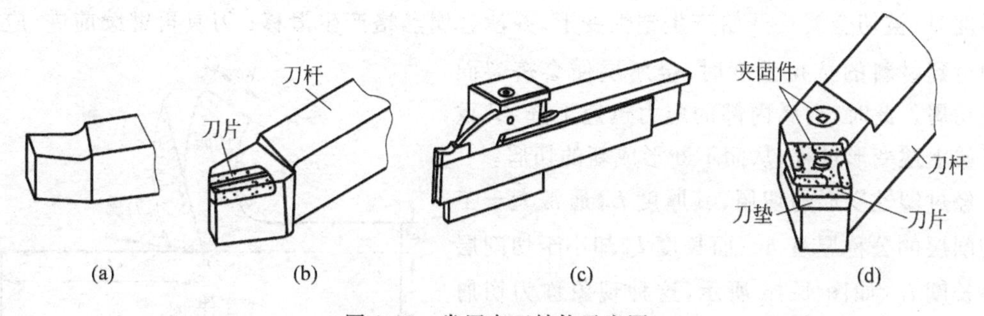

图 1-15 常用车刀结构示意图

(a) 整体式车刀；(b) 焊接式车刀；(c) 机夹重磨式切断刀；(d) 机夹可转位式车刀

(1) 整体式车刀　刀杆与刀头为一整体,结构简单,便于制造和使用,但对贵重的刀具材料消耗较大,经济性较差。早期的车刀多为这种结构,现在较少使用。

(2) 焊接式车刀　这种结构的刀头是焊接到刀杆上的,结构简单紧凑,刚性好,可以根据加工条件和加工要求,方便地磨出所需角度,应用十分广泛。对于贵重刀具材料(如硬质合金等),可以采用焊接式车刀,但硬质合金刀片经高温焊接和刃磨后会产生内应力和裂纹,影响刀具切削性能和耐用度,并且刀片和刀杆不可拆卸。

(3) 机夹重磨式车刀　刀片和刀杆是两个可拆卸的独立元件,工作时靠夹紧装置把它们固定在一起。这种结构的车刀避免了高温焊接带来的缺陷,提高了刀具切削性能和耐用度,并且刀杆能多次使用。

(4) 机夹可转位式车刀　将压制成一定几何参数的多边形刀片(如硬质合金刀片),用机械夹固的方法,装夹在标准的刀杆上。当刀片上一个切削刃用钝后,松开夹紧机构,将刀片转位换成另一个新的切削刃,便可继续切削,当全部切削刃都用钝后,再换上新的刀片。

机夹可转位式刀具不需要焊接,因而避免了焊接引起的缺陷,大大提高了刀具的耐用度。另外,刀片的转位不影响切削刃位置的准确性。因此,采用可转位车刀可以缩短停机调刀时间,提高生产率,这对于自动机床、数控机床等自动化加工设备尤为重要。

1.4　金属切削过程中的物理现象

金属切削过程是指刀具从工件表面切除多余金属的过程。在这个过程中会产生一系列的物理现象,如形成切屑、切削力、切削热与切削温度及刀具的磨损等。研究金属切削过程中这些现象的基本理论和基本规律对保证加工质量、提高生产率、降低生产成本等都有十分重要的意义。

1.4.1　切削过程和切屑种类

1. 切削过程

金属切削过程实质上就是切屑的形成过程。金属材料受到刀具的挤压作用以后,开始产生弹性变形;随着刀具继续切入,金属内部的应力、应变逐渐加大,当应力达到材料的屈服强度时,被切金属层开始产生塑性变形,并使金属晶格产生滑移;刀具再继续前进,应力进而达到材料的抗拉强度时,金属层便会挤裂而形成切屑。此时,金属内部的应力迅速下降,又重新开始上述变形过程,从而不断形成新的切屑。

经过塑性变形的切屑,其厚度 h_{ch} 通常大于工件切削层的公称厚度 h_D,而长度 l_{ch} 却小于切削层公称长度 l_D,如图 1-16 所示,这种现象称为切屑收缩。切屑厚度与切削层公称厚度之比称为切屑厚度压缩比,以 Λ_h 表示。由定义可知:

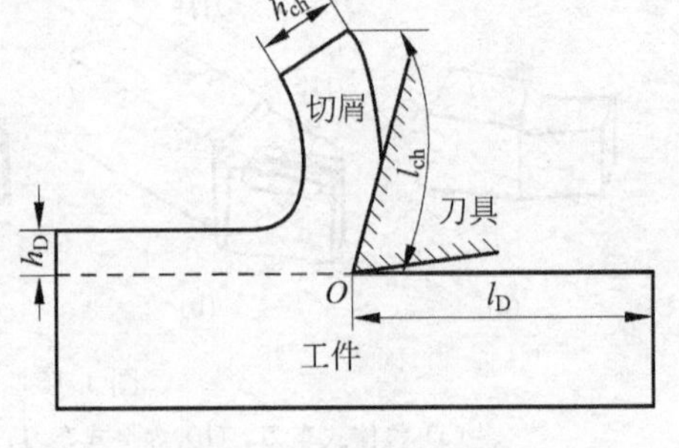

图 1-16　切屑变形程度

$$\Lambda_h=\frac{h_{ch}}{h_D}$$

一般情况下，$\Lambda_h>1$。

切屑厚度压缩比的大小能直观地反映切屑的变形程度，对切削力、切削温度和表面粗糙度有重要影响。在其他条件不变时，Λ_h 值越大，表示切屑越厚而短，切屑变形就越大，则切削力越大、切削温度越高、已加工表面也越粗糙。因此，在加工过程中，可根据具体情况，采取相应措施，减小切屑变形程度，改善切削过程。例如切削前对工件进行适当的热处理，以降低材料的塑性，使变形减小；切削时增大前角以减小变形等。

2. 切屑种类

由于加工材料性质不同，切削条件不同，因此切削过程中的变形程度不同，所产生的切屑也不一样。常见切屑分为三类，如图 1-17 所示。

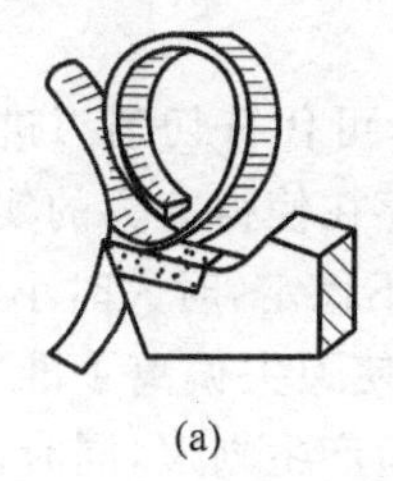
(a)

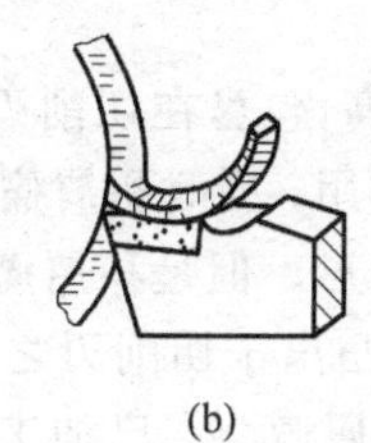
(b)

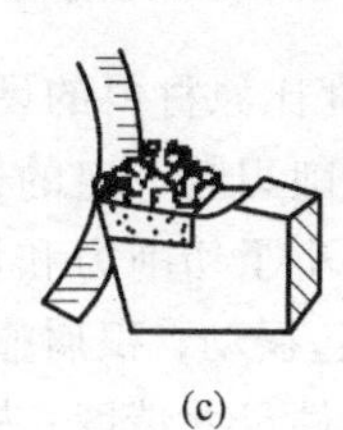
(c)

图 1-17 切屑的种类

(a) 带状切屑；(b) 节状切屑；(c) 崩碎切屑

(1) 带状切屑 一般加工塑性金属材料(如低碳钢、铜、铝)，采用较大的刀具前角、较高的切削速度和较小的进给量时，容易形成带状切屑。形成带状切屑时，切削力波动小，切削过程比较平稳，已加工表面粗糙度较小，但切屑连续不断，会缠在工件或刀具上，损坏已加工表面，影响生产，甚至伤人。需采取断屑措施，例如在前刀面上磨出卷屑槽等，以保证正常生产。

(2) 节状切屑 加工中等硬度的塑性金属材料(如黄铜、中碳钢)，在刀具前角较小、切削速度较低、进给量较大时，容易形成节状切屑。形成节状切屑时，切削力波动较大，切削过程不太稳定，已加工表面粗糙度较大。

(3) 崩碎切屑 切削铸铁、青铜等脆性材料时，由于材料塑性小，切削层金属通常在弹性变形后未经塑性变形就被挤裂，形成不规则的碎块状的崩碎切屑。形成崩碎切屑时，切削力和切削热都集中在主切削刃和刀尖附近，易损坏刀具，且切削力波动大，容易产生冲击和振动，工件加工后的表面也极为粗糙。

生产中一般常见的是带状切屑，当进给量增大，切削速度降低，带状切屑则可转化为节状切屑。在形成节状切屑的情况下，如果进一步减小前角，或加大进给量、降低切削速度，就可以得到崩碎切屑；反之，如果加大前角，减小进给量，提高切削速度，则可得到带状切屑，这说明切屑的形态是可以随切削条件而转化的。

1.4.2 积屑瘤

在一定的切削速度范围内切削塑性材料时，常在刀具前刀面上靠近刀尖部位粘附着一小块很硬的金属，这就是积屑瘤，如图 1-18 所示。

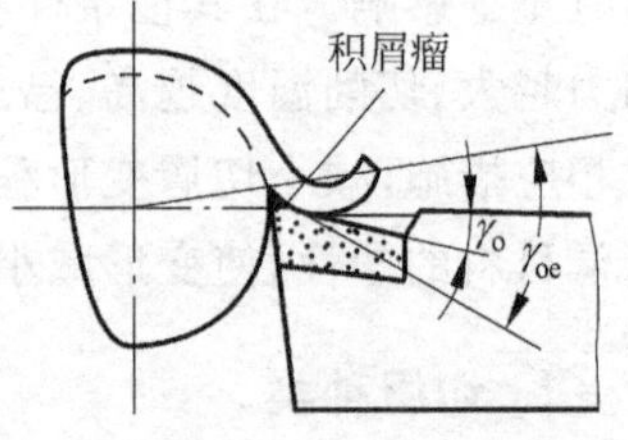

图 1-18 积屑瘤

1. 积屑瘤的形成

切削过程中，当切屑沿刀具的前面流出时，在一定的温度和压力作用下，切屑底层受到很大的摩擦阻力，致使该底层金属的流出速度减慢而形成“滞留层”。当滞留层金属与前刀面之间的摩擦力一旦大于切屑材料内部的结合力时，滞流层中的一些材料就会粘附在刀尖附近，形成积屑瘤。

2. 积屑瘤对切削过程的影响

积屑瘤的硬度比原材料的硬度要高，包裹在切削刃上，可代替切削刃进行切削，减少了刀刃的磨损，对切削刃起一定的保护作用；同时积屑瘤的存在使得刀具的实际前角变大，刀具变得较锋利，减小了切削力和切削变形。但是积屑瘤极不稳定，时大时小、时有时无，导致切削力变化而引起振动；积屑瘤顶端凸出于切削刃之外，使刀尖偏离了准确位置而产生尺寸误差，降低了工件尺寸精度；另外积屑瘤会在已加工表面产生划痕，同时部分脱落的积屑瘤碎片粘附在已加工表面上，使表面变得粗糙。

由上述分析可知，粗加工时对工件已加工表面质量要求不高，可利用积屑瘤减小切削力，保护刀具；而精加工时，为保证工件加工质量，必须避免积屑瘤的产生。

3. 积屑瘤的控制

影响积屑瘤形成的主要因素是工件材料的性能和切削速度。

工件材料的硬度越低、塑性越好，产生积屑瘤的可能性越大，而当工件材料的硬度高或为脆性材料时，积屑瘤产生的可能性较小。因此对于中、低碳钢以及一些有色金属，在精加工前应对它们进行相应的热处理，如正火或调质等，以提高材料的硬度、降低材料的塑性，避免积屑瘤的产生。

低速切削（$v<0.1\text{m/s}$）时，切屑流动较慢，切削温度较低，切屑内部结合力较大，同时切屑与刀具前刀面间的摩擦力较小，积屑瘤不易形成；高速切削（$v>1.5\text{m/s}$）时，切削温度很高，切屑底层金属呈微熔状态，摩擦力较小，也不易产生积屑瘤；中速切削（$v=0.1\sim1.5\text{m/s}$）时，切削温度是形成积屑瘤的适宜温度，此时摩擦力最大，最易于形成积屑瘤。因此，一般精车、精铣时采用高速切削；而拉削、铰削时均采用低速切削，都可防止积屑瘤的产生。

1.4.3 切削力

1. 切削力的形成与分解

金属切削时，刀具必须克服工件材料的变形抗力以及刀具与工件、刀具与切屑之间的摩擦力，才能切下切屑，这些刀具切削时所需的力称为切削力。

切削过程中，切削力直接影响切削热的产生和刀具磨损，进而影响加工精度和已加工表面质量。因此，在生产中，切削力是计算切削功率，设计和使用机床、刀具、夹具的主要依据。

切削力一般为空间力，其方向和大小受多种因素影响而不易确定，为了便于分析其对加工过程的影响，通常不是直接研究总切削力，而是研究它在一定方向上的分力。

以车削外圆为例，总切削力 F 可分解为三个互相垂直的分力，如图 1-19 所示。

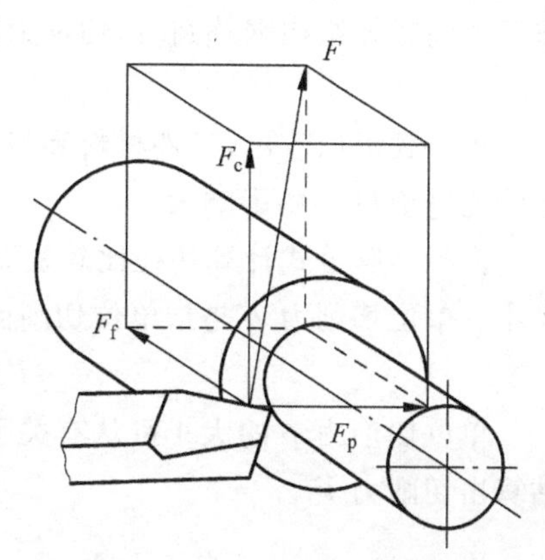

图 1-19 切削力的分解

(1) 切削力 F_c 总切削力在主运动方向上的分力。它与主运动方向一致，大小占总切削力的 80%～90%，消耗的功率约占总功率的 95%以上，是计算机床动力及主要传动零件强度和刚度的主要依据。

(2) 进给力 F_f 总切削力在进给运动方向上的分力。消耗的功率仅占总功率的 1%～5%。进给力作用在机床的进给机构上，是设计和计算机床进给机构零件强度和刚度的依据。

(3) 背向力 F_p 总切削力在垂直于工作平面上的分力。因为切削时在这个方向上没有相对运动，所以背向力不消耗切削功率，但它作用在工件和机床刚性最差的方向上，易使工件产生变形，影响加工精度，并易引起振动，如图 1-20 所示。车削细长轴时，通常采用 $\kappa_r=90°$ 的偏刀，就是为了减少背向力。背向力是校验机床刚度的主要依据。

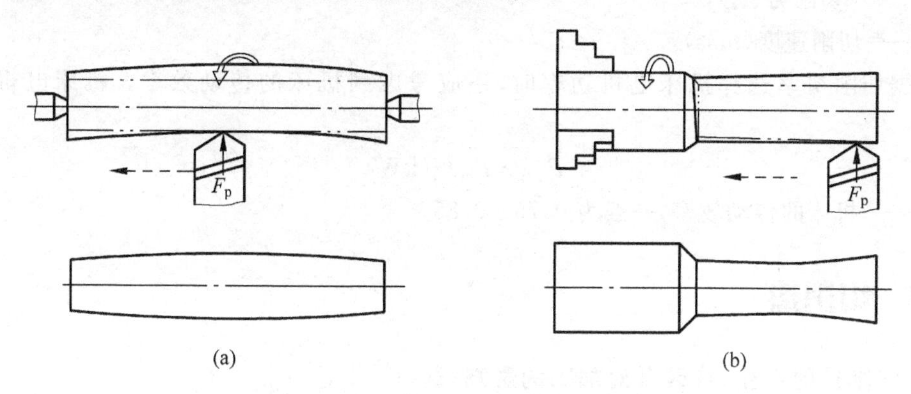

图 1-20 背向力引起的工件变形

(a) 双顶尖装夹；(b) 三爪自定心卡盘装夹

总切削力 F 与三个相互垂直的切削分力之间的关系为

$$F=\sqrt{F_c^2+F_f^2+F_p^2}$$

2. 切削力的计算

由于切削过程十分复杂，影响切削力的因素很多，常采用经验公式计算切削力：

$$F_c=C_{F_c}a_p^{x_{F_c}}f^{y_{F_c}}K_{F_c}$$

式中，C_{F_c}——与工件材料、刀具材料有关的系数；

x_{F_c}、y_{F_c}——指数;

a_p——背吃刀量(mm);

f——进给量(mm/r);

K_{F_c}——与切削用量、刀具角度、刀具磨损及切削液有关的修正系数。

经验公式中的系数和指数,可从有关手册中查得。例如用 $\gamma_o=15°$、$\kappa_r=75°$ 的硬质合金车刀切削热轧结构钢外圆时,切削力的计算公式为

$$F_c = 1609a_p f^{0.84} K_{F_c}(\mathrm{N})$$

由上式可以看出,工件材料和刀具材料对切削力的影响最大,背吃刀量 a_p 对切削力的影响比进给量 f 的影响大。

由于经验公式计算往往比较复杂,因此生产中常用单位切削力 p 来估算切削力 F_c 的大小。单位切削力 p 是指单位切削面积所需要的切削力,与切削力 F_c 的关系为

$$F_c = pA_c = pa_p f(\mathrm{N})$$

单位切削力 p 的大小可从有关手册中查得,只要知道了背吃刀量 a_p 和进给量 f,便可估算出切削力 F_c。

3. 切削功率

切削功率是在切削过程中消耗的功率,它等于三个切削分力消耗的功率总和。由于进给力 F_f 消耗的功率很小,通常略去不计,背向力 F_p 不消耗功率,所以切削功率 P_m 为

$$P_m = F_c v_c \times 10^3(\mathrm{kW})$$

式中,F_c——切削力(N);

v_c——切削速度(m/s)。

根据切削功率选择机床电机功率时,还应考虑到机床的传动效率。机床电机功率 P_E 为

$$P_E \geqslant P_m/\eta(\mathrm{kW})$$

式中,η——机床的传动效率,一般为 0.75~0.85。

1.4.4 切削热

1. 切削热的产生、传散及对加工的影响

在切削过程中,使金属变形和克服摩擦力所作的功绝大部分转变为热能,称为切削热。切削热主要来源于三个方面:切削层金属发生弹性和塑性变形功转变的热;切屑底层与刀具前刀面摩擦功转变的热;工件已加工表面与刀具后刀面摩擦功转变的热。

切削热产生以后,由切屑、工件、刀具及周围介质向外传散。各部分传出热量的比例,随工件材料、刀具材料、切削用量、刀具几何参数及加工方式的不同而变化。例如,用高速钢车刀及与之相适应的切削速度切削钢材,不用切削液时,切削热的传出比例为:切屑传出的热占 50%~80%,工件传出的热占 10%~40%,刀具传出的热占 3%~9%,介质传出的热约占 1%。

传入切屑和介质的热量越多,对加工越有利。传入刀具的热量使刀具温度升高,硬度下

降，磨损加快。传入工件的热量会使工件膨胀或伸长，产生形状和尺寸误差，影响加工精度。因此，切削时应设法减少切削热的产生，改善散热条件以减少高温对刀具和工件的不良影响。

2. 切削温度

切削温度是指切削区的平均温度。切削温度可用仪器测定，也可通过切屑的颜色判断。例如切削碳钢时，银白色或淡黄色的切屑温度约300～400℃，紫色的切屑温度约500～600℃。切削温度的高低取决于切削热的产生和传散情况，它受切削用量、工件材料、刀具角度等因素的影响。

(1) 切削用量的影响　增大切削用量，单位时间内的金属切除量增加，产生的切削热也相应增多，切削温度升高。其中切削速度对切削温度影响最大，进给量次之，背吃刀量影响最小。原因是背吃刀量增加时，切削刃参加切削的长度随之增加，有利于热的传散。因此，在切削面积相同的情况下，选用较大的背吃刀量比选用较大的进给量更有利于控制切削温度。

(2) 工件材料的影响　工件材料的强度和硬度越高，切削中消耗的功率就越大，切削温度越高；工件材料的塑性越大，切削变形越大，切削温度越高；工件材料的导热性越好，通过工件传出的热量越多，切削温度下降越快。

(3) 刀具角度的影响　刀具角度中前角 γ_o 和主偏角 κ_r 对切削温度的影响较大。前角增大，切削变形和摩擦减小，因而切削热减少，切削温度降低，但前角继续增大到15°左右，会使刀具散热面积减小，反而不利于切削温度的降低。主偏角减小，虽然使切削变形和摩擦增大，但是切削刃的工作长度增加，散热条件改善，因而使切削温度降低。

(4) 切削液　使用切削液可以减少摩擦、改善散热条件，有效地降低切削温度。

3. 切削液

1) 切削液的作用和分类

切削过程中连续大量使用切削液可以改善切削状况、提高切削效益。一方面，切削液从切削区带走大量的切削热，使切削温度降低，起到冷却作用。另一方面，切削液能渗入到刀具与工件以及切屑的接触表面，形成润滑油膜，减少摩擦。当然，切削液还具有排屑和清洗作用以及一定的防锈作用。因此，合理地选用切削液，可以有效地降低切削力和切削温度，提高刀具耐用度和加工质量。

常用的切削液有以下两类。

(1) 水基类　如水溶液(肥皂水、苏打水等)、乳化液等。这类切削液的比热容大，流动性好，主要起冷却作用。由于其润滑性能较差，对工件加工质量改善不大，所以主要用于粗加工和普通磨削加工，以提高刀具耐用度。为了防止机床和工件生锈，常加入适量的防锈剂。

(2) 油基类　也叫切削油，如矿物油、植物油或复合油等。这类切削液的比热容小，流动性差，冷却性能差，但润滑效果好，因此常用于精加工和成形面加工，如车螺纹、铣齿轮等，以提高加工质量。

为了改善切削液的性能，除防锈剂外，还常在切削液中加入油性添加剂、极压添加剂(如氯、硫、磷等）、抗泡沫添加剂等。

2）切削液的选用

切削液的使用效果除取决于切削液的性能外，还与加工性质、工件材料、刀具材料等因素有关，应综合考虑，合理选用。

(1) 根据加工性质选用　粗加工时，加工余量及切削用量较大，产生大量的切削热，应选用以冷却为主的切削液，如低浓度的乳化液等；精加工以减小表面粗糙度、提高加工精度、降低刀具磨损为目的，应采用润滑性能较好的切削液，如高浓度的乳化液或含极压添加剂的切削油。

(2) 根据工件材料选用　切削钢件等塑性材料时需用切削液，粗加工选用乳化液，精加工选用切削油。切削铸铁、青铜等脆性材料时，一般不加切削液，以免崩碎切屑粘附在机床的运动部件上，使机床磨损；但在低速精加工（如宽刀精刨、精铰）时，为了提高表面质量，可采用黏度小的煤油或浓度为7%～10%的乳化液。

切削铜、铝及其合金时，一般不得使用含硫化添加剂的切削液，以免腐蚀工件表面。切削镁及其合金时，不得使用水溶液或水溶性乳化液，以免燃烧起火。

(3) 根据刀具材料选用　高速钢刀具耐热性较差，需要采用切削液冷却降温，减少刀具磨损，如采用浓度为3%～5%的乳化液；硬质合金刀具由于耐热性好，一般不用切削液，必要时，可选用低浓度的乳化液或水溶液，但必须连续、充分地浇注，以免硬质合金刀片骤冷骤热产生巨大的内应力而出现裂纹。

1.4.5 残余应力和加工硬化

任何刀具的切削刃都很难磨得绝对锋利，实际上刀具切削刃往往有一个圆角，如图1-21所示。切削层金属以O点为分流点，O点以上的金属经前刀面流出形成切屑，O点以下厚度为Δh_D的一薄层金属流向后刀面成为已加工表面，在圆弧切削刃及其邻近的狭长后刀面的挤压摩擦下，产生很大的弹性变形和塑性变形，晶粒发生扭曲、破碎等，构成了已加工表面上的变形区。当刀具从已加工表面刚切过去时，该表面变形层立即弹性恢复，又加剧了这种挤压和摩擦。

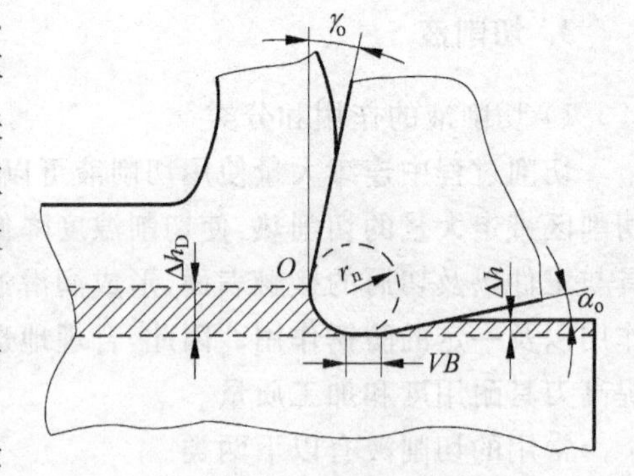

图1-21　已加工表面的形成

由于弹、塑性变形以及切削力和切削热的作用，金属材料表面层会产生一定的残余应力和裂纹，影响零件的表面质量和使用性能。若残余应力分布不均匀，会使零件发生变形，从而影响尺寸和形状精度以及表面间的相互位置精度。这一点在细长零件或扁薄零件加工时表现得尤为明显。

工件已加工表面经过严重塑性变形后，表面硬度明显提高而塑性下降，这种现象称为加工硬化或冷硬现象。加工硬化的出现往往伴随着表面裂纹，不仅降低了零件的疲劳强度，还会由于已加工表面出现的冷硬层而增加了进一步加工的难度，加速了刀具的磨损。

残余应力与加工硬化都会影响材料的切削性能，降低零件的加工质量和使用可靠性。因此，在切削时应设法避免或减轻残余应力与加工硬化现象。

1.4.6 刀具的磨损

切削过程中，刀具在切下切屑的同时，也逐渐被工件和切屑磨损。当刀具磨损到一定程度后，切削力和切削温度将增加，并且容易产生振动，使刀具的磨损迅速加剧，工件的加工精度下降，表面粗糙度增大。因此，刀具磨损直接影响到生产率、加工质量和加工成本。

1. 刀具的磨损形式

刀具磨损可分为正常磨损和非正常磨损两类。正常磨损是指在刀具设计、制造和刃磨质量符合要求的情况下，在切削过程中逐渐产生的磨损。非正常磨损是指刀具在切削过程中突然发生损坏或过早损坏现象，如刀具切削刃突然崩刃、碎裂、卷刃等。非正常磨损大多与使用不当有关。在研究刀具磨损时，一般研究刀具的正常磨损。

刀具的正常磨损主要包括三种形式，如图 1-22 所示。

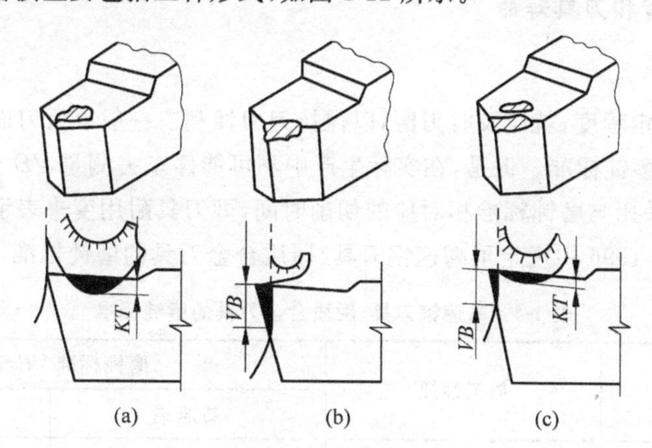

图 1-22 刀具磨损形式

(a) 前刀面磨损；(b) 后刀面磨损；(c) 前、后刀面同时磨损

(1) 前刀面磨损　以较高的切削速度和较大的切削层公称厚度切削塑性材料时，切屑在前刀面上经常会磨出月牙洼。月牙洼产生的地方是切削温度最高的地方。前刀面磨损量的大小用月牙洼的宽度 KB 和深度 KT 表示。

(2) 后刀面磨损　加工脆性材料或者以较低的切削速度和较小的切削层公称厚度切削塑性材料时，由于工件表面和刀具后刀面间存在着强烈的挤压、摩擦而在后刀面上产生磨损。用 VB 表示后刀面的磨损高度。

(3) 前、后刀面同时磨损　在一般加工条件下，刀具上往往同时出现前刀面和后刀面磨损。

多数情况下，无论是加工塑性材料还是脆性材料，刀具的后刀面都会产生磨损，而且测量方便，所以常用后刀面磨损量 VB 的大小表示刀具磨损的程度。

2. 刀具的磨损过程

如图 1-23 所示,刀具的磨损过程可分为三个阶段:

(1) 初期磨损阶段　新刃磨的刀具表面粗糙不平,其后刀面与加工表面接触面积较小,压强较大,所以在开始切削的短时间内,磨损较快。

(2) 正常磨损阶段　随着切削时间的增长,刀具表面逐渐磨平,刀具后刀面与加工表面接触面积变大,压强减小,故磨损较慢。这个阶段切削过程比较稳定,是刀具的有效工作时期。

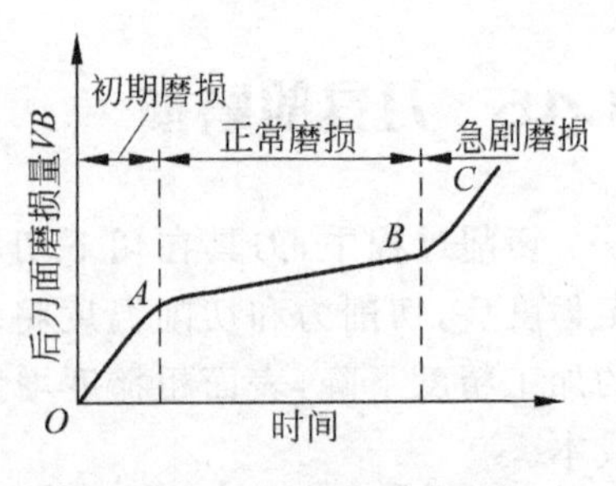

图 1-23　刀具的磨损过程

(3) 急剧磨损阶段　当刀具的磨损量达到一定程度后,切削刃变钝,刀面与工件摩擦加剧,导致切削力和切削温度迅速增高,磨损速度急剧增加。如果此时刀具继续工作,非但不能保证工件的加工质量,刀具材料的损耗也很大,经济上不合算,所以应避免刀具的磨损进入这个阶段。应该在正常磨损阶段后期,急剧磨损阶段之前及时换刀重磨。

3. 刀具耐用度和刀具寿命

1) 刀具耐用度

刀具磨损到一定程度,就应及时刃磨,以保持刀刃锋利。一般以后刀面的最大允许磨损值 *VB* 作为刀具的磨钝标准。但是,在实际生产中不可能停车去测量 *VB* 值,以确定是否达到磨钝标准,而是采用与磨钝标准相对应的切削时间,即刀具耐用度来表示。

GB/T 16461—1996 中规定了高速钢刀具、硬质合金刀具的磨钝标准,见表 1-4。

表 1-4　高速钢刀具、硬质合金刀具的磨钝标准

工件材料	加工性质	磨钝标准 *VB*/mm	
		高速钢	硬质合金
碳钢、合金钢	粗车	1.5～2.0	1.0～1.4
	精车	1.0	0.4～0.6
灰铸铁、可锻铸铁	粗车	2.0～3.0	0.8～1.0
	半精车	1.5～2.0	0.6～0.8
耐热钢、不锈钢	粗车、精车	1.0	1.0

刀具耐用度是指刃磨后的刀具从开始切削直到磨损量达到磨钝标准为止的总切削时间,用 *T* 表示。耐用度为净切削时间,不包括对刀、测量、快进、回程等非切削时间。刀具耐用度大,表示刀具磨损慢。

生产中一般按保证加工成本最低的原则来确定刀具耐用度,表 1-5 列出了部分常用刀具的耐用度。

表 1-5 刀具耐用度数值 min

刀 具 名 称	耐用度	刀 具 名 称	耐用度
高速钢车刀、刨刀、镗刀	30～60	硬质合金端铣刀	120～180
硬质合金焊接车刀	15～60	仿形车刀	120～180
硬质合金可转位车刀	15～45	齿轮刀具	200～300
高速钢钻头	80～120	自动线、组合机床刀具	240～480

刀具耐用度受工件材料、刀具材料、切削用量及刀具几何角度等因素的影响。其中切削用量对刀具耐用度的影响，可用经验公式表示如下：

$$T=\frac{C_T}{v_c^x f^y a_p^z}$$

式中，C_T——刀具耐用度系数，与刀具、工件材料和切削条件有关；

x、y、z——指数，分别表示 v_c、f、a_p 对刀具耐用度的影响程度。

例如，硬质合金车刀车削 $\sigma_b=735\text{MPa}$ 的碳素结构钢时，有

$$T=\frac{C_T}{v_c^5 f^{2.25} a_p^{0.75}}$$

由上式可知，在切削用量中，切削速度对刀具耐用度的影响最大，其次是进给量，背吃刀量的影响最小。

2）刀具寿命

刀具寿命是指一把新刀从开始切削到报废为止总的切削时间，刀具的寿命等于刀具耐用度乘以刃磨次数。

1.5 刀具角度及切削用量的选择

刀具角度和切削用量的合理选择是保证加工质量、提高生产率、降低成本的最有效途径。

1.5.1 刀具角度的选择

刀具角度的选择主要包括刀具的前角、后角、主偏角、副偏角和刃倾角的选择。

1. 前角

1）前角的功用

前角影响切削力和切削变形，同时也影响刀具强度和散热条件。采用较大的前角时，切削刃变得锋利，切削更为轻快，切削变形小，切削力和切削温度相应降低；但前角过大，会使刀具强度降低、刀头散热体积减少、刀具磨损加剧、耐用度降低。若采用较小的前角，虽然刀具强度提高，散热条件改善，但前角过小，切削刃变钝，使切削力和切削热增加，刀具耐用度下降。因此应合理地选择前角，既要切削刃锐利，又要保证刀具有一定的强度和一定的散热体积。

2）前角的选择

前角的大小常根据工件材料、刀具材料和加工性质来选择。

(1) 工件材料　工件材料的强度和硬度大，产生的切削力大，切削热多，应采用较小的前角，以使刀具有足够的强度和散热体积；切削塑性材料时，为减小切削变形，降低切削温度，应选用大些的前角；切削脆性材料，由于形成崩碎切屑，切削力主要集中在切削刃附近且伴有一定程度的冲击振动，因此，为保证刀具具有足够的强度，防止崩刃，应选用较小的前角。比如切削钢的合理前角比切削铸铁大，切削中硬钢的合理前角比切削软钢小。

(2) 刀具材料　刀具材料的抗弯强度和冲击韧性较低时，应选用较小的前角。高速钢刀具比硬质合金刀具的合理前角约大 5°～10°，陶瓷刀具的合理前角应选择比硬质合金刀具更小些的。

(3) 加工性质　粗加工、断续切削时，不仅切削力大，切削热多，且承受冲击载荷，为保证刀具有足够的强度和散热体积，应选用较小的前角甚至负前角。精加工时，对切削刃强度要求较低，为使切削刃锋利，减小切削变形并获得较高的表面质量，前角应取大一些。

当工件材料和加工性质不同时，常用硬质合金车刀的合理前角可参见表 1-6。

表 1-6　硬质合金车刀合理前角和后角的参考值

工件材料	合理前角/(°)		合理后角/(°)	
	粗　车	精　车	粗　车	精　车
低碳钢	20～25	25～30	8～10	10～12
中碳钢	10～15	15～20	5～7	6～8
合金钢	10～15	15～20	5～7	6～8
淬火钢	−15～−5		8～10	
不锈钢(奥氏体)	15～20	20～25	6～8	8～10
灰铸铁	10～15	5～10	4～6	6～8
铜及铜合金	10～15	5～10	6～8	6～8
铝及铝合金	30～35	35～40	8～10	10～12
钛合金	5～10		10～15	

2. 后角

1）后角的功用

后角的大小将影响刀具后刀面与工件已加工表面之间的摩擦以及刀具的强度。后角增大可减小后刀面与已加工表面间的摩擦，减轻刀具磨损，并提高刃口锋利程度，减小表面粗糙度。但后角过大，会削弱刀头的强度，降低散热能力，加速刀具磨损。反之，后角过小，虽然刀头强度增加，散热条件变好，但摩擦加剧。

2）后角的选择

后角的大小常根据工件材料和加工性质来选择。

粗加工、强力切削及承受冲击载荷时，以确保刀具强度为主，后角应取小些；精加工时，以保证加工表面的质量为主，后角应取大些。

工件材料的强度与硬度高，取较小的后角，以保证刀头强度；工件材料的塑性大，易产生加工硬化，为了防止刀具后刀面磨损，后角应适当加大。加工脆性材料时，切削力集中在刃口附近，宜取较小的后角以保证刀头强度。

不论何种加工条件，为了避免刀具后刀面与工件已加工表面之间剧烈摩擦，后角只能取正值。

常用硬质合金车刀合理后角的参考值可参见表 1-6。

3. 主、副偏角

1）主、副偏角的功用

主偏角 κ_r 主要影响切削层的形状以及切削分力的变化。如图 1-24 所示，主偏角影响切削刃的工作长度和单位切削刃上的负荷。在背吃刀量 a_p 和进给量 f 一定的情况下，增大主偏角，切削层公称宽度 b_D 减小，而公称厚度 h_D 增大，即切下窄而厚的切屑，切削刃单位长度上的负荷随之增加，刀具磨损增大，影响刀具耐用度。减小主偏角，可以减小进给力 F_f，但增大了背向力 F_p，如图 1-25 所示，若加工刚性较差的工件（如车削细长轴），容易引起工件变形和系统振动。

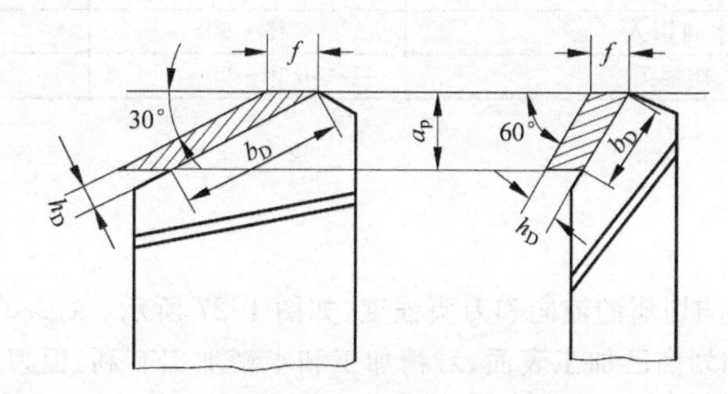

图 1-24 主偏角对切削层的影响

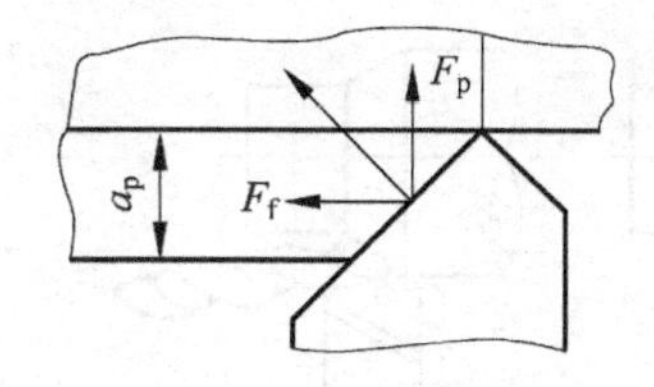

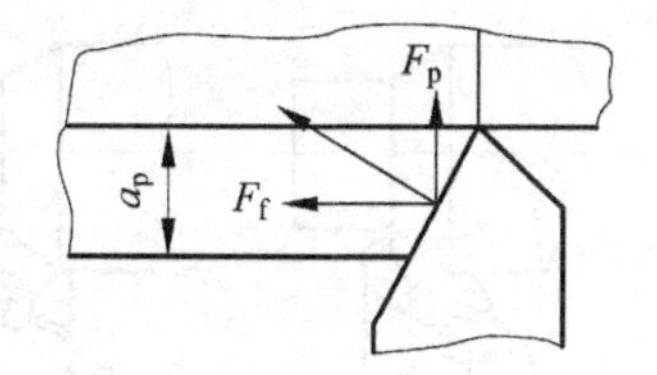

图 1-25 主偏角对切削分力的影响

副偏角 κ_r' 主要影响已加工表面的粗糙度。副偏角减小，可以显著减小残留面积高度，降低表面粗糙度，如图 1-26 所示。但副偏角过小，会加剧副切削刃与已加工表面的摩擦引起振动，降低工件表面质量。

2）主、副偏角的选择

选择主偏角时，应考虑加工的具体情况和工艺系统的刚度。工件刚性好，可以取较小的主偏角，以提高刀具耐用度、减小已加工表面粗糙度；在工件刚性较差时，为避免工件的变形和振动，应选用较大的主偏角。加工高强度、高硬度的材料，如淬火钢、冷硬铸铁时，切削力大，

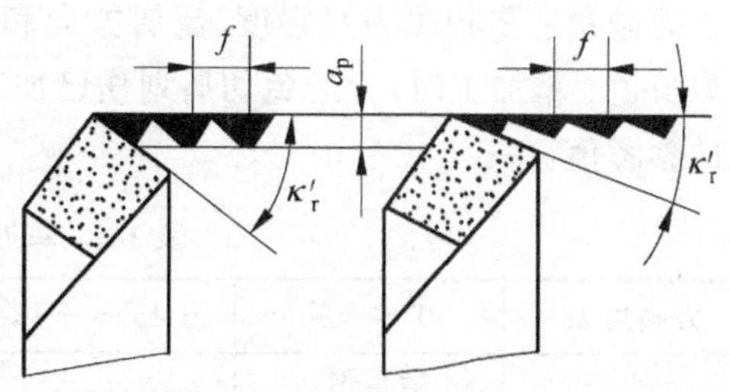

图 1-26 副偏角对残留面积高度的影响

应选用较小的主偏角，以减小切削刃单位长度上的负荷，提高刀具耐用度。

选择副偏角时主要考虑工件已加工表面的粗糙度要求和刀具强度，在不引起振动的情况下，尽量取小值。粗加工时，$\kappa_r' = 10° \sim 15°$，精加工时应小些。

硬质合金车刀主、副偏角的选择可参考表1-7。

表 1-7　硬质合金车刀合理主偏角和副偏角的参考值

加工情况		参考值/(°)	
		主偏角 κ_r	副偏角 κ_r'
粗车	工艺系统刚性好	45,60,75	5～10
	工艺系统刚性差	65,75,90	10～15
车细长轴、薄壁零件		90,93	6～10
精车	工艺系统刚性好	45	0～5
	工艺系统刚性差	60,75	0～5
车削冷硬铸铁、淬火钢		10～30	4～10
从工件中间切入		45～60	30～45
切断刀、切槽刀		60～90	1～2

4. 刃倾角

1）刃倾角的功用

刃倾角 λ_s 主要影响切屑的流向和刀头强度，如图1-27所示。$\lambda_s > 0°$时，切屑流向待加工表面，可避免缠绕和划伤已加工表面，对精加工和半精加工有利，但刀头强度低；$\lambda_s = 0°$时，切屑沿垂直于主切削刃的方向流出，由于切削刃同时切入切出，影响切削过程的平稳性；$\lambda_s < 0°$时，切屑流向已加工表面，易划伤已加工表面，影响加工质量，但刀头强度高。

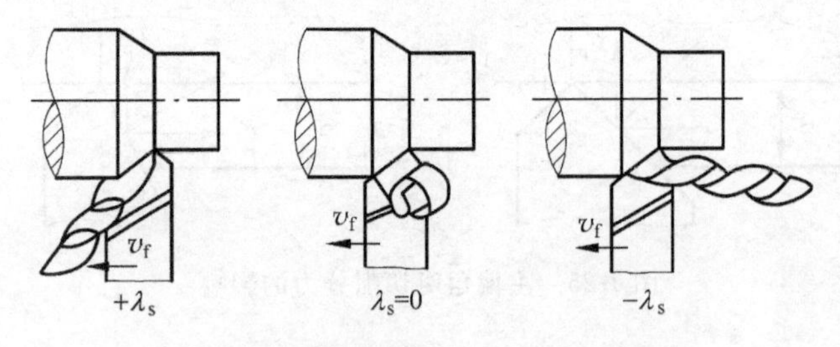

图1-27　刃倾角对切屑流出方向的影响

2）刃倾角的选择

刃倾角主要根据刀具强度、流屑方向和加工条件而定。粗加工时，为提高刀具强度，λ_s应取负值；精加工时，为避免切屑划伤已加工表面，λ_s一般取正值或0。表1-8为车刀刃倾角的参考值。

表 1-8　车刀刃倾角的参考值

刃倾角 λ_s	0°～+5°	+45°～+75°	−5°～0°	−15°～−5°	−30°～−10°
应用范围	精车钢、车细长轴	微量切削	粗车钢和铸铁	断续切削（有冲击）钢和铸铁	切削高强度钢、淬硬钢

1.5.2 切削用量的选择

切削用量的大小对工件加工质量、刀具使用寿命、生产率和加工成本等均有显著的影响。实际生产中，切削用量受到加工质量、刀具耐用度、机床动力和刚度等因素影响，不可能任意选取。合理选择切削用量，就是选择切削速度、进给量和背吃刀量的最佳组合，使之在保证工件加工质量和刀具耐用度的前提下，充分发挥机床、刀具的切削性能，使生产率最高，生产成本最低。

切削用量选择的基本原则是：粗加工时，为了获得较高的金属切除率和必要的刀具寿命，在机床功率允许的情况下，优先选择尽可能大的背吃刀量，其次选择尽可能大的进给量，最后根据刀具寿命，确定合适的切削速度。精加工时，应保证工件的加工质量，一般尽可能选用较高的切削速度，其次是较小的进给量，最后是较小的背吃刀量。

1. 背吃刀量的选择

粗加工的背吃刀量应根据工件的加工余量和工艺系统刚度确定。通常在留出半精加工、精加工余量的前提下，尽量一次走刀就把粗加工余量全部切除。若加工余量过大、一次走刀切完会使机床功率不足、刀具强度不够、工艺系统刚性不足或产生冲击振动，可分几次走刀切完。多次走刀时，也应将第一次走刀的背吃刀量取得大一些，一般为总加工余量的2/3～3/4。切削表层有硬皮的铸、锻件或切削不锈钢等加工硬化较严重的材料时，应尽量使背吃刀量大于硬皮或硬化层厚度，以保护刀尖。半精加工和精加工的加工余量一般较小，可一次切除。在中等切削功率的机床上，粗加工（表面粗糙度值为 $Ra50\sim12.5\mu m$）的背吃刀量可达 8～10mm。表 1-9 为外圆车削时背吃刀量的参考值。

表 1-9 外圆车削时的背吃刀量 mm

工件轴径	工件长度											
	≤100		100～250		250～500		500～800		800～1200		1200～2000	
	半精车	精车	半精车	精车	半精车	精车	半精车	精车	半精车	精车	半精车	精车
≤10	0.8	0.2	0.9	0.2	1	0.3	—	—	—	—	—	—
10～18	0.9	0.2	0.9	0.3	1	0.3	1.1	0.3	—	—	—	—
18～30	1	0.3	1	0.3	1.1	0.3	1.3	0.4	1.4	0.4	—	—
30～50	1.1	0.3	1	0.3	1.1	0.4	1.3	0.5	1.5	0.6	1.7	0.6
50～80	1.1	0.3	1.1	0.4	1.2	0.4	1.4	0.5	1.6	0.6	1.8	0.7
80～120	1.1	0.4	1.2	0.4	1.2	0.5	1.4	0.5	1.6	0.6	1.9	0.7
120～180	1.2	0.5	1.2	0.5	1.3	0.6	1.5	0.6	1.7	0.7	2	0.8
180～260	1.3	0.5	1.3	0.6	1.4	0.6	1.6	0.7	1.8	0.8	2	0.9
260～360	1.3	0.6	1.4	0.6	1.5	0.7	1.7	0.7	1.9	0.8	2.1	0.9
360～500	1.4	0.7	1.5	0.7	1.5	0.8	1.7	0.8	1.9	0.9	2.2	1

2. 进给量的选择

粗加工时，对工件表面质量没有太高要求，进给量的选择主要受较大的切削力限制。在工艺系统刚度和强度良好的情况下，可选用较大的进给量值，表 1-10 为粗车时进给量的参考值。由于进给量对工件的已加工表面粗糙度值影响很大，所以半精加工和精加工时，进给量通常按照工件表面粗糙度的要求，选取较小的数值，表 1-11 为半精车和精车时进给量的参考值。

表 1-10　硬质合金及高速钢车刀粗车外圆和端面时的进给量

工件材料	车刀刀杆尺寸 $(B\times H)$ /(mm×mm)	工件直径 /mm	背吃刀量 a_p/mm				
			≤3	3～5	5～8	8～12	>12
			进给量 $f/(\mathrm{mm\cdot r^{-1}})$				
碳素结构钢	16×25	20	0.3～0.4	—	—	—	—
		40	0.4～0.5	0.3～0.4	—	—	—
		60	0.5～0.7	0.4～0.6	0.3～0.5	—	—
		100	0.6～0.9	0.5～0.7	0.5～0.6	0.4～0.5	—
		400	0.8～1.2	0.7～1.0	0.6～0.8	0.5～0.6	—
	20×30 25×25	20	0.3～0.4	—	—	—	—
		40	0.4～0.5	0.3～0.4	—	—	—
		60	0.6～0.7	0.5～0.7	0.4～0.6	—	—
		100	0.8～1.0	0.7～0.9	0.5～0.7	0.4～0.7	—
		600	1.2～1.4	1.0～1.2	0.8～1.0	0.6～0.9	0.4～0.6
铸铁及铜合金	16×25	40	0.4～0.5	—	—	—	—
		60	0.6～0.8	0.5～0.8	0.4～0.6	—	—
		100	0.8～1.2	0.7～1.0	0.6～0.8	0.5～0.7	—
		400	1.0～1.4	1.0～1.2	0.8～1.0	0.6～0.8	—
	20×30 25×25	40	0.4～0.5	—	—	—	—
		60	0.6～0.9	0.5～0.8	0.4～0.7	—	—
		100	0.9～1.3	0.8～1.2	0.7～1.0	0.5～0.8	—
		600	1.2～1.8	1.2～1.6	1.0～1.3	0.9～1.1	0.7～0.9

注：1. 加工断续表面及有冲击的加工时，表内的进给量应乘系数 $K=0.75\sim0.85$。

2. 加工耐热钢及其合金时，不采用大于 1.0mm/r 的进给量。

3. 加工淬硬钢时，表内进给量应乘系数 $K=0.8$（当材料硬度为 44HRC～56HRC）或 $K=0.5$（当硬度为 57HRC～62HRC 时）。

表 1-11　硬质合金车刀半精车和精车时的进给量

工件材料	表面粗糙度 $Ra/\mu m$	切削速度范围 $v_c/(\mathrm{m\cdot min^{-1}})$	刀尖圆弧半径 r_ε/mm		
			0.5	1.0	2.0
			进给量 $f/(\mathrm{mm\cdot r^{-1}})$		
碳钢及合金钢	6.3	<50	0.30～0.50	0.45～0.60	0.55～0.70
		>50	0.40～0.55	0.55～0.65	0.65～0.70
	3.2	<50	0.18～0.25	0.25～0.30	0.30～0.40
		>50	0.25～0.30	0.30～0.35	0.35～0.50
	1.6	<50	0.10	0.11～0.15	0.15～0.22
		50～100	0.11～0.16	0.16～0.25	0.25～0.35
		>100	0.16～0.20	0.20～0.25	0.25～0.35
铸铁、青铜、铝合金	6.3	不限	0.25～0.40	0.40～0.50	0.50～0.60
	3.2		0.15～0.25	0.25～0.40	0.40～0.60
	1.6		0.10～0.15	0.15～0.20	0.20～0.35

3. 切削速度的选择

在选定了背吃刀量和进给量以后，可根据合理的刀具耐用度，确定合适的切削速度。粗加工时，背吃刀量和进给量都较大，切削速度受刀具耐用度和机床功率的限制，一般较低。精加工时，背吃刀量和进给量都取得较小，切削速度主要受工件加工质量和刀具耐用度的限制，一般取得较高。表1-12为车削外圆时切削速度的参考值。

表1-12 硬质合金外圆车刀切削速度参考值

工件材料	热处理状态或硬度	$a_p=0.3\sim2$mm	$a_p=2\sim6$mm	$a_p=6\sim10$mm
		$f=0.08\sim0.3$mm/r	$f=0.3\sim0.6$mm/r	$f=0.6\sim1$mm/r
		$v_c/(\mathrm{m\cdot s^{-1}})$		
低碳钢	热轧	2.33～3.0	1.67～2.0	1.17～1.5
易切削钢				
中碳钢	热轧	2.17～2.67	1.5～1.83	1.0～1.33
	调质	1.67～2.171	1.17～1.5	0.83～1.17
合金结构钢	热轧	1.67～2.17	1.17～1.5	0.83～1.17
	调质	1.33～1.83	0.83～1.17	0.67～1.0
工具钢	退火	1.5～2.0	1.0～1.33	0.83～1.17
不锈钢		1.17～1.33	1.0～1.17	0.83～1.0
灰铸铁	<190HBS	1.5～2.0	1.0～1.33	0.83～1.17
	190HBS～225HBS	1.33～1.85	0.83～1.17	0.67～1.0
高锰钢			0.17～0.33	
铜及铜合金		3.33～4.17	2.0～0.30	1.5～2.0
铝及铝合金		5.1～10.0	3.33～6.67	2.5～5.0
铸铝合金		1.67～3.0	1.33～2.5	1.0～1.67

注：切削钢及灰铸铁时，刀具耐用度约为60～90min。

1.6 工件材料的切削性

1.6.1 材料切削性的概念和衡量指标

工件材料的切削性是指工件材料被切削的难易程度。切削性的概念是相对的，某种材料切削性的好坏，是相对于另一种材料而言的。另外，具体的加工条件和要求不同，加工的难易程度也有很大的差异。因此，不同的情况要用不同的指标来衡量。

(1) 一定刀具耐用度下的切削速度 v_T 即当刀具耐用度为 T 时，切削某种材料所允许的切削速度。v_T 越高，材料的切削性能越好。如切削普通金属材料 $T=60$min，则 v_T 可记作 v_{60}；切削难加工材料 $T=20$min，可记作 v_{20}。

只有当刀具耐用度 T 值相同时，几种材料才能用 v_T 进行比较。因此，这个指标多用于同类材料的比较。

(2) 相对切削性 κ_r 为了对比各种材料的切削性，以正火处理后的45钢的 v_{60} 为基准，记作 $(v_{60})_j$，将其他材料的 v_{60} 与其比较，所得比值即为该材料的 κ_r。即

$$\kappa_r = \frac{v_{60}}{(v_{60})_j}$$

凡是 $\kappa_r>1$ 的材料,均比 45 钢容易切削;凡是 $\kappa_r<1$ 的材料,比 45 钢难切削。常用工件材料的相对切削性可分为 8 级,见表 1-13。

表 1-13 工件材料相对切削性分级

切削性等级	名称及种类		相对切削性 κ_r	代表性材料
1	很容易切削材料	一般有色金属	>3.0	5-5-5 铜铅合金,9-4 铝铜合金,铝镁合金
2	容易切削材料	易切削钢	$2.5\sim3.0$	退火 15Cr,$\sigma_b=380\sim450$MPa
				自动机钢,$\sigma_b=400\sim500$MPa
3		较易切削钢	$1.6\sim2.5$	正火 30 钢,$\sigma_b=450\sim560$MPa
4	普通材料	一般钢及铸铁	$1.0\sim1.6$	45 钢、灰铸铁
5		稍难切削材料	$0.65\sim1.0$	2Cr13 调质,$\sigma_b=850$MPa
				85 钢,$\sigma_b=900$MPa
6	难切削材料	较难切削材料	$0.5\sim0.65$	45Cr 调质,$\sigma_b=1050$MPa
				65Mn 调质,$\sigma_b=950\sim1000$MPa
7		难切削材料	$0.15\sim0.5$	50CrV 调质,1Cr18Ni9Ti,某些钛合金
8		很难切削材料	<0.15	某些钛合金,铸造镍基高温合金

(3) 已加工表面质量 精加工时常以此作为评定材料切削性的指标。凡容易获得好的表面质量的材料,其切削性较好;反之则较差。

(4) 切削力或切削温度 在相同的切削条件下,凡使切削力加大,切削温度增高的工件材料,其切削性就差;反之,其切削性就好。在粗加工或机床动力不足时,常以此指标来评定材料的切削性。

(5) 切屑控制性能 在自动机床或自动生产线上,常用切屑控制的难易程度来评定材料的切削性。凡切屑容易被控制或易于断屑的材料,其切削性就好;反之则差。

一种工件材料很难在各方面都能获得较好的切削性,只能根据需要选择一项或几项作为衡量其切削性的指标。最常用的指标是 v_T 和 κ_r,在各种加工条件下都可适用。

1.6.2 影响材料切削性的因素

切削性能与材料的物理、力学性能及化学成分关系密切。

(1) 材料的物理、力学性能 若材料的强度、硬度高,则切削力大、切削温度高,刀具磨损快,切削性差;若材料的塑性、韧性大,则加工变形大,断屑困难,不易获得好的表面质量,故切削性也差;若材料的导热性差,则散热困难,切削温度升高,切削性变差。

(2) 材料的化学成分 材料化学成分中碳含量高或低,会给切削成形带来一定困难,如低碳钢由于塑性、韧性高,而高碳钢由于强度、硬度高都不易加工。材料中加入的合金元素不同,对切削性的影响也不同,铬、镍、钒、钼、钨、锰含量高,材料的强度、硬度提高,则切削性下降;而加入硫、磷、铅、铋等,可使钢脆化,利于切削。

1.6.3 改善材料切削性的途径

针对各种材料不易切削的原因，生产中常采用下列措施改善材料的切削性能。

(1) 适当进行热处理　进行适当的热处理可改变材料的力学性能，从而改善材料的切削性。如对低碳钢进行正火以降低其塑性；对高碳钢进行球化退火以降低其硬度；对铸铁件在加工前进行退火以降低表层硬度等，都可达到改善材料切削性的目的。

(2) 适当调整材料的化学成分　如在钢中适当加入硫、磷、铅等元素，冶炼出“易切削钢”，可减小切削力，且容易断屑，可提高刀具耐用度，获得较好的表面质量。

思考题与习题

1. 零件的加工质量包括哪些内容？何谓加工精度？何谓加工误差？两者有何区别与联系？

2. 试说明下列几种加工方法的主运动和进给运动：

(1)车床车端面；(2)车床钻孔；(3)车床镗孔；(4)钻床钻孔；(5)镗床镗孔；(6)牛头刨床刨平面；(7)龙门刨床刨平面；(8)铣床铣平面；(9)平面磨床磨平面；(10)外圆磨床磨外圆。

3. 分别绘制简图表示车端面和车内孔的已加工表面、过渡表面、待加工表面、背吃刀量、切削层公称宽度和切削层公称厚度。

4. 用主偏角 $\kappa_r=45°$的车刀车削外圆时，工件加工前的直径为 ϕ62mm，加工后的直径为 ϕ54mm，工件转速为 $n=240$r/min，车刀每分钟沿工件轴向移动 98mm。试求切削速度 v_c、进给量 f、背吃刀量 a_p、切削层公称厚度 h_D 和公称宽度 b_D、切削层公称横截面积 A_D。

5. 对刀具切削部分的材料有何要求？目前常用的刀具材料有哪几类？各适用于制造哪些刀具？

6. 某车刀角度为 $\gamma_o=10°$，$\alpha_o=8°$，$\lambda_s=-10°$，$\kappa_r=70°$，$\kappa_r'=10°$，请画出该车刀切削部分的示意图。

7. 端面车刀和切断刀刀头的几何形状如图 1-28 所示。试分别说明车端面、切断时的主切削刃、副切削刃、刀尖、前角 γ_o、主后角 α_o、主偏角 κ_r 和副偏角 κ_r'。

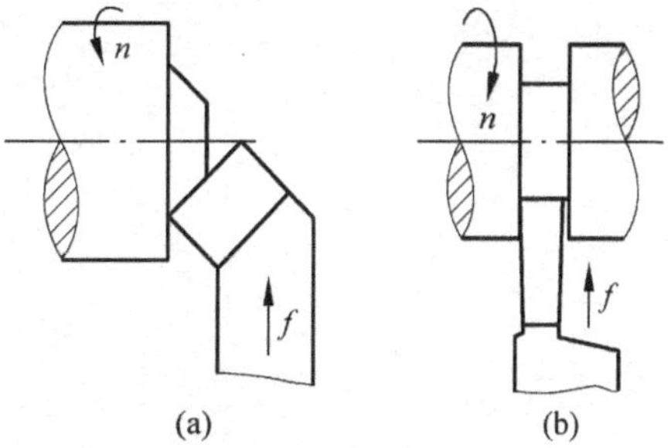

8. 切屑是如何形成的？常见的有哪几种？各有哪些特点？

9. 积屑瘤是如何形成的？它对切削过程有何影响？若要避免积屑瘤需要采取哪些措施？

10. 试分析车外圆时三个切削分力 F_c、F_f、F_p 的作用及对切削过程的影响。

图　1-28
(a) 端面车刀；(b) 切断刀

11. 甲、乙二人每秒钟切下的金属体积完全相同(即生产率相同)，只是甲的吃刀深度比乙大1倍，而走刀量 f 比乙小1倍。试比较二人切削力的大小，由此可得出什么有益的结论？

12. 切削热是如何产生的？它对切削过程有什么影响？

13. 切削液的主要作用是什么？常用切削液有哪几种？各适用于什么场合？

14. 刀具的磨损形式有哪几种？刀具的磨损过程一般分为哪几个阶段？

15. 什么是刀具耐用度？刀具耐用度与刀具寿命有何关系？

16. 刀具耐用度一定时，从提高生产率出发，选择切削用量的顺序如何？从降低切削功率出发，选择切削用量的顺序又如何？为什么？

17. 试述车刀前角、后角、主偏角、副偏角、刃倾角的作用及选用方法。

18. 何谓材料的切削性？它与哪些因素有关？

金属切削机床的基础知识

金属切削机床是对金属毛坯进行加工的机器，是机械制造业中的主要加工设备，堪称是制造机器的机器，人们多称其为“工作母机”，生产中简称为机床。它的技术性能直接影响机械制造业的产品质量和生产效率。

2.1 机床的分类

生产实践中的机床种类和规格繁多，它们各自的品种、结构、性能、质量和应用范围也各不相同。

按照 GB/T 15375—2008《金属切削机床型号编制方法》规定，机床按其工作原理划分为车床、钻床、镗床、磨床、齿轮加工机床、螺纹加工机床、铣床、刨插床、拉床、锯床和其他机床共 11 大类。在每一类机床中，又按工艺范围、布局形式和结构分为若干组，每一组又细分为若干系列。这是机床的主要分类方法。

按机床通用程度，可分为通用机床、专门化机床和专用机床。

按加工精度不同，可分为普通精度机床、精密机床和高精度机床。

按加工工件大小和机床质量，可分为仪表机床、中型机床(一般机床)、大型机床(质量达 10～30t)、重型机床(30～100t)和超重型机床(100t 以上)。

机床还可按自动化程度分为手动机床、机动机床、半自动机床和自动机床；按主要工作部件的数目分为单轴、多轴、单刀、多刀机床等。

通常，机床是按其工作原理划分，随着数控技术的发展机床又可分为数控机床和非数控机床(传统机床)。数控机床在传统机床自动化、多样化基础上，使工序更加集中，功能日臻完善。

2.2 机床型号的编制方法

金属切削机床的型号是用来表示机床的类别、结构特征和主要技术参数的代号。按 GB/T 15375—2008 规定，机床型号采用汉语拼音字母和阿拉伯数字按一定规律组合而成。例如 CM6132 型精密普通车床，其型号中的代号及数字的含义如下：

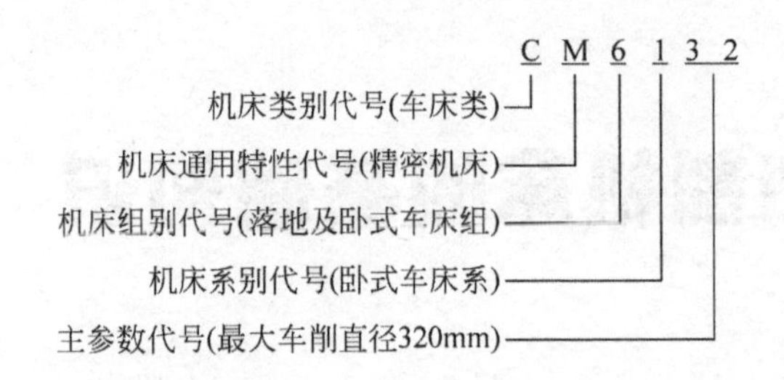

1. 机床的类别代号

机床的类别代号位于型号的首位,用大写汉语拼音字母表示,按其相对应的汉字字音读音。根据需要,每一类机床又可分为若干分类,如磨床类分为 M、2M、3M 三个分类。机床的类别和分类代号见表 2-1。

表 2-1 机床类别和分类代号

类别	车床	钻床	镗床	磨床			齿轮加工机床	螺纹加工机床	铣床	刨插床	拉床	锯床	其他机床
代号	C	Z	T	M	2M	3M	Y	S	X	B	L	G	Q
读音	车	钻	镗	磨	二磨	三磨	牙	丝	铣	刨	拉	割	其

2. 机床特性代号

机床特性代号表示机床所具有的特殊性能,位于类别代号之后,用大写的汉语拼音字母表示。机床特性分为通用特性和结构特性。

1) 通用特性代号

通用特性代号有固定的含义,见表 2-2。

表 2-2 机床通用特性代号

通用特性	高精度	精密	自动	半自动	数控	加工中心(自动换刀)	仿形	轻型	加重型	柔性加工单元	数显	高速
代号	G	M	Z	B	K	H	F	Q	C	R	X	S
读音	高	密	自	半	控	换	仿	轻	重	柔	显	速

例如,型号为 CK6140 的车床,K 表示该车床具有数控特性。

2) 结构特性

为区分主参数相同而结构、性能不同的机床,在型号中用结构特性代号予以区别。当型号中有通用特性代号时,结构特性代号排在通用特性代号之后,否则结构特性代号直接排在类别代号之后。

例如,CA6140 型卧式车床型号中的“A”是结构特性代号,以区分与 C6140 型卧式车床主参数相同,但结构不同。

3. 机床的组、系代号

每类机床按其结构性能及用途分为若干组,每组又分为若干系,同一系机床的主参数、基本结构和布局形式相同。组、系代号用二位阿拉伯数字表示，位于类别代号或特性代号之后，第一位数字表示组别，第二位数字表示系别。车床的分组及代号见表2-3。

表2-3 车床的分组及代号

组别代号	0	1	2	3	4	5	6	7	8	9
组别	仪表小型车床	单轴自动车床	多轴自动、半自动车床	回转、转塔车床	曲轴及凸轮轴车床	立式车床	落地及卧式车床	仿形及多刀车床	轮、轴、辊、锭及铲齿车床	其他车床

4. 机床的主参数代号

机床主参数表示机床规格的大小，机床的主参数代号以其主参数的折算值表示，位于组、系代号之后。例如，卧式车床的主参数折算系数为1/10，所以CA6140型卧式车床的主参数为400mm。

5. 机床的重大改进顺序号

当机床的结构和性能有重大改进时，按改进的先后顺序，用A、B、C、…汉语拼音字母（但“I、O”两个字母不得选用）表示，写在机床型号的末尾，以区别原机床型号。例如，M1432A表示经第一次重大改进后的万能外圆磨床。

对于已经定型，并按过去的机床型号编制方法编订的机床，其型号一律不变，仍按旧型号。

在GB/T 15375—2008中还规定允许使用“厂标”表示，如：CX5112A/WF，为瓦房店机床厂生产的最大车削直径为1250mm，经第一次重大改进的数显单柱立式车床。

2.3 机床的传动

在机床上进行切削时，刀具和工件必须做切削运动。这就需要通过各种传动方式，把运动和动力从电机传递给工件和刀具。机床的传动有机械、液压、气动、电气等多种方式。下面主要介绍在机床中应用比较广泛的机械传动和液压传动。

2.3.1 机床的机械传动

1. 机床常用传动副

机械传动应用带与带轮、齿轮、蜗杆与蜗轮、齿条、丝杠与螺母等机械元件传递运动和动力，每一对传动元件称为传动副。

1) 带传动

带传动（除同步齿形带外）是利用带与带轮之间的摩擦力，将主动带轮的转动传到从动带轮。常用的有平带、V带、多楔带和同步齿形带等。机床传动中多用V带传动，如图2-1所示。

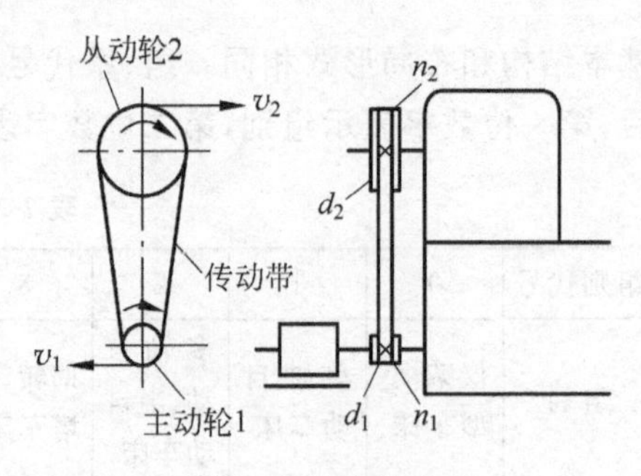

图 2-1 带传动

如果不考虑皮带与带轮之间的相对滑动，两个带轮的圆周速度 v_1、v_2 和皮带的速度是相等的，即

$$v_1 = v_2 = v_{带}$$

由 $v_1=\pi d_1 n_1$，$v_2=\pi d_2 n_2$，得

$$i = \frac{n_2}{n_1} = \frac{d_1}{d_2}$$

式中，v_1、v_2——主动、从动带轮的圆周速度(m/min)；

d_1、d_2——主动、从动带轮的直径(mm)；

n_1、n_2——主动、从动带轮的转速(r/min)；

i——传动比，即从动轮与主动轮的转速之比。

由上式可知，带传动的传动比等于主动带轮直径与从动带轮直径之比。

如果考虑皮带与带轮之间的相对滑动损失，则传动比为

$$i = \frac{n_2}{n_1} = \frac{d_1}{d_2}\varepsilon$$

式中，ε——滑动系数，约为0.98。

带传动的优点是传动平稳，两轴之间的距离较大，结构简单、制造和维修方便，在过载时会打滑，避免造成机器损坏；缺点是有打滑现象，无法保证准确的传动比，摩擦损失也较大，传动效率较低。

轴间距离较大时，宜采用带传动。

2）齿轮传动

齿轮传动是目前机床中应用最多的一种传动方式。它是利用一对齿轮相啮合的轮齿传递运动和转矩。齿轮的种类很多，如直齿轮、斜齿轮、人字齿轮、锥齿轮等，其中最常用的是直齿圆柱齿轮传动，如图2-2所示。

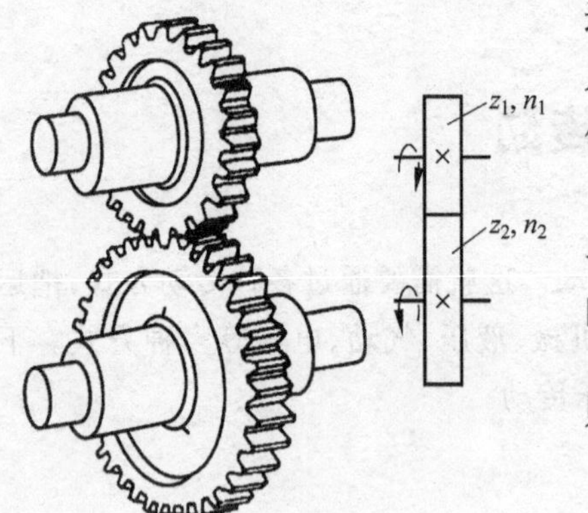

图 2-2 齿轮传动

若 z_1 与 n_1 分别代表主动齿轮的齿数和转速，z_2 与 n_2 分别代表从动齿轮的齿数和转速。由于单位时间内主动轮与从动轮转过的齿数相等，即

$$z_1 n_1 = z_2 n_2$$

则有

$$i = \frac{n_2}{n_1} = \frac{z_1}{z_2}$$

由上式可知，齿轮传动的传动比等于主动齿轮与从动齿轮齿数之比。

齿轮传动的优点是结构紧凑，传动比准确，传动效率高，能传递较大的转矩；缺点是制造工艺复杂，齿轮的加工精度不高时，传动噪声大，工作不平稳。

3）蜗杆蜗轮传动

如图2-3所示，蜗杆为主动件，将其转动传给蜗轮。这种传动方式只能是蜗杆带动蜗轮转，反之则不可能。

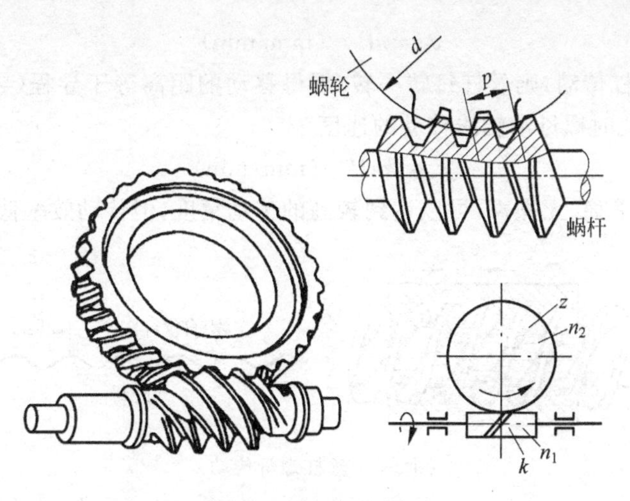

图 2-3 蜗杆蜗轮传动

蜗杆的头数 k 相当于齿轮的齿数，转速为 n_1；蜗轮的齿数为 z，转速为 n_2，则传动比为

$$i = \frac{n_2}{n_1} = \frac{k}{z}$$

由于 k 比 z 数值小很多，所以蜗杆蜗轮传动可以获得较大的降速比，且结构紧凑、噪声小、传动平稳。但传动时摩擦严重，导致传动效率比齿轮传动低，需要良好的润滑条件。

4）齿轮齿条传动

齿轮齿条传动用于旋转运动和直线运动的相互转换，如图 2-4 所示。若齿轮为主动件，则将旋转运动变为直线运动；若齿条为主动件，则将直线运动变为旋转运动。

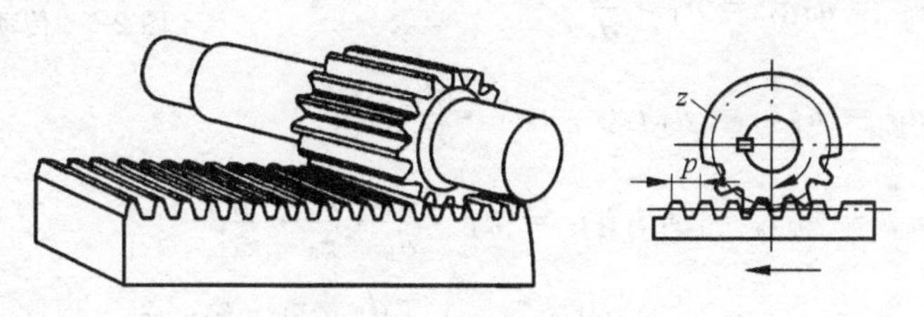

图 2-4 齿轮齿条传动

齿轮转速为 n 时，齿条的直线移动速度为

$$v = zpn = z\pi mn \quad (\text{mm/min})$$

式中，z——齿轮的齿数；

n——齿轮的转速(r/min)；

p——齿条的齿距(mm)；

m——齿轮模数。

齿轮齿条传动的效率很高，但制造精度不高时，传动平稳性和准确度较差。

5）丝杠螺母传动

丝杠螺母传动一般用于将旋转运动转变为直线运动，通常丝杠旋转，螺母不转，如图 2-5 所示。车削螺纹时车刀的纵向进给即采用这种方式。若丝杠为单头螺纹，螺距为 P(mm)，当丝杠转速为 n(r/min)时，螺母沿轴线移动的速度为

$$v = nP \quad (\mathrm{mm/min})$$

如果是多头丝杠传动,则丝杠每转一转,螺母移动的距离等于导程(导程等于头数 k 与螺距 P 之乘积)。此时螺母沿轴线移动的速度为

$$v = knP \quad (\mathrm{mm/min})$$

丝杠螺母传动平稳、无噪声,可以达到较高的传动精度,但传动效率低。

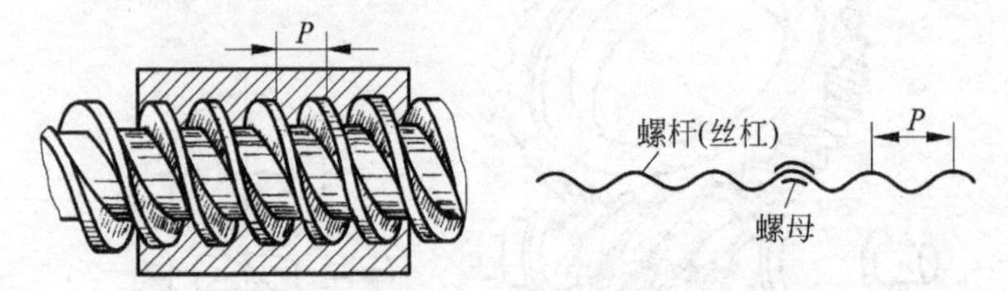

图 2-5 丝杠螺母传动

2. 传动链及其传动比

将若干传动副依次组合起来,即成为一个传动系统,习惯上称为传动链。在研究传动系统时,常把各种传动件进行简化,用规定的示意性符号代表传动件,绘成传动系统图。

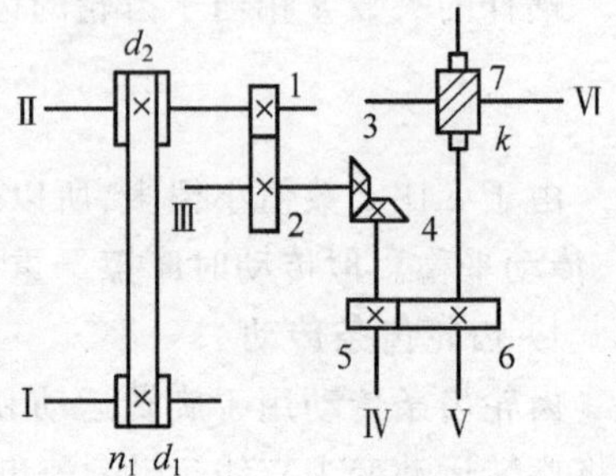

图 2-6 传动链示意图

图 2-6 所示传动链中,如果已知主动轴 Ⅰ 的转速,带轮的直径和各齿轮的齿数,即可确定传动链中各轴的转速。

$$n_{\mathrm{II}} = n_{\mathrm{I}} i_1 = n_{\mathrm{I}} \cdot \frac{d_1}{d_2}$$

$$n_{\mathrm{III}} = n_{\mathrm{II}} i_2 = n_{\mathrm{I}} i_1 i_2 = n_{\mathrm{I}} \cdot \frac{d_1}{d_2} \cdot \frac{z_1}{z_2}$$

$$n_{\mathrm{IV}} = n_{\mathrm{III}} i_3 = n_{\mathrm{I}} i_1 i_2 i_3 = n_{\mathrm{I}} \cdot \frac{d_1}{d_2} \cdot \frac{z_1}{z_2} \cdot \frac{z_3}{z_4}$$

$$n_{\mathrm{V}} = n_{\mathrm{IV}} i_4 = n_{\mathrm{I}} i_1 i_2 i_3 i_4 = n_{\mathrm{I}} \cdot \frac{d_1}{d_2} \cdot \frac{z_1}{z_2} \cdot \frac{z_3}{z_4} \cdot \frac{z_5}{z_6}$$

$$n_{\mathrm{VI}} = n_{\mathrm{V}} i_5 = n_{\mathrm{I}} i_1 i_2 i_3 i_4 i_5 = n_{\mathrm{I}} \cdot \frac{d_1}{d_2} \cdot \frac{z_1}{z_2} \cdot \frac{z_3}{z_4} \cdot \frac{z_5}{z_6} \cdot \frac{k}{z_7}$$

式中,$i_1 \sim i_5$ 分别为传动链中相应传动副的传动比。

设传动链的总传动比为 $i_{总}$,则

$$i_{总} = \frac{n_{\mathrm{VI}}}{n_{\mathrm{I}}} = i_1 i_2 i_3 i_4 i_5 = \frac{d_1}{d_2} \cdot \frac{z_1}{z_2} \cdot \frac{z_3}{z_4} \cdot \frac{z_5}{z_6} \cdot \frac{k}{z_7}$$

由上式可知,传动链的总传动比等于链中各传动副传动比的乘积。

3. 机床常用的变速机构

机床主运动和进给运动的速度变换通过变速机构来实现,变速机构有无级变速和有级变速两类。有级变速因具有结构紧凑、工作可靠、效率高、变速范围大、传动比准确等优点,被大多数通用机床所采用,其中最基本的变速机构有滑动齿轮变速机构和离合器式变速机构。

1）滑动齿轮变速机构

如图 2-7(a)所示，三联滑动齿轮 z_2、z_4、z_6 以花键装在从动轴Ⅱ上，可沿轴向滑动。通过手柄拨动三联滑动齿轮，使其分别与固定在主动轴Ⅰ上的齿轮 z_1、z_3 和 z_5 相啮合，轴Ⅱ可得到三种不同转速。

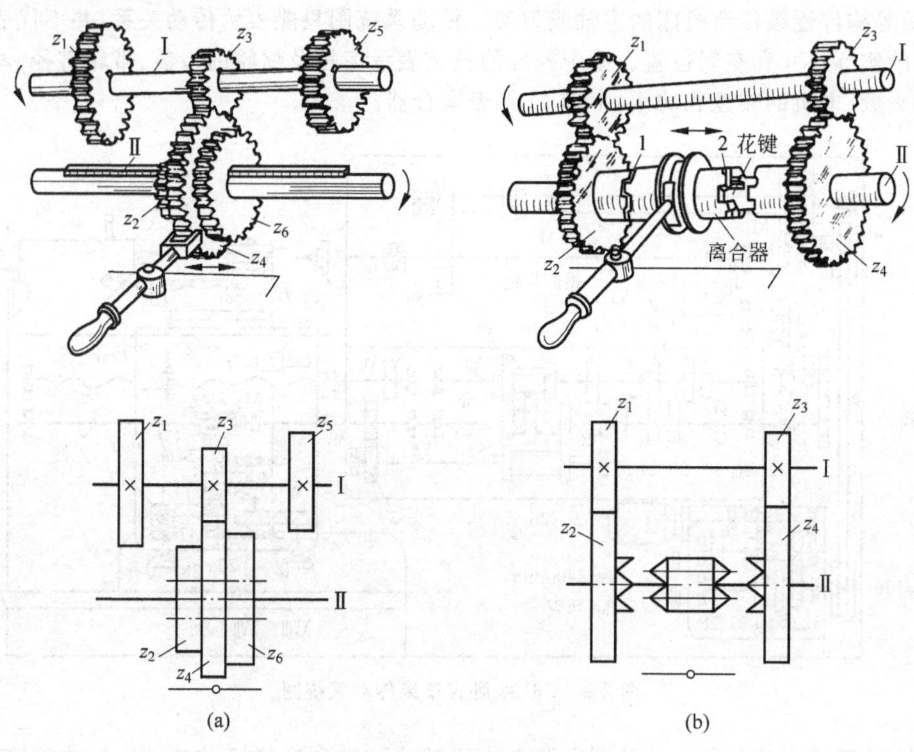

图 2-7 变速机构

(a) 滑动齿轮变速；(b) 离合器式齿轮变速

这种变速机构的传动路线可用传动链的形式表示：

$$-\text{Ⅰ}-\left\{\begin{array}{c}\dfrac{z_1}{z_2}\\[2ex]\dfrac{z_3}{z_4}\\[2ex]\dfrac{z_5}{z_6}\end{array}\right\}-\text{Ⅱ}-$$

2）离合器式变速机构

如图 2-7(b)所示，空套在从动轴Ⅱ上的齿轮 z_2 和 z_4 可以分别与固定在主动轴Ⅰ上的齿轮 z_1 和 z_3 相啮合，轴Ⅱ的中部通过花键装有牙嵌式离合器。当手柄操纵离合器左移或右移时，离合器利用爪 1 或爪 2 使齿轮 z_2 或 z_4 分别与轴Ⅱ连接，则轴Ⅱ可得到两种不同的转速。

其传动链可写成

$$-\text{Ⅰ}-\left\{\begin{array}{c}\dfrac{z_1}{z_2}\\[2ex]\dfrac{z_3}{z_4}\end{array}\right\}-\text{Ⅱ}-$$

4. 卧式车床传动系统简介

图 2-8 是 C6132 卧式车床的传动系统图，图中各种传动元件用规定的简单符号代表，并按照运动传递的先后顺序展开画出。电动机的旋转运动通过皮带轮、齿轮、丝杠、螺母或齿轮、齿条等构件逐级传至机床的主轴或刀架。传动系统图只能表示传动关系，并不代表各传动元件的实际尺寸和空间位置。图中阿拉伯数字表示齿轮及蜗轮的齿数、带轮直径、丝杠的导程和头数、电机的转速和功率，字母 M 代表离合器。

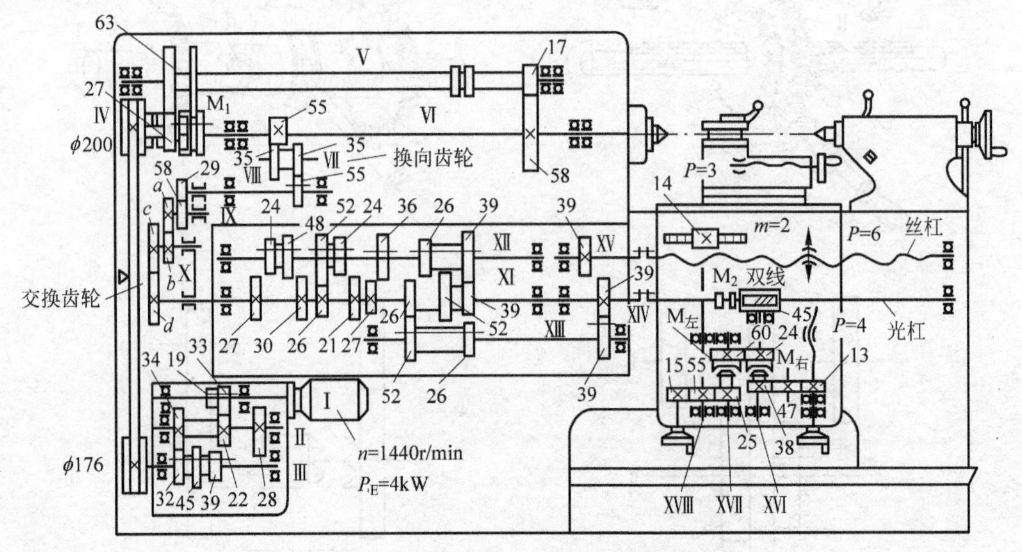

图 2-8　C6132 卧式车床传动系统图

C6132 卧式车床的传动系统图主要由主运动传动链和进给运动传动链组成，其运动传递关系如图 2-9 所示。

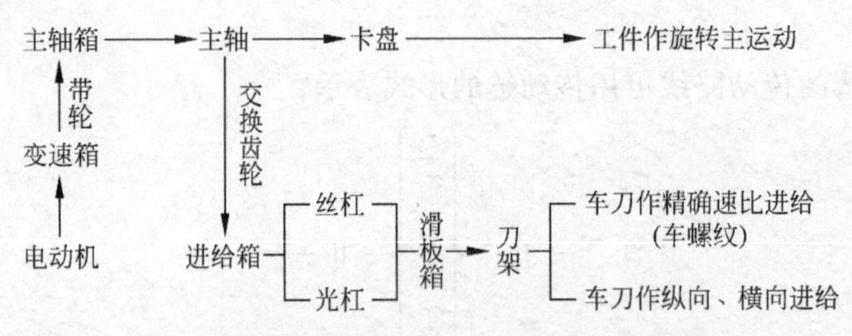

图 2-9　C6132 卧式车床传动路线示意框图

1）主运动传动系统

主运动通过电动机至主轴之间的传动系统来实现。其传动路线可用传动链表示如下：

$$
\text{电动机}-\mathrm{I}-\underbrace{\left\{\begin{matrix}\dfrac{33}{22}\\[2ex]\dfrac{19}{34}\end{matrix}\right\}-\mathrm{II}-\left\{\begin{matrix}\dfrac{34}{32}\\[2ex]\dfrac{28}{39}\\[2ex]\dfrac{22}{45}\end{matrix}\right\}}_{\text{变速箱}}-\mathrm{III}-\frac{\phi 176}{\phi 200}-\underbrace{\mathrm{IV}-\left\{\begin{matrix}\mathrm{M}_1\\[1ex]\dfrac{27}{63}-\mathrm{V}-\dfrac{17}{58}\end{matrix}\right\}-\text{主轴}\ \mathrm{VI}}_{\text{主轴箱}}
$$

主轴可获得 2×3×2=12 级转速，其各级转速都可以计算出来。

例如，主轴的最高转速 $n_{\text{VI}\max}$ 和最低转速 $n_{\text{VI}\min}$ 分别取传动比最大和最小的路线，计算如下：

$$n_{\text{VI}\max}=n_{\text{电机}}i_{\text{总}\max}=1440\times\frac{33}{22}\times\frac{34}{32}\times\frac{176}{200}\times0.98\text{r/min}=1980\text{r/min}$$

$$n_{\text{VI}\min}=n_{\text{电机}}i_{\text{总}\min}=1440\times\frac{19}{34}\times\frac{22}{45}\times\frac{176}{200}\times\frac{27}{63}\times\frac{17}{58}\times0.98\text{r/min}=43\text{r/min}$$

上两式中 0.98 为带传动的滑动系数。

2）进给运动传动系统

进给运动是由主轴至刀架之间的传动系统来实现的。车削的进给量以主轴每转一转，刀具移动的距离来计算。所以，其传动链是从主轴开始，通过一系列运动传动到刀架为止，分别实现刀具的纵、横向进给及车削螺纹运动，具体表示如下：

$$\text{主轴 VI}-\underbrace{\begin{Bmatrix}\frac{55}{55}\\[2ex] \frac{55}{35}\cdot\frac{35}{55}\end{Bmatrix}}_{\text{换向机构}}-\text{VIII}-\frac{29}{58}-\text{IX}-\underbrace{\frac{a}{b}\cdot\frac{c}{d}}_{\text{交换齿轮}}-\text{XI}-\begin{Bmatrix}\frac{27}{24}\\[1ex] \frac{30}{48}\\[1ex] \frac{26}{52}\\[1ex] \frac{21}{24}\\[1ex] \frac{27}{36}\end{Bmatrix}-\text{XII}-\begin{Bmatrix}\frac{26}{52}\cdot\frac{26}{52}\\[1ex] \frac{26}{52}\cdot\frac{52}{26}\\[1ex] \frac{39}{39}\cdot\frac{26}{52}\\[1ex] \frac{39}{39}\cdot\frac{52}{26}\end{Bmatrix}$$

$$-\text{XIII}-\begin{cases}\frac{39}{39}-\text{丝杠}-\text{车螺纹}\\[2ex] \frac{39}{39}-\text{光杠}-\frac{2}{45}-\text{XVI}-\begin{cases}\frac{24}{60}-\text{XVII}-\text{M}_{\text{左}}-\frac{25}{55}-\text{XVIII}-\text{齿轮齿条}-\text{纵向进给}\\[1ex] \text{M}_{\text{右}}-\frac{38}{47}\cdot\frac{47}{13}-\text{横向进给丝杠}-\text{横向进给}\end{cases}\end{cases}$$

在进给运动的传动中，可根据各传动路线上传动副的传动比计算出机动进给量和螺纹螺距。

5. 机床机械传动系统的组成

机床机械传动系统由以下几部分组成。

（1）定比传动机构　具有固定传动比的传动副，用来实现升速、降速或运动连接。常用的传动副有带传动、齿轮传动、蜗杆蜗轮传动、齿轮齿条传动和丝杠螺母传动等。

（2）变速机构　变换机床部件运动速度的机构。为了能采用合理的切削速度和进给量，需要进行变速。例如图 2-8 中，变速箱中的轴Ⅰ－Ⅱ－Ⅲ之间采用的是滑动齿轮变速机构，主轴箱中的轴Ⅳ－Ⅴ－Ⅵ之间采用的是离合器式变速机构，轴Ⅸ－Ⅹ－Ⅺ之间采用的是交换齿轮变速机构等。

（3）换向机构　变换机床部件运动方向的机构。机床的主运动和进给运动传动部件依加工的不同往往需要正、反向的运动。机床运动的换向，通常可直接利用电动机反转或利用齿轮换向机构等。

（4）操纵机构　用来控制机床运动部件变速、换向、启动、停止、制动及调整的机构。机床上常用的操纵机构包括手柄、手轮、按钮、杠杆、凸轮、齿轮齿条、拨叉和滑块等。

（5）箱体及其他装置　箱体用以支撑和连接各机构，并保证它们之间的相互位置精度。为了保证传动机构的正常工作，还设有开停装置、制动装置、润滑和密封装置等。

6. 机械传动的优缺点

机械传动与液压传动、电气传动相比较，其主要优点如下：

（1）传动比准确，工作可靠。

（2）实现回转运动的结构简单，并能传递较大的扭矩。

（3）故障容易发现，便于维修。

但是，机械传动有速度损失，传动不够平稳；传动元件制造精度不高时，振动和噪声较大；实现无级变速的机构较复杂、变速范围小、成本高。因此，机械传动主要用于速度不太高的有级变速传动中。

2.3.2 机床的液压传动

1. 外圆磨床液压传动系统简介

在外圆磨床上，液压传动系统主要完成下列运动：

（1）工作台纵向往复运动；

（2）工作台换向时砂轮架的横向进给运动；

（3）砂轮架快速向工件的靠近与退出运动。

外圆磨床的液压传动系统比较复杂，下面仅以磨床工作台纵向往复运动为例，简要介绍液压传动系统的工作原理和基本组成。

图 2-10 是简化的磨床液压传动系统。工作时油泵将油箱中的油液经过过滤器吸入泵内，并将其转变为高压油，经过转阀、节流阀和换向阀，输入油缸的右腔。高压油推动活塞连同工作台向左移动。油缸左腔的油液，经换向阀流回油箱。当工作台向左移动至终点时，固定在工作台右端的行程挡铁块自右向左推动换向手柄，带动换向阀的阀杆，使换向阀的阀芯移至虚线位置。这时，高压油就流入油缸的左腔，推动活塞连同工作台向右移动，油缸右腔的油液流回油箱。如此反复，从而实现了工作台的纵向往复运动。

工作台的往复换向动作由换向阀控制，换向阀阀芯移动的快慢由节流阀调节，从而控制了工作台换向的快慢和平稳性。工作台的行程长度和位置，可通过调整两挡块的位置来控制。多余的油可经溢流阀流回油箱，保证了系统的安全。

横向进给及砂轮的快速引进和退出均系液压传动，图中省略未画。

2. 机床液压传动系统的组成

机床液压传动系统主要由以下几部分组成。

（1）动力元件　油（液压）泵。它是将电动机输入的机械能转换为液体的压力能的一种能量转换装置，它给液压系统提供压力油，使整个系统能够动作起来。

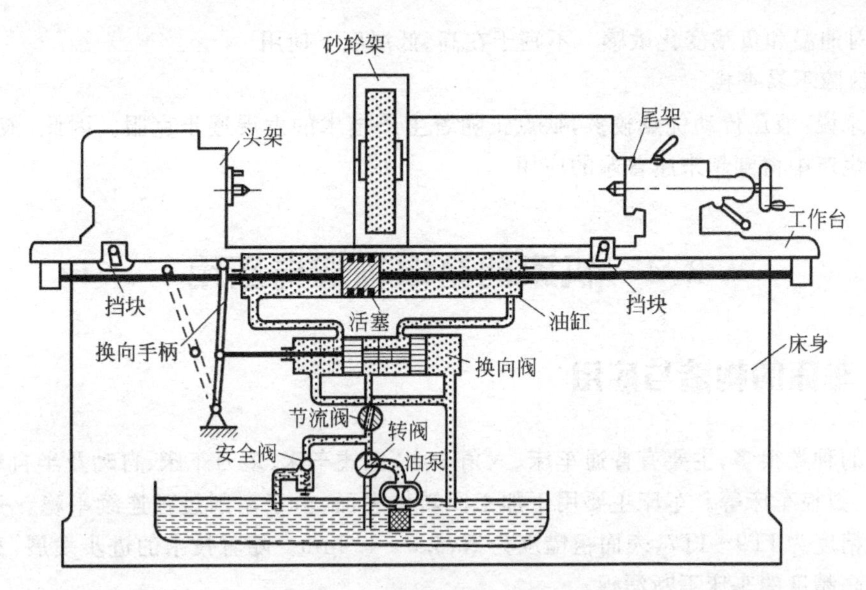

图 2-10 外圆磨床液压传动示意图

(2) 执行机构 液压缸或液压马达。其作用是把液压泵输入的液体压力能转变为工作部件的机械能,并对外做功,它也是一种能量转换装置。液压缸用来实现直线运动,液压马达用来实现回转运动。

(3) 控制元件 各种阀。其作用是控制和调节油液的压力、流量(速度)及流动方向。如图 2-10 中的节流阀控制油液的流量;换向阀控制油液的流动方向;安全阀控制油液压力等。

(4) 辅助装置 包括油箱、油管、滤油器、压力表、密封装置等。其作用是创造必要的条件,以保证液压系统正常工作。

(5) 工作介质 液压油。它是传递能量的介质。

3. 液压传动的优缺点

液压传动与机械传动、电气传动相比较,其主要优点如下:

(1) 可无级变速 易于在较大范围内实现无级变速,能在运转中变速。

(2) 传力大 能传递较大的力或转矩。

(3) 传动平稳 由于以液体为传动介质,油液本身有吸振的能力,故传动平稳,便于实现频繁的换向和自动过载保护。

(4) 操作简单 便于采用电液联合控制,实现自动化。

(5) 寿命长 机件在油中工作,润滑好,寿命长。

液压传动的缺点是:

(1) 无法保证严格的传动比 以液体为工作介质,易泄漏,油液可压缩,故不能用于传动比要求准确的场合。

(2) 效率低 液压传动中有机械损失、压力损失、泄漏损失,故效率较低,不宜作远距离传动。

（3）对油温和负载变化敏感　不宜于在高、低温度下使用。

（4）故障不易查找。

总的来说，液压传动优点较多，缺点正随着生产技术的发展逐步克服。因此，液压传动在现代化生产中得到越来越普遍的应用。

2.4　机床的基本构造与应用

2.4.1　车床的构造与应用

车床的种类很多，主要有普通车床、六角车床、立式车床、多刀车床、自动及半自动车床、仪表车床、数控车床等。车床主要用于加工回转体表面，由于车削过程连续平稳，一般车削可达尺寸精度为IT9～IT7，表面粗糙度为$Ra6.3\sim1.6\mu m$。随着技术的进步发展，高效率、自动化和高精度的车床不断涌现。

常见卧式车床的型式及主要部分如图2-11所示。

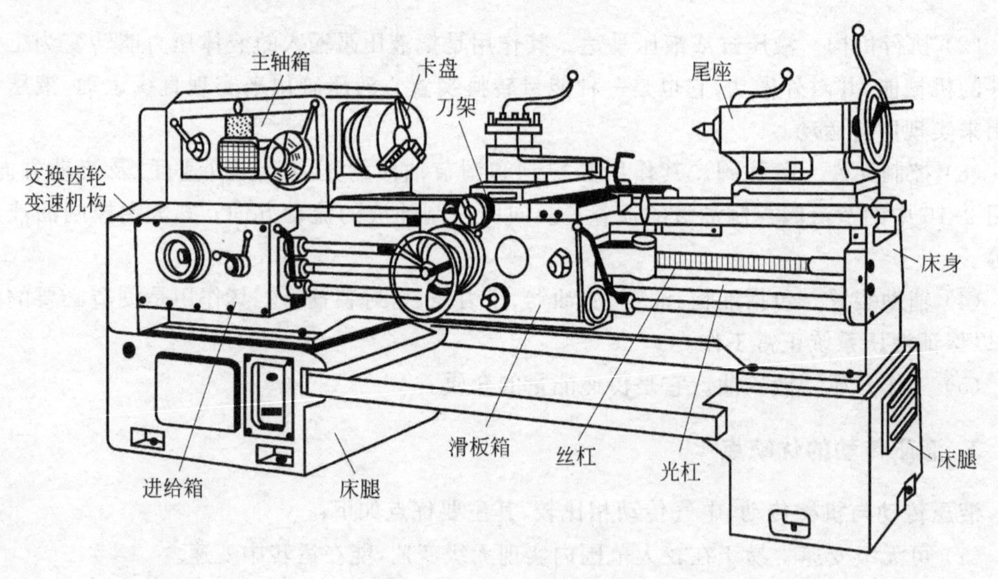

图2-11　卧式车床外观图

1. 床头部分

（1）主轴箱　用来带动车床主轴及卡盘转动。变换箱外的手柄位置，可以使主轴得到各种不同的转速。

（2）卡盘　用来夹持工件，并带动工件一起转动。

2. 轮箱部分

轮箱部分又称走刀箱，用来把主轴的转动传给进给箱。调换箱内的齿轮，并与进给箱配合，可以车削各种不同螺距的螺纹。

3. 进给部分

(1) 进给箱　利用它内部的齿轮机构,可以把主轴的旋转运动传给丝杠或光杠,变换箱体外面的手柄位置,可以使丝杠或光杠得到各种不同的转速。

(2) 丝杠与光杠　丝杠用来车削螺纹,它能通过溜板使车刀按要求的传动比作很精确的直线移动。光杠使车刀按要求的速度作直线进给运动。

4. 滑板部分

(1) 滑板箱　又称溜、拖板箱,把丝杠或光杠的转动传给溜板,变换箱外的手柄位置,经滑板使车刀作纵向或横向进给。

(2) 滑板　又称溜板,滑板包括大、中、小三层滑板,如图 2-12 所示。小滑板手柄跟小滑板内部的丝杠连接,摇动手柄时,小滑板就会纵向进刀或退刀。中滑板手柄装在中滑板内部的丝杠上,摇动手柄,中滑板就会横向进刀或退刀。大滑板跟床面导轨配合,摇动手柄,可以使整个滑板部分左右移动作纵向进给。小滑板下部有转盘,它的圆周上有两只固定螺钉可使小滑板转动角度后顶紧。

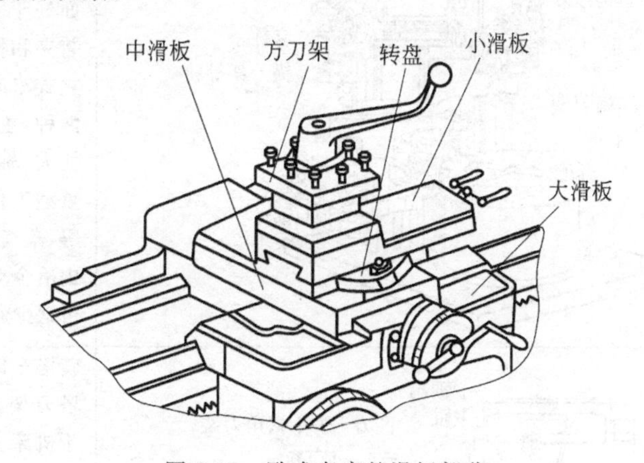

图 2-12　卧式车床的滑板部分

可见,大滑板是纵向车削工件时使用的,中滑板是横向车削工件和控制背吃刀量时使用的,小滑板是纵向车削较短的工件或圆锥面时使用的。

(3) 刀架　小滑板上有刀架,用来装夹刀具。

5. 尾座部分

尾座是由尾座体、底座、套筒等组成的。

顶尖装在尾座套筒的锥孔里,该套筒用来支顶较长的工件,还可以装夹各种切削刀具,如钻头、中心钻、铰刀等。

底座连同尾座体可沿床身导轨移动,可根据工作的需要调整床头与尾座之间的距离。

6. 床身部分

床身是车床的基础零件,用来支持和安装车床的各个部件,使主轴箱、进给箱、滑板箱、滑板和尾座之间有正确的相对位置。

7. 附件

(1) 中心架　车削较长工件时用来支承工件。

(2) 冷却系统　切削时用来浇注冷却润滑液。

2.4.2 其他机床的构造与应用

其他机床的构造与应用见表 2-4。

表 2-4　其他机床的构造与应用

序号	机床名称	机床构造	机床特点与应用
1	立式车床	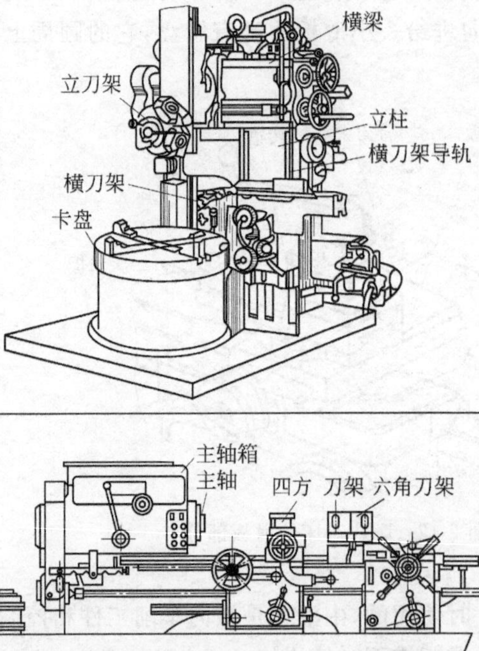	立式车床的主轴轴心线处于竖直位置(立式)而工作台台面处于水平面内,使工件的装夹和找正都比较方便。立式车床分单柱式和双柱式两种,主要用于加工径向尺寸大、轴向尺寸较小的大型重型工件,如各种机架、壳体等,是汽轮机、重型电动机、矿山冶金等重型机械制造厂不可缺少的加工设备
2	转塔车床	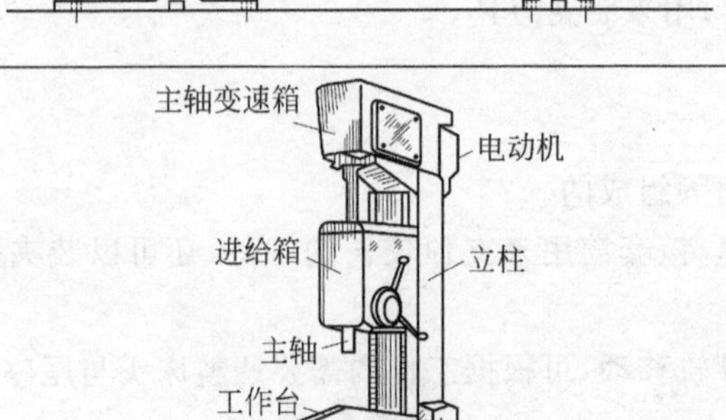	转塔车床一般设有 6 工位转塔刀架,转塔刀架轴线垂直于机床主轴,可沿导轨作纵向移动。转塔车床可在工件一次安装中完成较复杂的加工。如通过电气步进控制、液压驱动实现半自动循环或自动循环,加工效率比一般卧式车床高 2～3 倍
3	立式钻床	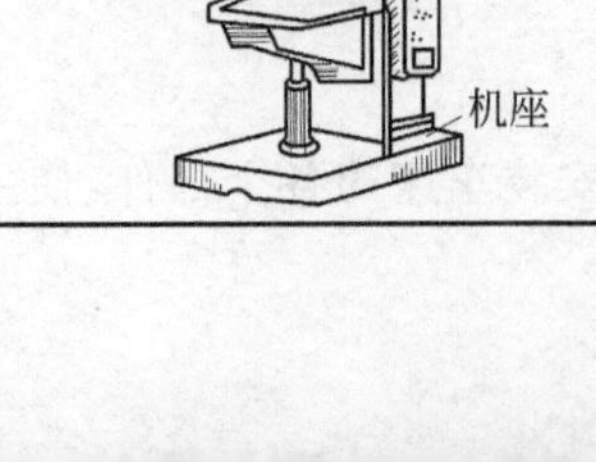	立式钻床有不同的型号、规格,适用于机修车间、工具车间和金属加工的小批生产中。在主轴上装上各种不同的刀具,可以进行钻、锪等各种孔的加工

续表

序号	机床名称	机 床 构 造	机床特点与应用
4	摇臂钻床	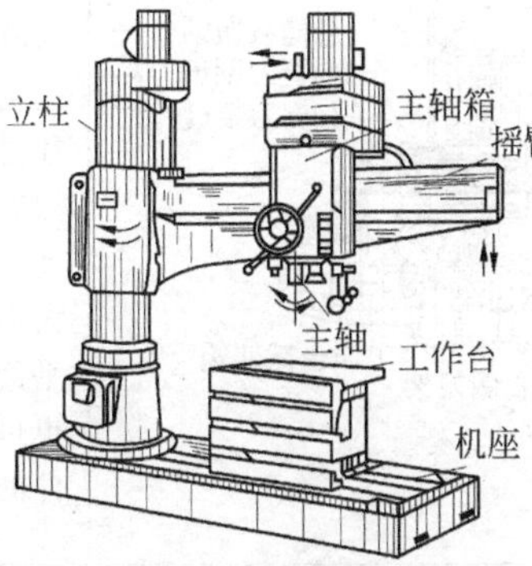	摇臂钻床有一个能绕立柱旋转的摇臂，它的自动化程度较高，使用范围较广，适用于较大工件和多孔工件的孔加工。摇臂钻床的主轴箱可在摇臂上移动，摇臂可绕立轴线转动并沿立柱上下滑动，摇臂的位置由制动装置固定。因此，在摇臂长度允许的范围内，可以把主轴对准工件的任何位置。刀具位置调整方便，易于对准被加工孔的中心，不需要移动工件来进行加工
5	卧式镗床	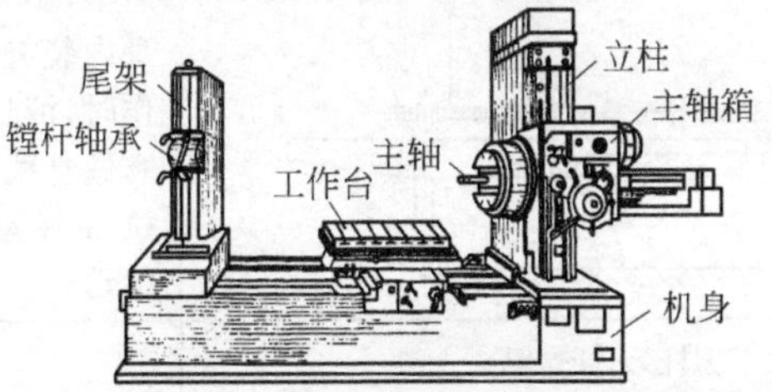	卧式镗床是镗床类中应用最广泛的一种机床，它主要用来加工孔，特别是箱体(有孔系)零件上的许多大孔、同轴孔和平行孔等，用镗孔方法很容易保证这些孔的尺寸精度和位置精度
6	牛头刨床	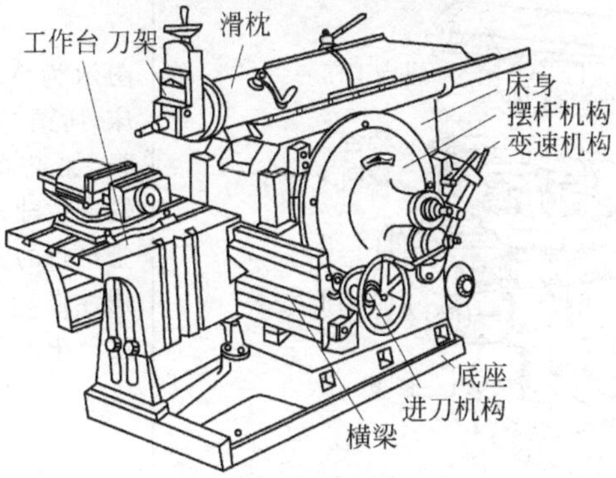	牛头刨床主要用于单件、小批量生产中加工中、小型零件，最大刨削长度不超过1000mm，它是刨削类机床中应用最广泛的一种
7	插床	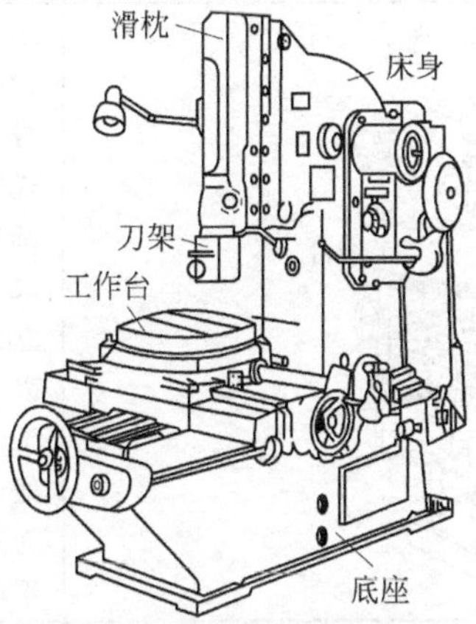	与牛头刨床相比，插床的滑枕在垂直方向上作往复直线运动。可以把插床看作一种立式牛头刨床，插床主要加工工件的内表面，如方孔、多边形孔和孔内键槽、花键槽等，还可加工各种外表面。插床的效率较低，多用于单件小批量生产和修配工作

续表

序号	机床名称	机床构造	机床特点与应用
8	龙门刨床	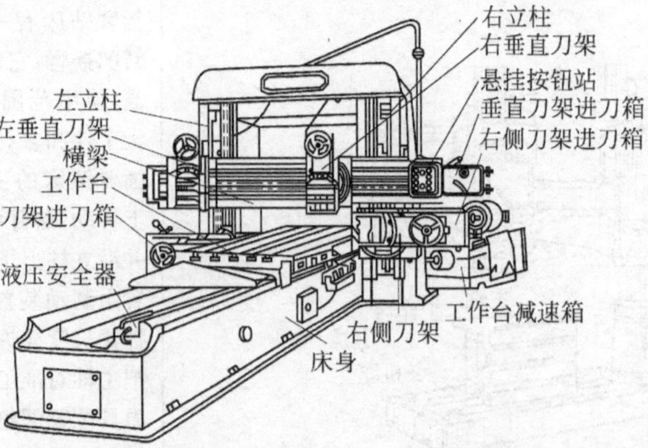 右立柱 右垂直刀架 悬挂按钮站 垂直刀架进刀箱 右侧刀架进刀箱 左立柱 左垂直刀架 横梁 工作台 左侧刀架进刀箱 液压安全器 工作台减速箱 右侧刀架 床身	龙门刨床因其框架呈“龙门”形状而得名。龙门刨床的主运动是刨床工作台(工件)的往复直线运动,进给运动是刀架(刀具)的横向或垂直运动。龙门刨床主要用来加工大型零件上窄长的平面或大平面,如车身、机座、箱体等,也可同时加工多个中小型零件的小平面
9	拉床	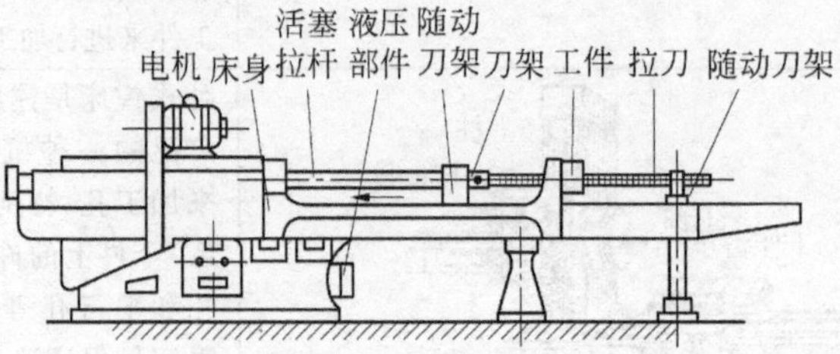 电机 床身 活塞拉杆 液压部件 随动刀架 刀架 工件 拉刀 随动刀架	图示为卧式拉床,其结构较简单,多采用液压传动。床身内装有液压传动系统,工作时,液压油推动油缸的活塞做直线移动,活塞杆带动拉刀移动,实现拉削的主运动
10	卧式铣床	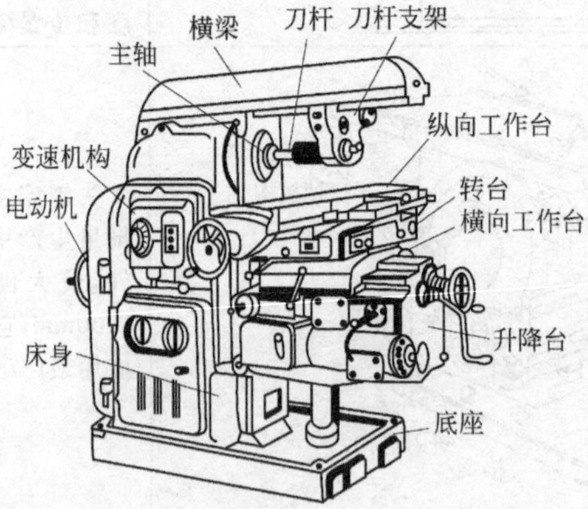 横梁 刀杆 刀杆支架 主轴 纵向工作台 变速机构 转台 电动机 横向工作台 升降台 床身 底座	图示为 X6132 万能卧式铣床,所谓“万能”是指其适应强,加工范围广;卧式是指铣床主轴轴线与工作台台面是平行的。万能卧式铣床适用性强,主要用于单件、小批生产中加工尺寸不大的工件
11	立式铣床	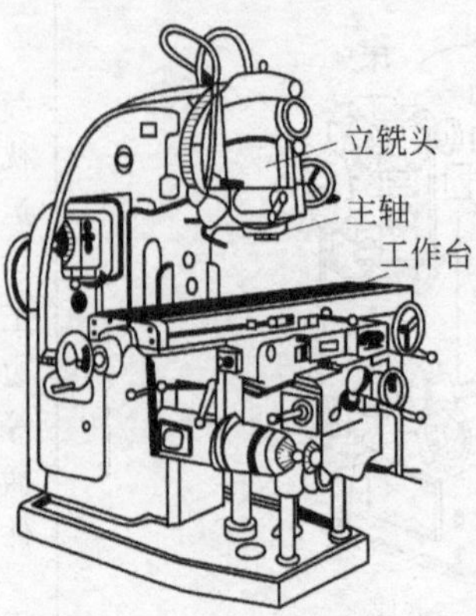 立铣头 主轴 工作台	立式铣床的主轴轴线与工作台相垂直,根据加工需要,可将主轴偏转一定的角度。立式铣床的工作台与万能卧式铣床基本相同,但没有转台,故工作台不能旋转。 立铣的刚度好,抗振性好,可以采用较大的铣削用量,加工时观察、调整铣刀位置方便,又便于装夹硬质合金端铣刀进行高速铣削。可以加工平面,各类沟槽等,应用广泛

续表

序号	机床名称	机床构造	机床特点与应用
12	龙门铣床	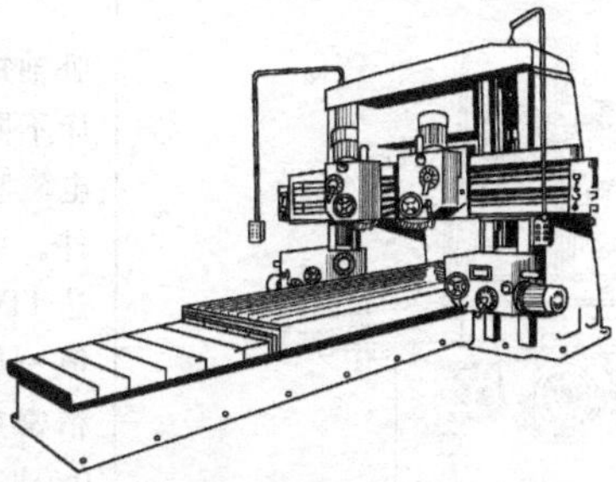	龙门铣床是一种大型机床。在其"龙门"框架上装置有4个独立电机带动的铣头，可以同时加工几个平面，生产效率较高。主要用于成批生产中加工大型和中小型零件
13	圆台铣床	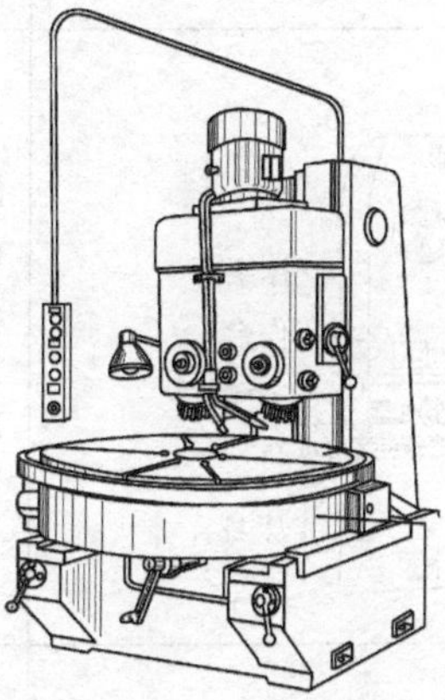	圆台铣床主要由底座、滑座、圆工作台和主轴箱等组成。铣床的主运动是主轴旋转，进给运动是圆工作台连续缓慢的转动。对于中小型零件的加工(通过夹具安装)可以连续进行，装卸工件的辅助时间与切削时间重合，所以效率很高。适用于大批生产中铣削中小零件
14	外圆磨床	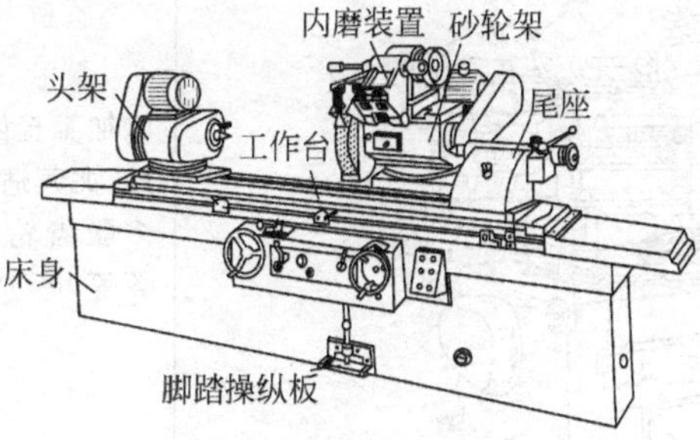	图示为M1432A万能外圆磨床，是我国改进设计生产的典型磨床。它的使用性能很好，加工精度高，与其他外圆磨床的主要区别是砂轮架和头架可以分别绕自身的垂直轴线转动一定角度，并且备有内圆磨具等附件。因此，可以方便地磨削内圆表面和圆锥表面
15	内圆磨床	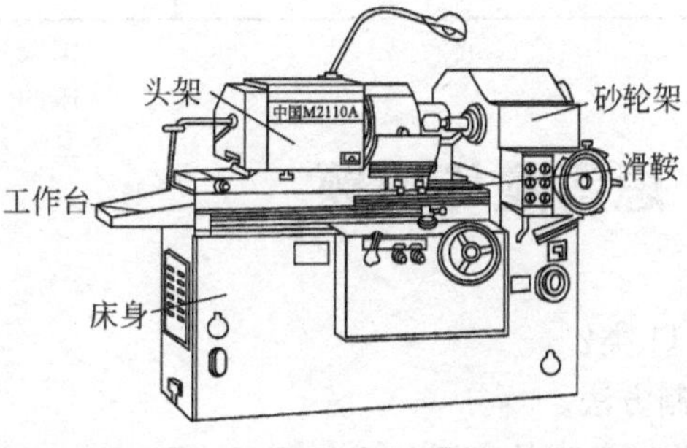	内圆磨床的结构特点是砂轮主轴转速特别高，一般可达10 000～20 000r/min，为适应磨削速度的要求，磨削时的运动与外圆磨削基本相同，但砂轮旋转方向与工件旋转方向相反。内圆磨床主要用于磨削内圆柱面、内圆锥面及端面等

续表

序号	机床名称	机床构造	机床特点与应用
16	平面磨床	砂轮架 立柱 工作台 床身	卧轴矩台平面磨床与其他磨床不同的是工作台上安装有电磁吸盘，用以直接吸住工件。平面磨削的尺寸精度可达IT6～IT5级，表面粗糙度值一般达$Ra0.4\sim0.2\mu m$，精密磨削时可达$Ra0.1\sim0.01\mu m$
17	滚齿机	滚刀 刀架 工件 立柱 支撑架 工作台 床身	滚齿机除用于加工直齿圆柱齿轮外，还可以加工斜齿轮、蜗轮和链轮。 滚齿加工的齿面精度可达IT8～IT7级，表面粗糙度值可达$Ra3.2\sim1.6\mu m$
18	插齿机	横梁 刀架 插齿刀 工件 工作台 床身	除加工直齿和斜齿圆柱齿轮外，尤其适用于加工内齿轮、多联齿轮或带有台肩的齿轮等

思考题与习题

1. 机床按什么分类？分为哪11类？
2. 试举例说明机床型号的编制方法。
3. 在表2-5中填写车床常见传动类型的应用部位与主要功用。

表 2-5 车床常见传动类型的应用部位与主要功用

序号	传动类型	车床的所在部位	主要功用
1	带传动		
2	齿轮传动		
3	蜗杆传动		
4	齿条传动		
5	丝杠传动		

4. 图 2-13 所示为某机床主轴箱的传动系统图，已知电机转速及各齿轮齿数如图所示。求：

（1）该主轴箱的传动链；

（2）主轴的转速级数；

（3）主轴的最高转速 n_{max} 和最低转速 n_{min}。

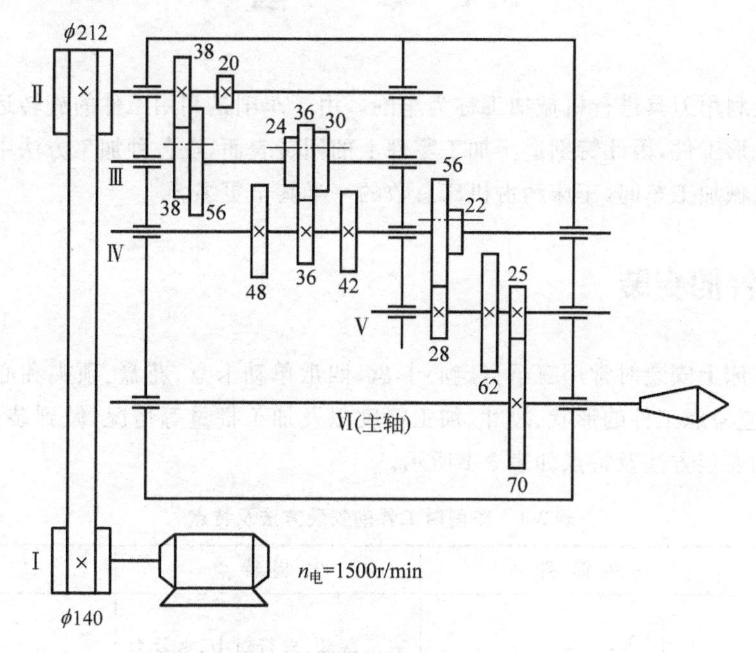

图 2-13 某机床主轴箱的传动系统图

5. 与液压传动、电气传动相比较，机械传动的主要特点有哪些？

6. 与机械传动、电气传动相比较，液压传动的主要特点有哪些？

7. 机床液压传动系统主要由哪几部分组成？

8. 讨论比较车床、钻床、刨床、铣床、磨床、镗床等各类常见机床的结构特点与应用场合。

常用金属切削方法

机器零件的种类繁多，其形状、结构及尺寸各不相同，所用的切削方法也多种多样，其中常用的有车削、钻削、镗削、刨削、铣削和磨削等。只有了解了各种加工方法的特点和应用范围，才能合理选择加工方法，确定最佳加工方案。

3.1 车　　削

在车床上利用刀具进行机械加工称为车削。由于车削是利用工件的旋转运动和刀具的直线运动来成形工件，因此特别适于加工零件上的回转表面，在各种加工方法中占的比重最大。在一般机械加工车间，车床约占机床总数的一半甚至更多。

3.1.1 工件的安装

工件在车床上安装时常用三爪自定心卡盘、四爪单动卡盘、花盘、顶尖和心轴等。选择安装方法时，应考虑工件的形状、尺寸、加工精度以及加工批量等情况，做到装夹准确可靠。车削时工件的安装方法及特点如表 3-1 所示。

表 3-1　车削时工件的安装方法及特点

安装方法	安装简图	安装特点	应　用
三爪自定心卡盘	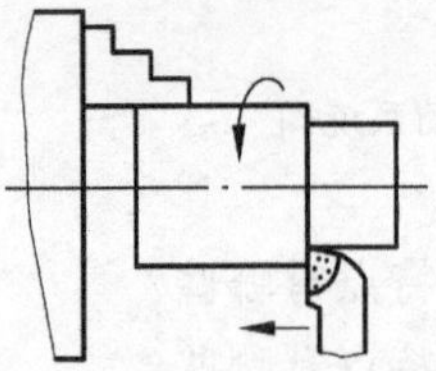	三爪联动，自行对中，夹紧力较小，装夹工件方便、迅速，不需找正，具有较高的自动定心精度	短轴类、盘套类、正六边形等中、小型工件
四爪单动卡盘	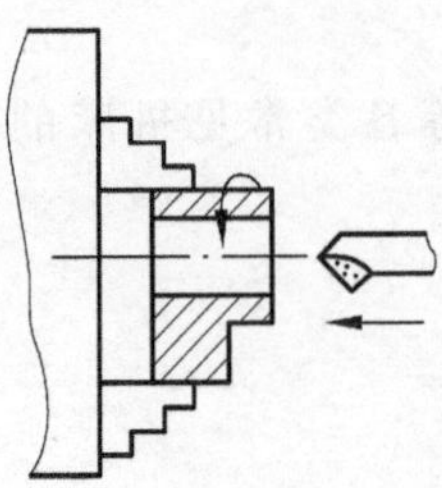	卡爪独立移动，夹紧力大，安装工件需找正	截面为方形、长方形、椭圆以及其他不规则形状的工件。在单件、小批生产及大件生产中应用较多

续表

安装方法		安装简图	安装特点	应用
花盘		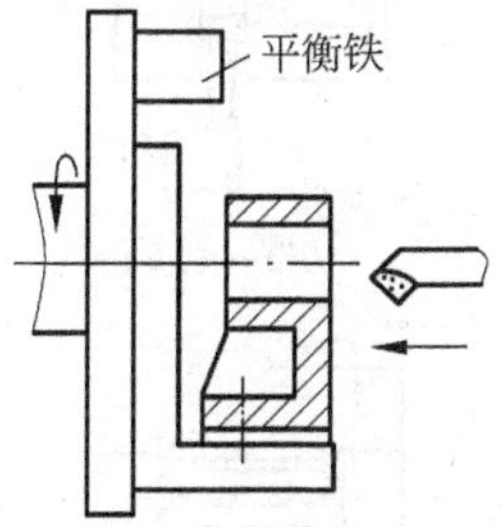 平衡铁	安装及找正费时较多，需配平衡铁以防振动	不能用卡盘装夹的形状不规则或大而薄的工件
双顶尖		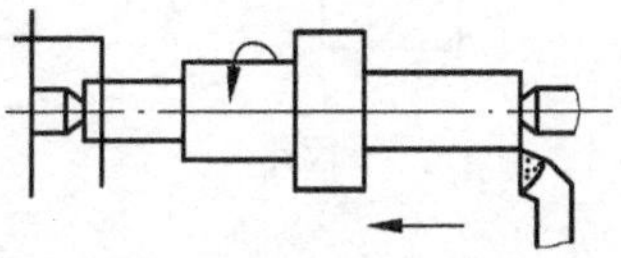	定心准确，装夹稳定，多次装夹不会影响工件的定心精度。由拨盘和鸡心夹头带动工件旋转	实心长轴类零件或需多次安装且有同一基准的工件
一夹一顶		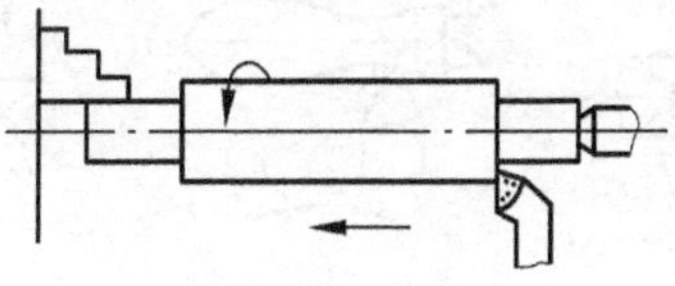	装夹牢固、刚性好，但多次装夹时难以保证工件的定心精度	一次性装夹一端面已有中心孔的长轴类零件
心轴	锥度心轴	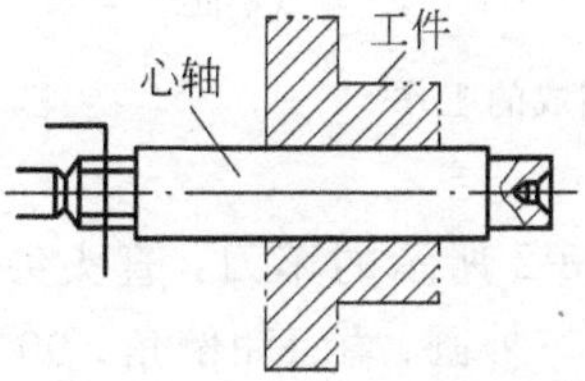 工件 心轴	利用内孔定位，对中准确，装卸方便，能保证外圆和孔的同轴度及被加工端面与孔的垂直度，但不能承受较大的切削力	以孔为定位基准的盘套类工件
	圆柱心轴	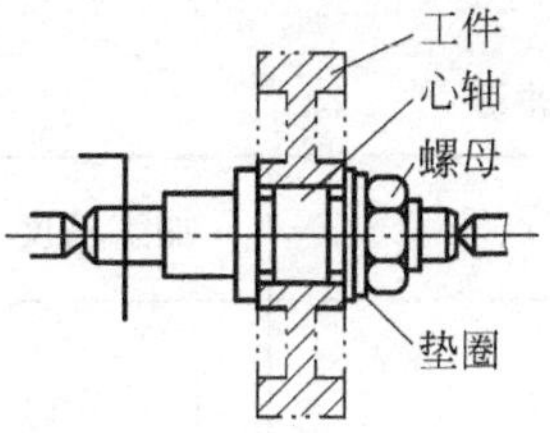 工件 心轴 螺母 垫圈	利用内孔定位，心轴与工件内孔常用间隙配合，定位精度较差	以孔为定位基准、长度比孔径小的盘套类工件

3.1.2 车削的应用

车削适于加工零件上最常见的各种回转表面，如外圆面、内圆面、平面、锥面、螺纹和滚花面等，如图 3-1 所示。如果在车床上装上其他附件或夹具，还可进行镗削、磨削、研磨、抛光及车削各种复杂形状的外圆、内孔等。

1. 车外圆

1）一般外圆面的车削

外圆车削是车削最基本的工作，根据工件加工质量要求，车削步骤一般分为粗车、半精

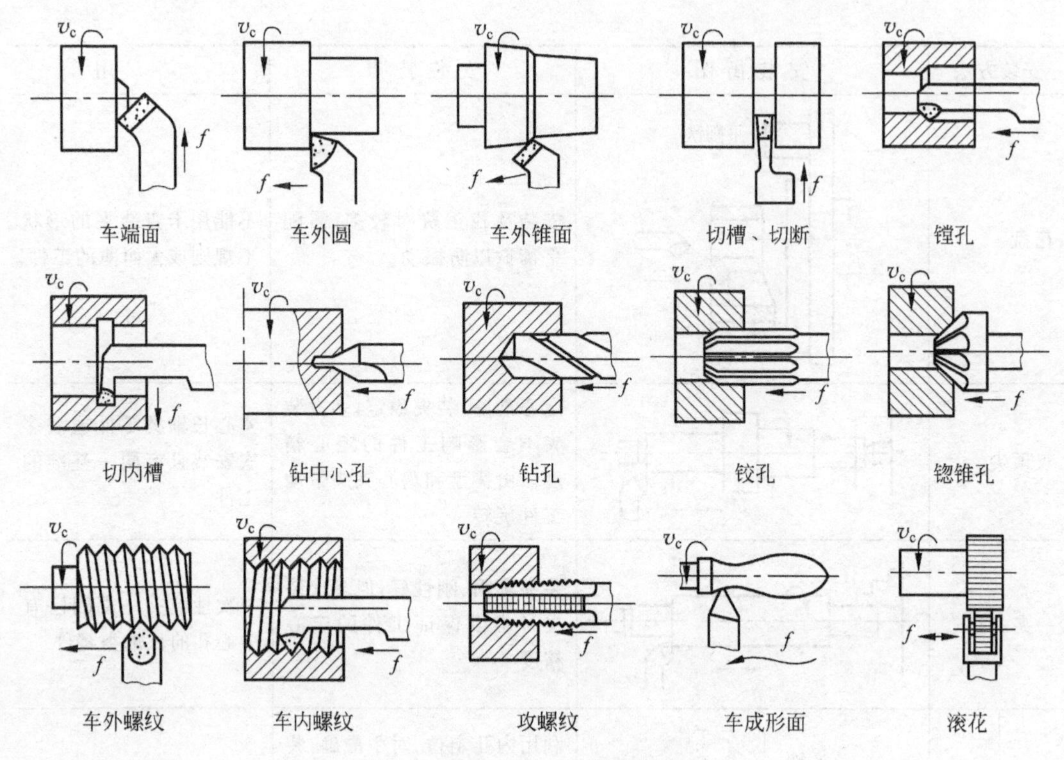

图 3-1 卧式车床上能完成的工作

车、精车和精细车，如表 3-2 所示。车外圆主要用图 3-2 所示的车刀：直头尖刀主要用于车外圆和没有台阶或台阶不大的外圆；45°弯刀头用于车外圆、端面和倒角；90°偏刀用于车有直角台阶轴和细长轴。

表 3-2 外圆面车削步骤

步骤	目的	特点	加工精度	表面粗糙度 $Ra/\mu m$
粗车	切去工件上大部分加工余量，提高生产率	切削用量较大 $a_p=2\sim5mm$ $f=0.3\sim0.6mm/r$	IT12～IT11	50～12.5
半精车	一般作为精车和磨削前的预加工	切削用量介于粗车和精车之间	IT10～IT9	6.3～3.2
精车	获得工件所要求的加工质量	$a_p<0.15mm$ $f<0.1mm/r$	IT8～IT7	1.6～0.8
精细车	进一步提高工件的加工质量	v_c 高，a_p 和 f 小	IT6～IT5	0.4～0.2

2）特殊外圆面的车削

（1）细长轴的车削

细长轴（长径比 $L/D>20$）刚性差，切削过程中在背向力的作用下易产生弯曲变形，通常会呈现腰鼓形。为保证加工质量，车削细长轴时应采取以下措施：

① 顶尖安装，配合中心架（见图 3-3）或跟刀架（见图 3-4）作为辅助支承，以增加细长轴的刚性；

② 采用 90°主偏角，并配合 3°左右的正刃倾角，以减小背向力；

③ 减少背吃刀量，增加进给次数，以降低切削力。

(2) 偏心工件的车削

偏心工件主要包括偏心轴和偏心套。外圆与外圆偏心的工件称为偏心轴，外圆与内孔

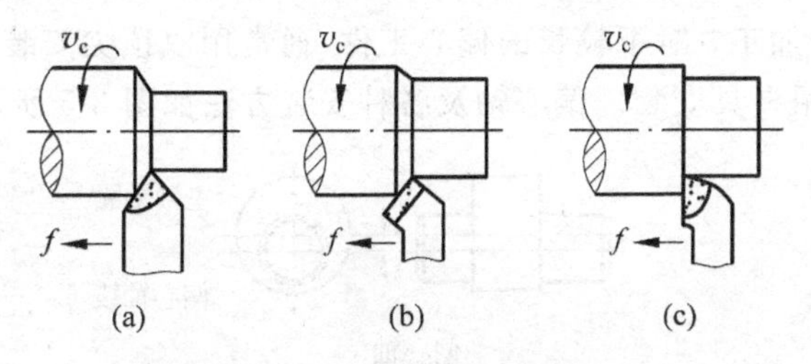

图 3-2 常用的外圆车刀

(a) 直头尖刀；(b) 45°弯头刀；(c) 90°偏刀

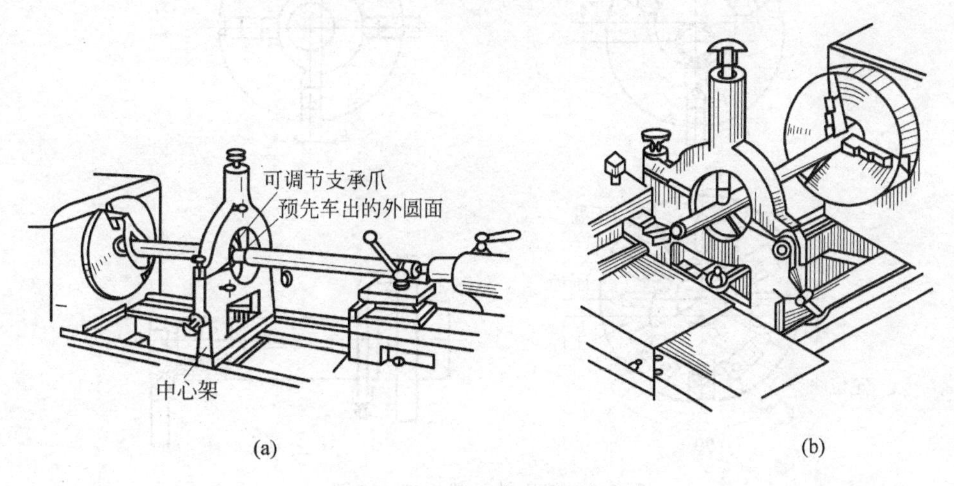

图 3-3 中心架的应用

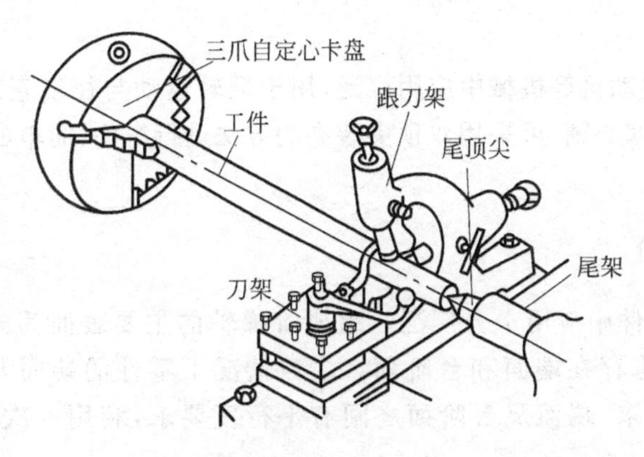

图 3-4 跟刀架的应用

偏心的工件称为偏心套，两轴线间距为偏心距。根据工件的形状尺寸、精度要求以及生产批量不同，可以采用不同的装夹方法，将需要加工偏心部分的轴线找正到与车床主轴轴线相重合的位置进行加工，并注意轴线间的平行度和偏心距的精度。

数量较多、长度较短、偏心距较小、精度要求不高的偏心工件，可以在三爪自定心卡盘的一个卡爪上垫上垫片，使工件产生偏心来车削偏心件；而数量少、长度短、形状比较复杂的偏心工件，可在四爪单动卡盘上安装；对于长度较短、偏心距较大、精度要求不高的偏心工件，可以安装在花盘上加工；对于较长的偏心工件，通常用双顶尖安装；精度高且批量大的偏心工件可以采用专用夹具安装。偏心轴及各种安装方法如图 3-5 所示。

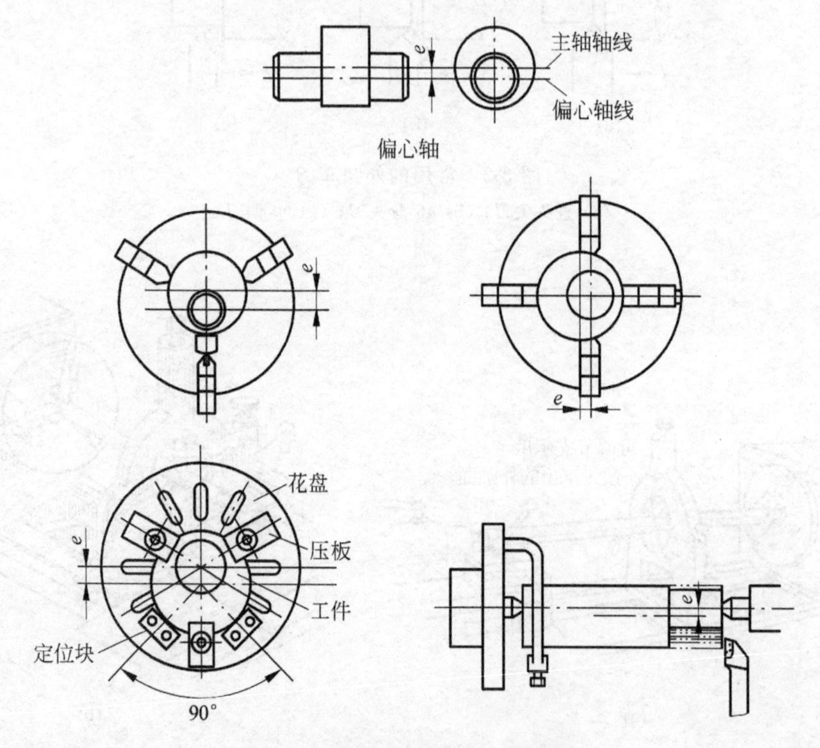

图 3-5 偏心轴及其加工示意图

(3) 曲轴的车削

曲轴在压力机、发动机等机械中应用广泛，用于回转运动与往复直线运动的相互转变。曲轴是形状较复杂的偏心轴，可采用双顶尖装夹的方法进行车削，简单的两拐曲轴及其加工方法如图 3-6 所示。

2. 车端面及台阶

阶梯轴在轴类零件中应用十分广泛。组成阶梯轴的主要表面为外圆面、端面和台阶面，盘套类零件一般也存在端面和台阶面。多数情况下零件的端面及台阶面与其外圆、内孔表面有垂直度要求，端面及台阶面之间有平行度要求，利用一次安装可以保证这些要求。

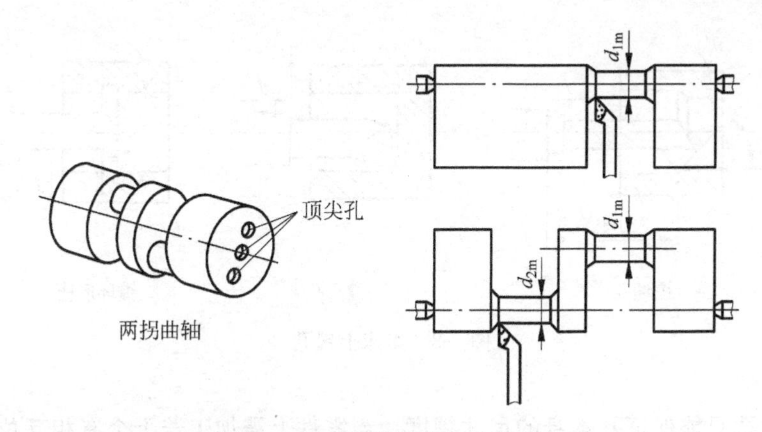

图 3-6 两拐曲轴及其加工示意图

3. 车槽及切断

车槽和切断分别使用车槽刀及切断刀，二者形状相似，只是切断刀的刀头因伸进工件更深而较窄、较长。

4. 车圆锥

在机器和工具中，有很多地方采用圆锥面作为配合表面，如车床主轴孔与顶尖的配合，尾架套筒锥孔与尾架顶尖的配合，钻头、铰刀的锥柄与钻套的配合等。

在车床上车圆锥，是通过车刀相对于工件轴线斜向进给实现的。常用的加工方法有转动小刀架法、偏移尾座法、靠模法和宽刀法。

5. 车内孔

常用的内孔车削方法是钻孔和镗孔。

在车床上钻孔时，工件作旋转主运动，钻头装在尾座套筒中作进给运动，如图 3-7 所示。车床上钻孔的精度为 IT14～IT11，表面粗糙度值为 $Ra25 \sim 6.3\mu m$。

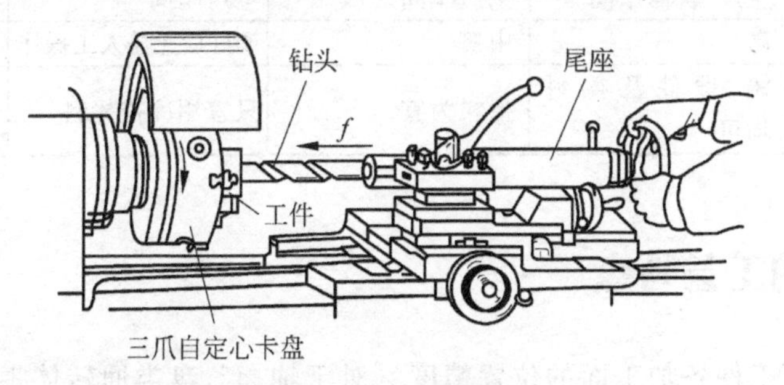

图 3-7 车床上钻孔

如果把扩孔钻、铰刀装在尾座套筒内，也可以进行扩孔和铰孔加工。

对于已钻出、铸出或锻出的孔，若需进一步加工以扩大孔径时，可使用镗刀进行镗孔。镗孔有加工通孔、盲孔和内环形槽三种情况，如图 3-8 所示。

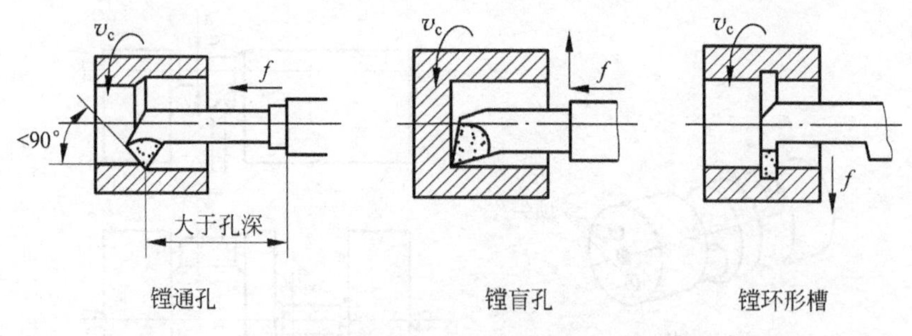

图 3-8　车床上镗孔

车床上镗孔只能保证孔本身的尺寸精度。当零件上需加工若干个有相互位置精度要求的孔时，则需要在镗床上镗孔。

显然，对于中、小型轴类、盘套类零件中心位置的孔，在车床上加工才是方便的，大型零件和箱体、支架类零件上的孔，在车床上加工就很困难了。

车削除上述应用外，还常用于加工螺纹和成形表面，有关内容详见第 4 章。

3.1.3　车床的选择

车削时，工件的形状、尺寸及生产批量不同，所选用的车床类型也不同，表 3-3 给出了各种常见车床的性能比较，以便选用车床时参考。

表 3-3　各种常见车床性能比较

项目/类型	卧式车床	回轮、转塔车床	自动、半自动车床	数控车床
工件几何形状	不限	较复杂为宜	较复杂为宜	较复杂为宜
生产批量	单件、小批	成批	大批	单件、小批
调整机床所需时间	少	中等	多	省时
生产效率	低	中等	高	高
适用场合	生产、机修车间	生产车间	生产车间	不限
工人劳动强度	高	中等	调好后无需人工操作	调好后无需人工操作
所用毛坯及要求	铸、锻件及棒料均可	棒料为宜	只宜用冷拔棒料	不限，但外形应粗加工成形

3.1.4　车削的工艺特点

(1) 易于保证工件各加工面的位置精度　对于轴、套、盘类回转体零件，车削时是以主轴为回转中心（利用卡盘安装）或双顶尖的中心连线为轴线（利用前后顶尖安装）作回转运动，各个表面具有同一回转轴线，可在一次安装中加工出各外圆、内孔及端面，有利于保证加工表面间的同轴度；而工件端面与轴线的垂直度要求，则主要由车床本身的精度来保证，它取决于车床横滑板导轨与工件回转轴线的垂直度。

(2) 切削过程平稳　与刨削和铣削相比，车削过程是连续的，加工时车刀与工件始终接触，没有大的冲击和振动。当切削用量一定时，其切削层公称横截面积和切削力基本不变，因而车削过程较平稳，允许采用较大的切削用量，有利于提高生产率。

(3) 应用范围广　车削适于多种表面、多种材料、多种尺寸和精度的加工。可加工不同类型工件的回转表面、端面和成形面；可加工钢、铸铁、有色金属等材料，尤其适于有色金属的精加工，往往以精细车代替磨削，避免由于软磨屑堵塞砂轮而影响加工质量。

(4) 生产成本低　车刀结构简单，制造、刃磨和安装都很方便。另外，许多车床夹具已作为车床附件生产，可以满足一般零件的装夹要求，生产准备时间短。

3.2 钻削和镗削

孔是组成零件的基本表面之一。孔的基本加工方法是钻削和镗削。如前所述，钻孔和镗孔都可以在车床上实现。但是，除了回转体工件中心位置的孔适于在车床上加工外，其他没有对称回转轴线的工件上的孔和工件上一般位置的孔，在车床上加工就十分困难，类似这样的孔，在钻床或镗床上可以很方便地加工出来。

3.2.1 钻削

钻削是用钻头在实体材料上加工孔的方法。钻削主要在钻床上进行，常用钻床有台式钻床、立式钻床和摇臂钻床。在钻床上钻孔时，工件固定不动，钻头作旋转主运动并作轴向进给运动，如图 3-9 所示。

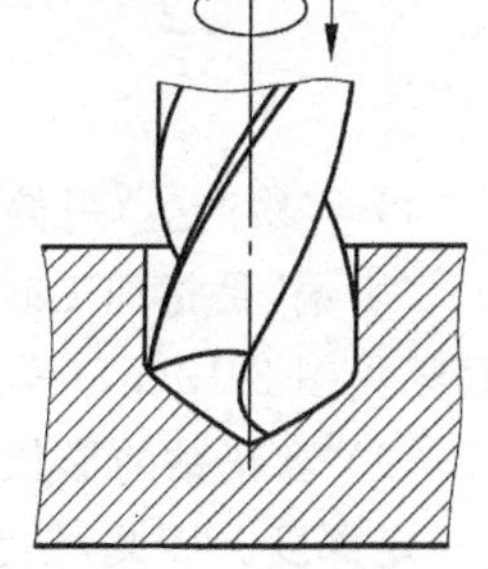

图 3-9　钻削

1. 钻头

钻头按其结构形式及用途的不同，可以分为扁钻、麻花钻、深孔钻、中心钻等。生产中使用最多的是麻花钻。对于直径在 0.1～80mm 的孔，都可以使用麻花钻加工。

标准麻花钻由柄部、颈部和工作部分组成，如图 3-10(a)所示。柄部起夹持并传递转矩的作用，直径小于 12mm 的钻头一般为直柄，大于 12mm 的钻头为锥柄。颈部连接了柄部和工作部分，可供砂轮磨柄部时退刀。工作部分包括切削和导向两部分。切削部分承担主要切削工作，导向部分起导向和修光孔壁的作用。两个对称的螺旋槽用来形成切削刃和前角，并起排屑和输送切削液的作用。沿螺旋槽边缘的两条棱边与孔壁接触，起导向作用。切削部分有两个主切削刃、两个副切削刃和一个横刃，如图 3-10(b)所示。麻花钻横刃处有很大的负前角 $\gamma_{o\psi}$（见图 3-11），切削条件很差。

2. 钻削的工艺特点

钻削比车削要困难得多，加工质量也差得多。钻削时，钻头工作部分处于半封闭状态，因而引起一些特殊问题，诸如钻头的刚度和强度、容屑和排屑、导向和冷却润滑等，其工艺特点可概括如下。

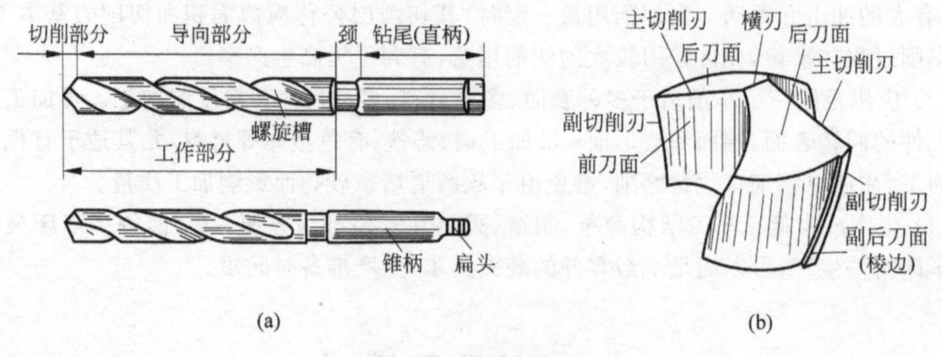

图 3-10 标准麻花钻

(a) 麻花钻的组成；(b) 切削部分

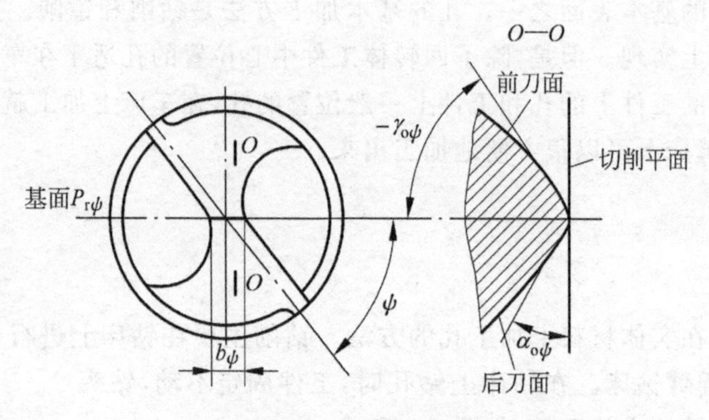

图 3-11 横刃的角度

1) 容易产生“引偏”

“引偏”是指加工时由于钻头弯曲而引起的孔径扩大、孔不圆(见图 3-12(a))或孔的轴线歪斜(见图 3-12(b))等。钻孔时产生“引偏”的主要原因是：

(1) 麻花钻的形状受孔径限制，呈细长状，其螺旋槽由于排屑和输送切削液的需要必须有一定深度。因此，钻头的钻芯细、刚性差。

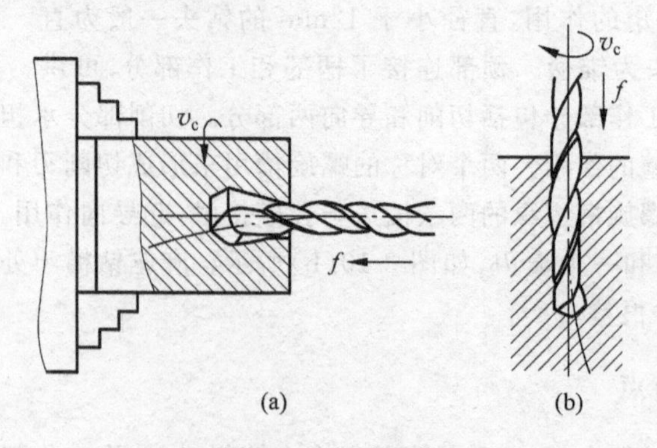

图 3-12 钻孔引偏

(a) 在车床上钻孔；(b) 在钻床上钻孔

(2) 钻头仅两条很窄的棱边与孔壁接触，接触刚度和导向作用差，使孔的轴线容易偏斜。

(3) 钻头横刃处的前角具有很大的负值，而工作后角很小，因而挤刮金属严重，切削条件很差，而且横刃很长，工作时定心条件差，轴向力大，稍有偏斜，将产生较大的附加力矩，使钻头弯曲。

(4) 钻头的两个主切削刃，很难磨得完全对称，加上工件材料的不均匀性，使背向力无法完全抵消。

因此，在钻削力的作用下，刚性很差且导向性不好的钻头，很容易弯曲，致使钻出的孔产生"引偏"，降低了孔的加工精度，甚至造成废品。实际生产中防止"引偏"的措施如下：

(1) 钻头的两个主切削刃尽量刃磨对称，使背向力相互抵消。

(2) 预钻锥形定心坑。如图 3-13(a)所示，用直径较大、顶角为 90°～100°的短钻头，预先钻一个锥形坑，然后再用所需的钻头钻孔，锥形坑在钻孔时起定心作用。

(3) 采用钻模钻孔。大批量生产时，通常采用钻模钻孔，如图 3-13(b)所示。钻模利用夹具上的钻套为钻头导向，提高了钻头的刚度。

(4) 钻孔前预先加工端面，使表面平整。

2) 排屑困难

钻削时，切屑沿螺旋容屑槽排出。由于容屑槽尺寸有限，切屑又较宽，因而排屑过程中切屑与孔壁发生严重摩擦，刮伤已加工表面。有时切屑会阻塞在容屑槽里，卡死甚至折断钻头。为了改善排屑条件，在钻头上修磨出分屑槽，如图 3-14 所示，将宽的切屑分成窄条，以利于排屑。

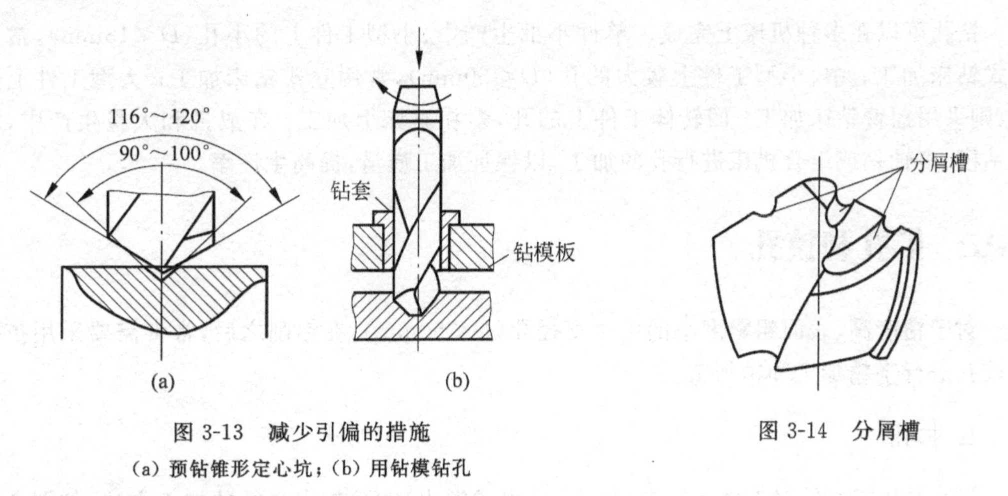

图 3-13 减少引偏的措施

(a) 预钻锥形定心坑；(b) 用钻模钻孔

图 3-14 分屑槽

3) 切削热不易传散

钻削是一种半封闭式的切削，钻削时所产生的热量多数由工件和切屑所吸收，分别占总热量的 52.5%和 28%，而钻头和介质吸收的热量仅分别占 14.5%和 5%。

钻削时，大量高温切屑不能及时排出，切削液难以注入到切削区，切削热使钻头温度升高，容易磨损。

3. 钻削的应用

钻削的应用范围十分广泛，在钻床上采用不同的刀具，可以完成钻中心孔、钻孔、扩孔、铰孔、攻螺纹、锪孔和锪平面等，如图 3-15 所示。

钻孔属于粗加工，精度一般在 IT10 级以下，表面粗糙度为 Ra12.5μm 左右，常用于以下几类孔的加工：

(1) 精度和表面质量要求不高的孔，如螺栓、螺钉用孔、润滑油通道孔等。

(2) 作为精度和表面质量要求较高的孔的预加工。

(3) 攻内螺纹前的底孔。

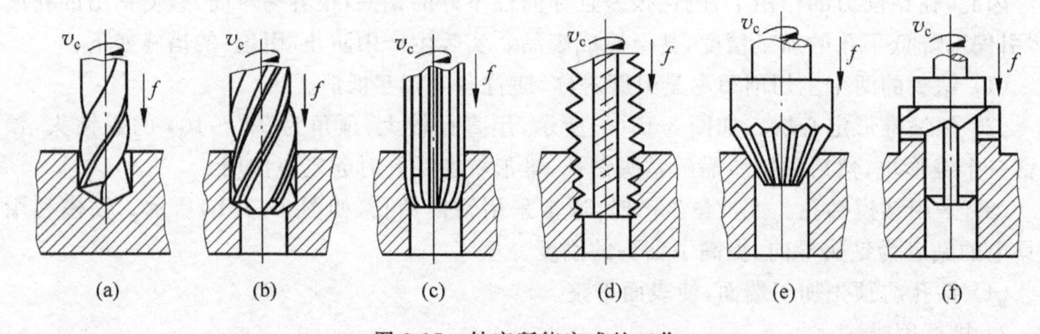

图 3-15 钻床所能完成的工作

(a) 钻孔；(b) 扩孔；(c) 铰孔；(d) 攻螺纹；(e) 锪孔；(f) 锪平面(孔的端面)

4. 钻孔机床的选择

钻孔可以在多种机床上完成。单件小批生产中、小型工件上的小孔(D<13mm)，常用台式钻床加工；中、小型工件上较大的孔(D<50mm)，常用立式钻床加工；大型工件上的孔，则采用摇臂钻床加工；回转体工件上的孔，多在车床上加工；在成批和大量生产中，多用钻模、多轴钻或组合机床进行孔的加工，以保证加工质量，提高生产率。

3.2.2 扩孔和铰孔

对于精度高、表面粗糙度小的中小直径孔(D<50mm)，在钻削之后，常常需要采用扩孔和铰孔进行半精加工和精加工。

1. 扩孔

扩孔是用扩孔钻对工件上已有(钻出、铸出或锻出)的孔扩大孔径的加工方法，如图 3-16 所示。扩孔工具主要是扩孔钻(见图 3-17)，单件小批生产也可使用直径较大的麻花钻。

扩孔钻与麻花钻相比有以下特点：

(1) 导向性较好　扩孔钻有多个切削刃，导向作用好，切削平稳，可以修正孔轴线的歪斜。

(2) 刚性较好　扩孔背吃刀量小[$a_p=(d_m-d_w)/2$]，切屑少，因而容屑槽可做得浅而窄；刀体强度高，刚性好，能采用较大的进给量和切削速度，生产率高。

(3) 切削条件较好　扩孔钻的切削刃短，无横刃，切削条件好。

由于上述原因，扩孔的加工质量比钻孔高，加工精度一般可达 IT10～IT9，表面粗糙度值为 Ra6.3～3.2μm，常作为孔的半精加工方法。

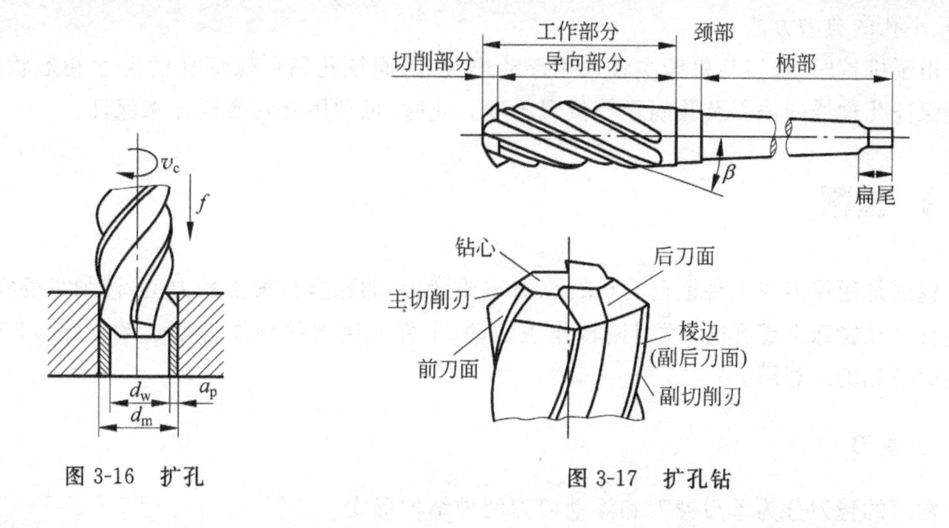

图 3-16 扩孔

图 3-17 扩孔钻

2. 铰孔

铰孔是用铰刀从工件孔壁上切除微量金属层，以提高孔的尺寸精度和表面质量的加工方法，如图 3-18 所示。钻孔或扩孔后，常用铰刀对孔进行精加工。铰刀分手用和机用两种，机用铰刀又可分为直柄铰刀和锥柄铰刀，手用的则是直柄型的，如图 3-19 所示。

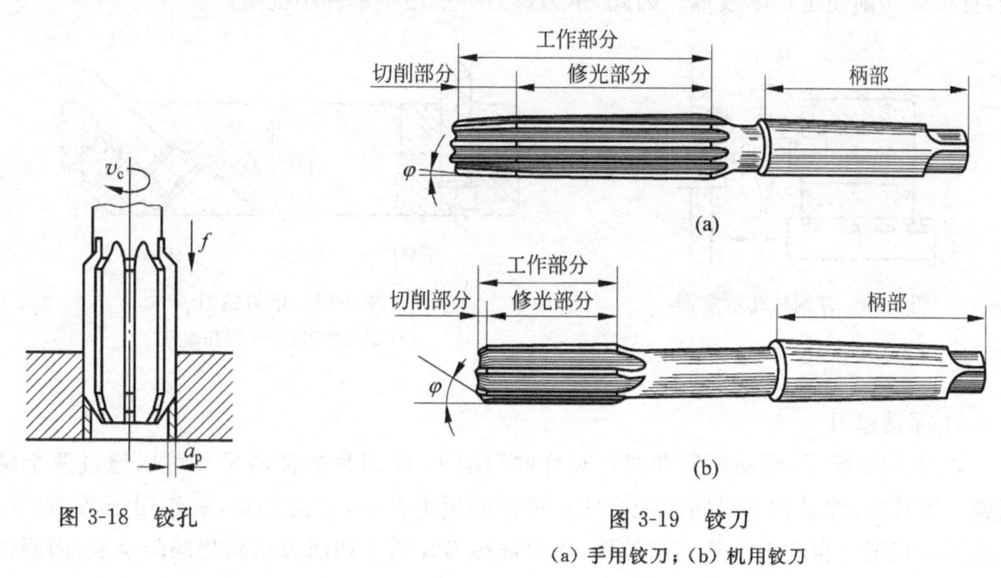

图 3-18 铰孔

图 3-19 铰刀

(a) 手用铰刀；(b) 机用铰刀

铰孔的特点：

(1) 铰刀的切削刃多(6～12 个)，导向好，芯部直径大，刚性好，其修光刃可以修光孔壁和校准孔径。

(2) 铰削余量小，粗铰为 0.15～0.35mm，精铰为 0.05～0.15mm，切削力较小；铰削速度低，可避免产生积屑瘤。

上述特点决定了铰孔可获得较高的加工质量，精度可达 IT9～IT7，表面粗糙度值达 Ra1.6～0.4μm，一般作为未淬硬小孔的精加工方法。实际生产中，钻-扩-铰是加工较精密的中、小孔的典型方法。

由于机铰时,铰刀与机床主轴采用浮动连接,因而铰孔只可保证孔的尺寸和形状精度,不能保证孔轴线的偏斜及孔间距等位置精度。此时,可利用夹具或镗孔来保证。

3.2.3 镗削

镗削是用镗刀对工件上已有(钻出、铸出或锻出)的孔进行加工的方法,镗削主要在镗床上进行。在镗床上镗孔时,镗刀回转作主运动,工件或镗刀移动作进给运动。图 3-20 所示为镗圆柱孔的示意图。

1. 镗刀

常用的镗刀分为单刃镗刀和浮动镗刀两种结构形式。

1) 单刃镗刀

单刃镗刀刀头结构与车刀类似,如图 3-21 所示。单刃镗刀镗孔时,孔的尺寸由操作者调节镗刀片在刀杆上的径向位置来保证,一把镗刀可加工直径不同的孔,并可校正原有孔的轴线歪斜等位置误差,刀头与镗杆轴线垂直安装可镗通孔,倾斜安装可镗盲孔。但调整困难,且单刃切削使生产率较低。因此,单刃镗刀一般用于单件小批生产。

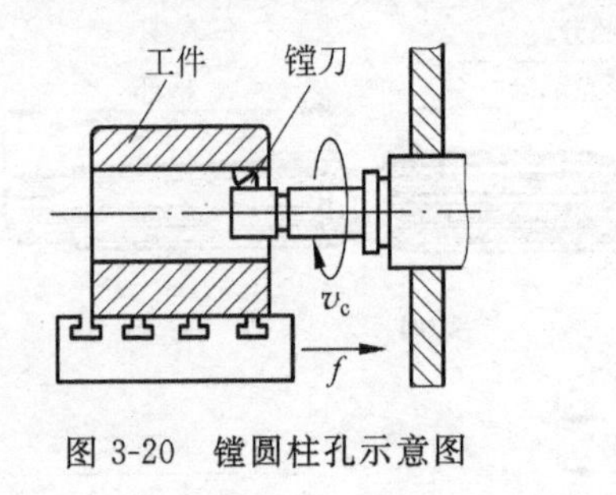

图 3-20 镗圆柱孔示意图

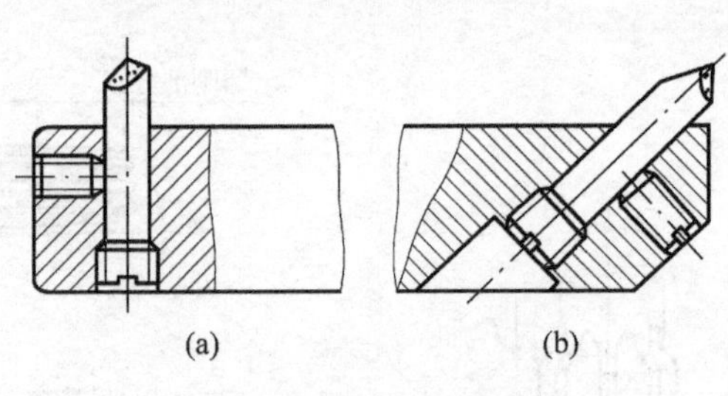

图 3-21 单刃镗刀

(a) 通孔镗刀;(b) 盲孔镗刀

2) 浮动镗刀

如图 3-22 所示,浮动镗刀有两个对称的切削刃,镗刀片的径向尺寸可以通过两个螺钉调整。镗孔时,浮动镗刀以间隙配合插在镗杆的矩形孔中,无需夹紧,由作用于两侧切削刃上的径向切削力自动平衡其切削位置,以保证镗刀片两个切削刃切除相同的余量,因而镗孔质量及效率比单刃镗刀高。

用浮动镗刀镗孔时,刀具由孔本身定位,故不能纠正原有孔的轴线歪斜或位置偏差。浮动镗刀主要用于成批生产中,精加工箱体类零件上直径较大的孔。

2. 镗削的应用

镗削的应用范围较广,不仅可以加工孔,在卧式镗床上利用不同的刀具和附件,还可以铣平面、镗端面、车螺纹及钻孔等,如图 3-23 所示。对于直径 $D>80\text{mm}$ 的大孔、内成形面、孔内环槽,镗削是唯一合适的加工方法。

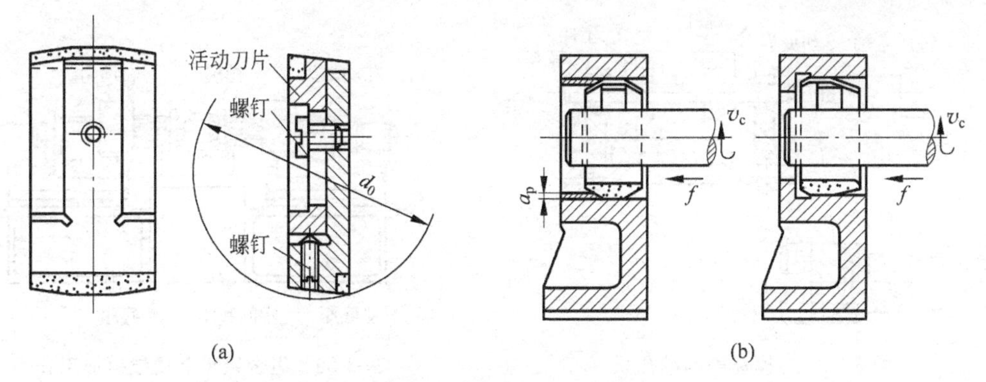

图 3-22 浮动镗刀及使用

(a) 可调浮动镗刀片；(b) 浮动镗刀工作情况

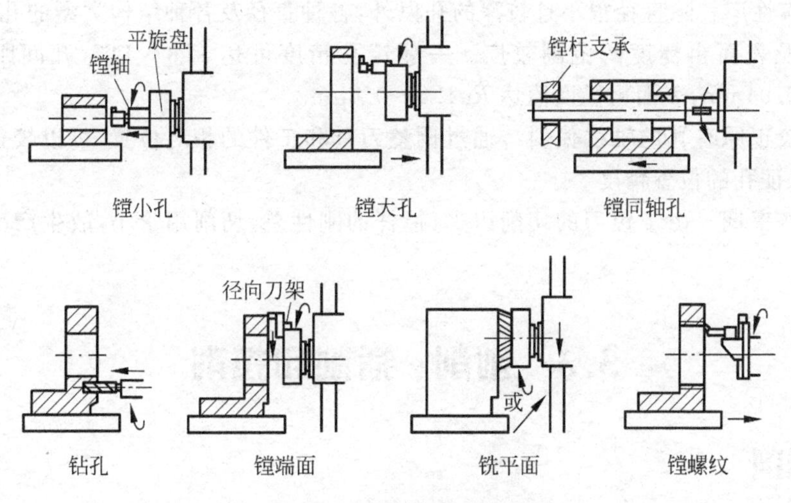

图 3-23 镗削的工艺范围

应该指出，镗削更重要的用途在于加工箱体零件上的孔系。箱体零件上的孔系，往往有孔距精度以及孔轴线间的同轴度、平行度和垂直度要求，可以在镗床上利用坐标装置或镗模加工。

单件小批量生产时，通常利用镗床的坐标装置来调整主轴和工件的相对位置。孔的中心距尺寸由工作台和主轴箱的移动精度来保证；孔间平行度靠各排孔在工件一次装夹中进行镗削来保证；工作台回转 90°可以镗削中心线相互垂直的孔，如图 3-24 所示，垂直度靠工作台回转精度来保证，如果要求较高，可利用百分表找正工作台的位置。

大批量生产时，孔系的各项位置精度要求均由镗模保证。用镗模镗削箱体的同轴孔系如图 3-25 所示，工件装夹在镗模上，镗杆与镗床主轴浮动连接，支承在前后镗模的导套中，由镗模引导镗杆在工件的正确位置上镗孔。

在多轴组合镗床上，用镗模可对多排孔同时进行镗削，如图 3-26 所示。

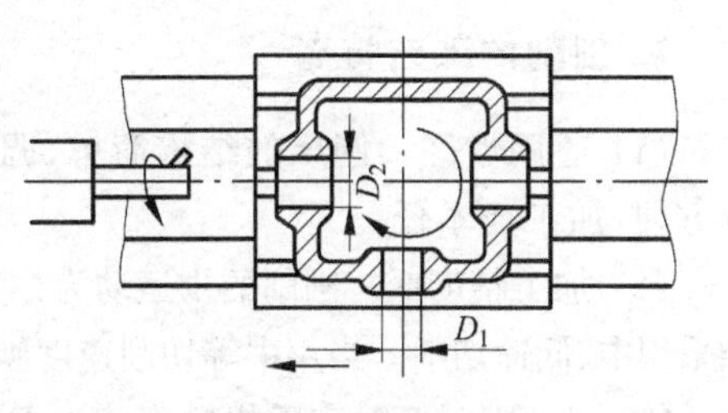

图 3-24 镗垂直孔

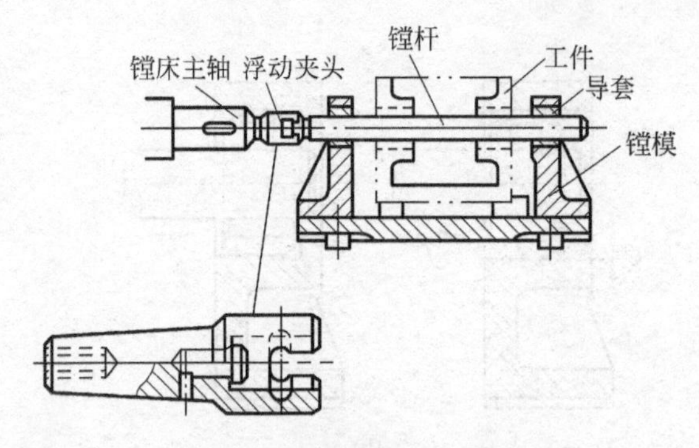

图 3-25 镗模镗削同轴孔系

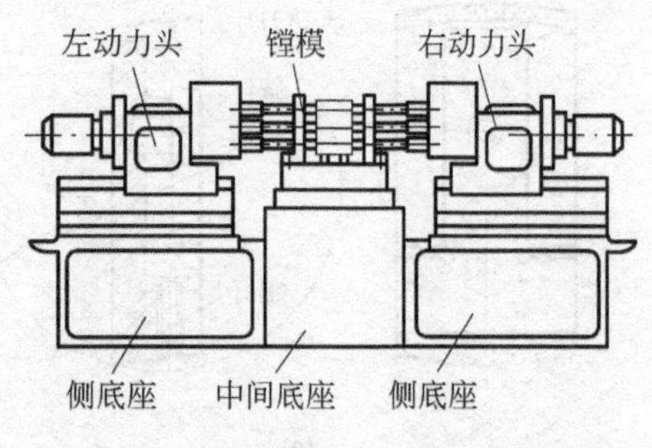

图 3-26 组合镗床上用镗模加工孔系

3. 镗削的工艺特点

(1) 适应性广　除直径很小且较深的孔以外,各种直径及各种结构类型的孔均可镗削,且加工精度及表面粗糙度的范围较广。一般镗孔精度可达 IT8~IT7,孔间距精度可达±0.02~±0.04mm,表面粗糙度值达 $Ra1.6$~0.8μm。

(2) 能校正原有孔的轴线偏斜　通过调整刀具和工件的相对位置,可以校正原有孔的轴线偏斜,保证孔的位置精度。

(3) 生产率低　由于镗刀的切削刃少,镗杆的刚性差,切削用量小,故生产率不如车削和铰削。

3.3 刨削、插削和拉削

3.3.1 刨削

在刨床上用刨刀加工工件的方法称为刨削。刨削是平面加工的主要方法之一。

刨床主要有牛头刨床和龙门刨床。牛头刨床的最大刨削长度一般不超过 1000mm,因此只适于加工中、小型工件;龙门刨床主要用来加工大型工件,如机床床身的底面和导轨面、各种机座和箱体零件的平面、沟槽等;也可同时加工多个中、小型工件。

在牛头刨床上刨削时,刨刀的纵向往复直线运动为主运动,工件随工作台作横向间歇进给运动,如图 3-27 所示。

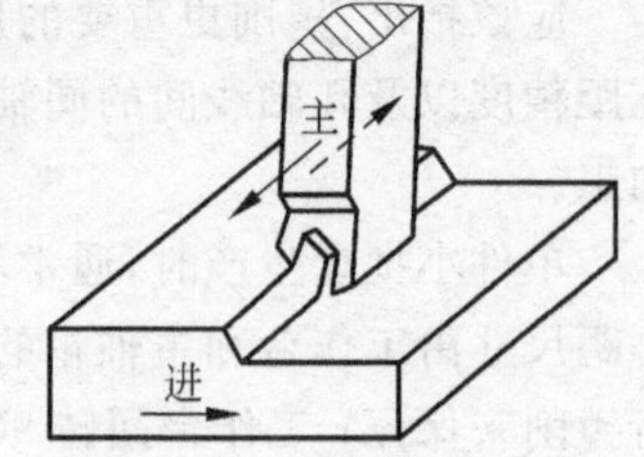

图 3-27 牛头刨的切削运动

1. 刨削的工艺特点

(1) 通用性好　刨床的结构简单、调整和操作简便,刨刀形状简单,制造、刃磨和安装均较方便,加工成本低。

(2) 加工精度低　刨削的主运动为往复直线运动,刨刀切入和切出时有较大的冲击振动,只能采用中、低速切削。当用中等切削速度刨削钢件时易产生积屑瘤,增大表面粗糙度。刨削的精度一般可达 IT8~IT7,表面粗糙度值为 $Ra6.3$~1.6μm。当在龙门刨床上用宽刃刨刀,以很低的切削速度进行宽刀精刨时，可以提高刨削的加工质量，表面粗糙度值可达 $Ra0.8\sim0.4\mu m$。

(3) 生产率较低　刨削有空行程损失，主运动部件反向惯性力较大，故刨削速度低，生产率低。但在加工窄长面和进行多件或多刀加工时，刨削生产率却很高。

2. 刨削的应用

由于上述特点，刨削主要用在单件小批量生产中，在维修车间和模具车间应用较多。刨削主要用来加工平面（水平面、垂直面、斜面）和沟槽（直槽、T 形槽、V 形槽、燕尾槽）及一些成形面。图 3-28 所示为刨削的主要应用。刨削特别适宜加工尺寸较大的 T 形槽、燕尾槽及窄长的平面。

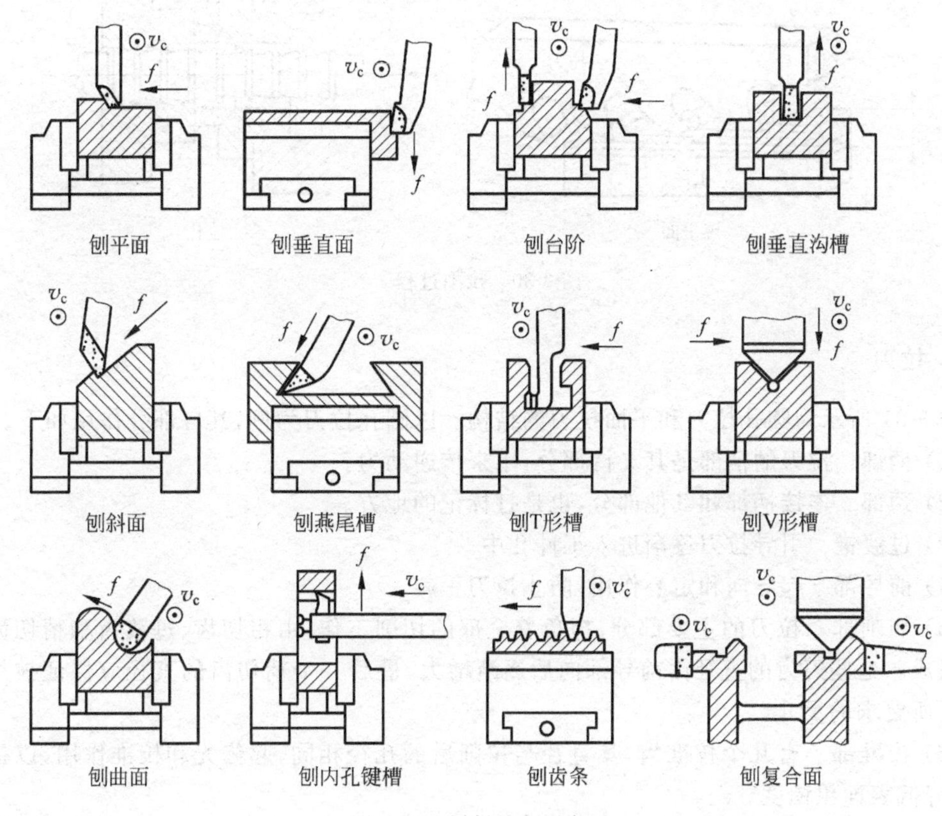

图 3-28　刨削的主要应用

3.3.2 插削

在插床上用插刀进行的切削工作称为插削。

插床实质上是立式刨床，其主运动是滑枕带动插刀在垂直方向上所做的直线往复运动，进给运动靠工作台带动工件实现纵向、横向和圆周进给以及分度，图 3-29 是插削的示意图。

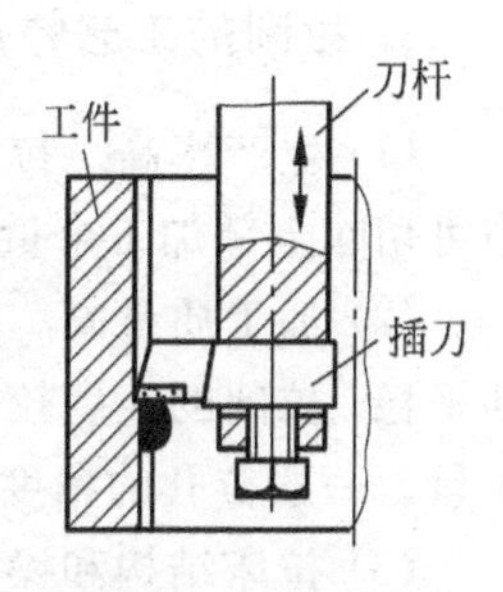

图 3-29　插削示意图

插削的生产率低，其加工精度和表面粗糙度与刨削相同。但插刀制造简单，生产准备时间短，故插削主要用于单件小批生产中加工工件的内表面，如方孔、多边形孔、孔内键槽以及花键孔等。对于不通孔或有障碍台肩的内孔键槽，插削几乎是唯一的加工方法。

3.3.3 拉削

拉削是指在拉床上用拉刀加工工件内外表面的加工方法。拉刀是一种多齿刀具，拉削时，拉刀的直线运动一般为主运动，进给运动是由拉刀后一个刀齿高出前一个刀齿（称为齿升量）来完成的，如图 3-30 所示。

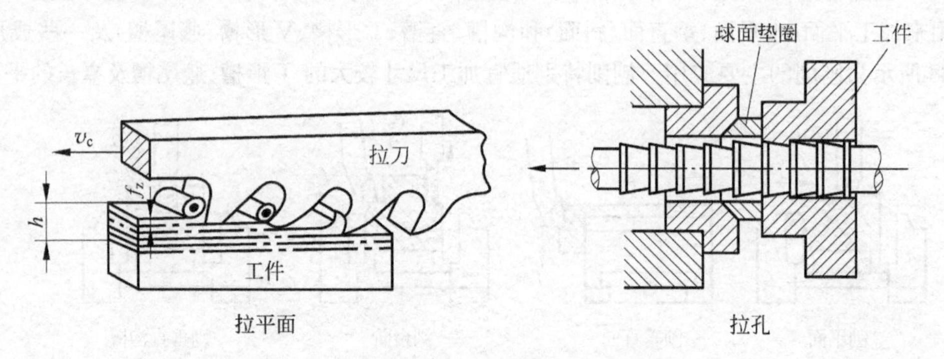

图 3-30　拉削过程

1. 拉刀

图 3-31 所示为圆孔拉刀和平面拉刀的结构。以圆孔拉刀为例，其各部分作用如下。

(1) 柄部　拉刀的柄部是其夹持部分，用来传递动力。

(2) 颈部　连接柄部和其他部分，也是打标记的地方。

(3) 过渡锥　引导拉刀逐渐进入工件孔中。

(4) 前导部　起导向和定心作用，防止拉刀歪斜。

(5) 切削部　拉刀的主要部分，担负着全部的切削工作，由粗切齿、过渡齿和精切齿三部分组成。这些刀齿的直径由前导部向后逐渐增大，最后一个精切齿的直径应保证被加工孔获得所要求的尺寸。

(6) 校准部　有几个校准齿，其直径与拉削后的孔径相同，起修光和校准作用，以提高精度，降低表面粗糙度。

(7) 后导部　保持拉刀最后的正确位置，防止拉刀离开工件时因下垂而损伤已加工表面或刀齿。

(8) 尾部　用于支承较长的拉刀，防止其下垂。

2. 拉削的工艺特点

(1) 生产率高　拉刀是多齿刀具，同时参加工作的刀齿数较多，在拉刀的一次工作行程中可切除全部加工余量，完成粗—半精—精加工，故生产率很高。

(2) 加工质量高　拉刀具有校准部分，可校准孔径、修光孔壁；拉床采用液压传动，传动平稳；拉削的速度较低（v_c<0.3m/s），可避免积屑瘤的产生，因此拉削可获得较好的加工质量。一般拉孔的精度为 IT8～IT7，表面粗糙度值在 Ra0.8～0.4μm。

(3) 拉床结构和操作简单　拉削只有一个主运动，即拉刀的直线运动，进给运动是靠拉刀的每齿升量来实现的，因此拉床的结构简单，操作方便。

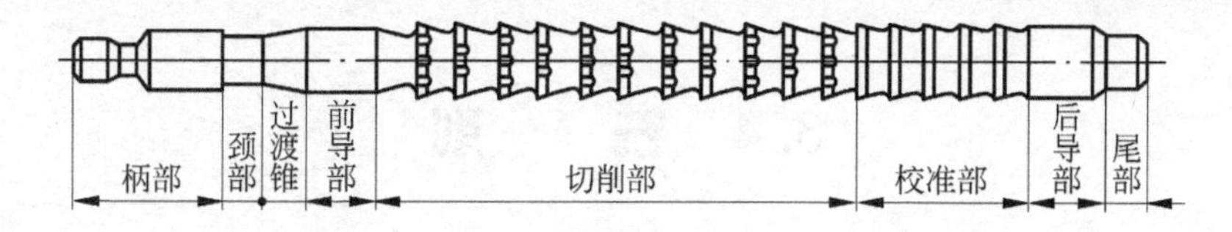

圆孔拉刀

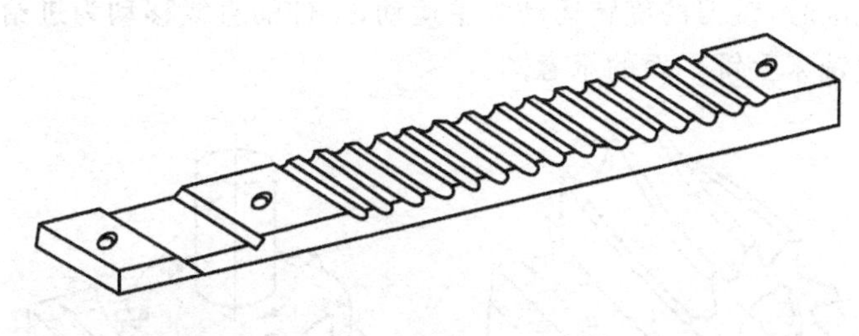

平面拉刀

图 3-31 拉刀

(4) 拉刀寿命长、成本高　拉削时切削速度较低,刀具磨损慢,刃磨一次可以加工数以千计的工件,加之一把拉刀可以重磨多次,所以拉刀的寿命长。但是拉刀的结构复杂,制造成本很高,且一把拉刀只适于加工一种规格尺寸的孔或槽。当加工零件的批量大时,分摊到每个零件上的刀具成本并不高。

3. 拉削的应用

基于以上特点,拉削主要用于成批和大量生产,用来加工各种形状的通孔,如圆孔、方孔、多边形孔和内齿轮等;还可以加工多种形状的沟槽,如键槽、T 形槽、燕尾槽和涡轮盘上的样槽等;外拉削可以加工平面、成形面、外齿轮和叶片的榫头等,如图 3-32 所示。在单件小批量生产中,对于某些精度要求较高、形状特殊的表面,用其他方法加工很困难时,也有采用拉削加工的。但对于盲孔、深孔、阶梯孔及有障碍的外表面,则不能用拉削加工。

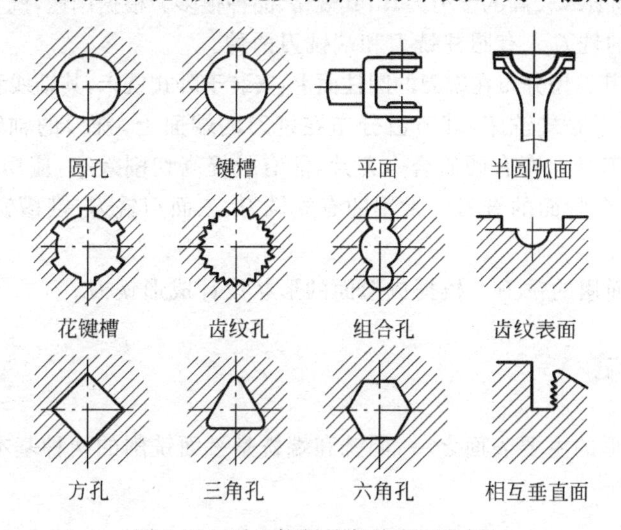

图 3-32 适于拉削的各种表面举例

3.4 铣 削

铣削是在铣床上用铣刀对工件进行加工的方法。与刨削一样，铣削也是平面和沟槽的基本加工方法。铣削时，铣刀的旋转运动为主运动，工件的直线移动为进给运动，图 3-33 为在卧式铣床和立式铣床上铣平面的示意图。

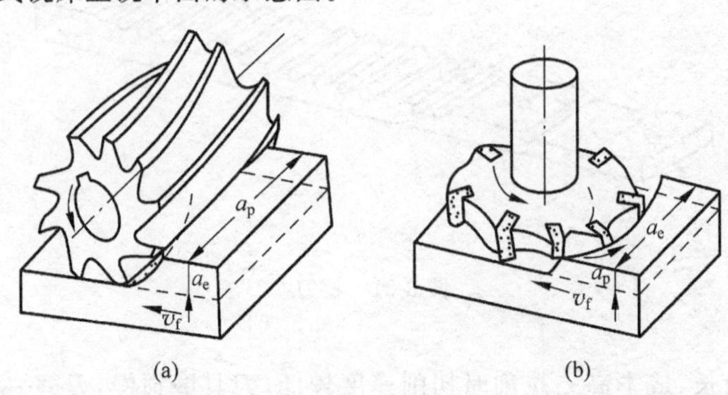

图 3-33 铣削

(a) 卧式铣床上铣平面——周铣；(b) 立式铣床上铣平面——端铣

3.4.1 工件的安装

中小型工件一般采用平口虎钳、回转工作台和分度头等铣床附件安装在工作台上；对大中型工件，大多采用螺钉压板直接安装在工作台上。在成批大量生产时，可采用专用夹具安装。

3.4.2 铣刀

铣刀是一种切削效率较高的多刃刀具，其规格、品种很多。根据用途，铣刀可分为以下几类。

(1) 加工平面的铣刀　有圆柱铣刀和端铣刀两种。

① 圆柱铣刀　其刀齿分布在铣刀的圆柱面上，安装于卧式铣床，其轴线和被加工表面平行。

② 端铣刀　用于立式铣床，其刀齿分布在铣刀的端面上，铣刀的轴线和被加工表面垂直。镶齿式端铣刀刀盘上镶有硬质合金刀片，能有效提高切削效率，应用较为广泛。

(2) 加工沟槽、台阶面的铣刀　常用的有立铣刀、三面刃铣刀、键槽铣刀、槽铣刀和锯片铣刀等。

(3) 加工成形面用的铣刀　根据成形面的形状设计成形铣刀。

3.4.3 铣削方式

平面是铣削成形的主要表面之一，周铣和端铣是平面铣削的两种基本方式。

1. 周铣法

用圆柱铣刀的圆周刀齿加工平面，称为周铣，如图 3-33(a)所示。周铣有逆铣和顺铣两种方式，如图 3-34 所示。

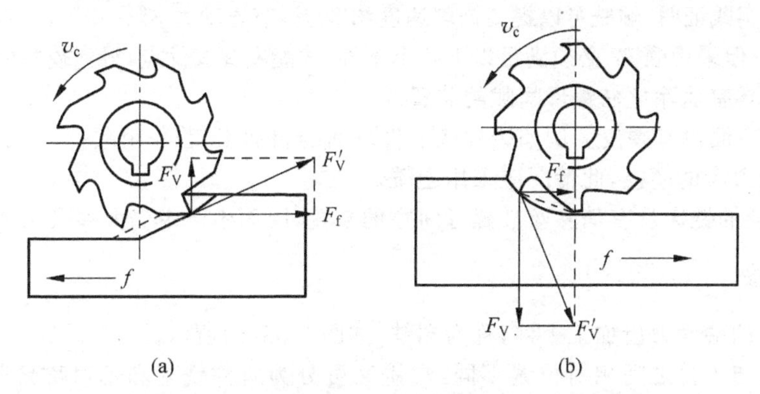

图 3-34 逆铣和顺铣
(a) 逆铣；(b) 顺铣

逆铣是指在切削部位铣刀的旋转方向与工件的进给方向相反；

顺铣是指在切削部位铣刀的旋转方向与工件的进给方向相同。

由图 3-34 可知，逆铣时，每个刀齿接触工件的初期，切削厚度为零，此时铣刀会在工件表面上挤压、滑行，导致刀齿磨损严重，同时也增大了工件表面的粗糙度，表面形成的冷硬层会使后续切削更加困难；而顺铣时，切削厚度从最大开始逐渐减小到零，刀齿不会产生打滑现象，减轻了磨损，铣刀耐用度大大提高，工件表面粗糙度也有所降低。

逆铣时，铣刀对工件产生向上抬的切削分力，导致工件在加工过程中产生振动，从而影响加工精度；而顺铣时，铣削力将工件始终压向工作台，减少了工件振动和松动的可能性，尤其铣削不易夹牢和薄而长的工件时，更为有利。

铣床的纵向进给通常是依靠工作台下面的丝杠和螺母实现的。螺母固定不动，丝杠转动就可以带动工作台向前移动。丝杠和螺母在传动过程中，会产生一定间隙，间隙在进给方向的前面，如图 3-35 所示。顺铣时，水平分力 F_f 与工件进给方向相同，铣削过程中会使工作台和丝杠一起向前窜动，导致工件进给量突然增大，从而造成啃刀、打刀崩刃甚至机床损坏等事故；而逆铣时，水平分力 F_f 与工件的进给方向相反，会使丝杠始终压向螺母，不会造成工作台“窜动”。

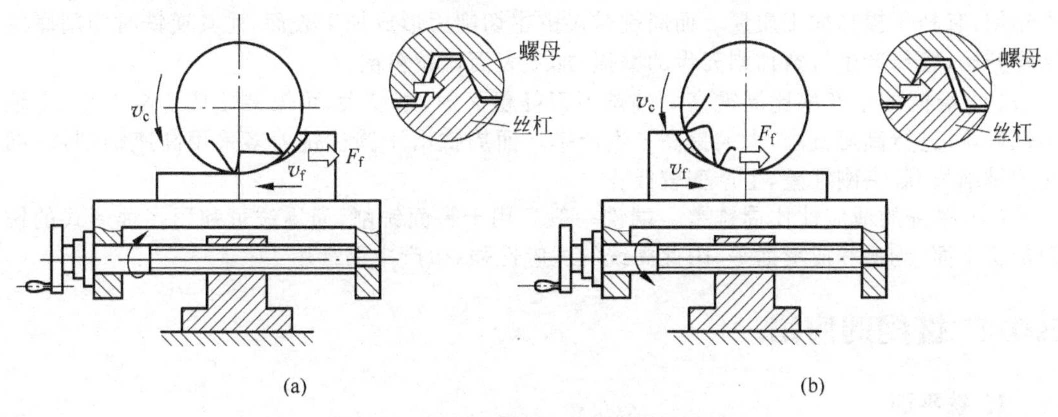

图 3-35 逆铣和顺铣时的丝杠螺母间隙
(a) 逆铣；(b) 顺铣

综合比较顺铣和逆铣,从提高刀具耐用度、工件表面质量、减少工件振动等方面考虑,应选择顺铣为宜。实践证明,顺铣可以提高铣削速度约30%,节省动力3%～5%,降低工件表面粗糙度1～2级。但采用顺铣,必须满足以下两个条件,才能发挥其优点,得到较好的加工质量。

(1) 铣床具有消除丝杠螺母间隙的装置。

(2) 工件表面没有硬皮。例如铸件或锻件表面的粗加工,若采用顺铣,由于刀齿首先接触硬皮将加剧刀齿的磨损,此情况应采用逆铣。

目前,普通的铣床没有消除丝杠螺母间隙的装置,因而生产中仍大多采用逆铣。

2. 端铣法

用端铣刀的端面刀齿加工工件,称为端铣,如图3-33(b)所示。

由于铣刀与工件之间相对位置不同,端铣又可分为对称铣削和不对称铣削两种方式。工件相对铣刀回转中心处于对称位置时称为对称铣,如图3-36(a)所示。工件偏于铣刀回转中心一侧时称为不对称铣,如图3-36(b)、(c)所示。

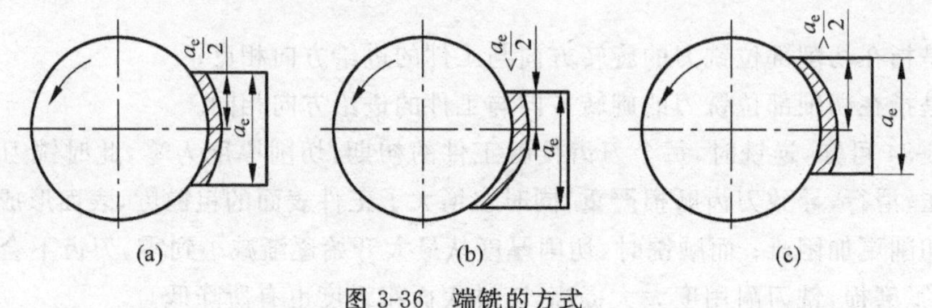

图 3-36 端铣的方式

(a) 对称铣削;(b) 不对称逆铣;(c) 不对称顺铣

端铣时可以通过调整铣刀和工件的相对位置,调节刀齿切入和切出时的切削厚度,从而达到改善铣削过程的目的。一般情况下当工件宽度接近铣刀直径时,采用对称铣;当工件较窄时,采用不对称铣。

3. 周铣法和端铣法的比较

(1) 端铣的加工质量比周铣好　端铣时,同时参加切削的刀齿较多,切削力变化小,切削过程要比周铣平稳得多。此外,端铣刀除主切削刃切削外,其副切削刃对已加工表面有修光作用,有利于提高加工质量。而周铣时仅由主切削刃形成加工表面,尤其逆铣时切削厚度从零开始,容易产生打滑加剧刀齿的磨损,加工表面比较粗糙。

(2) 端铣的生产率比周铣高　端铣刀刀杆粗而短,刚度大,可镶装硬质合金刀片,主轴刚性好,可进行高速铣削,大大提高了生产率。而周铣由于圆柱铣刀多采用高速钢制造,同时刀轴细长,装夹刚性差,生产率较低。

(3) 端铣的适应性比周铣差　端铣一般只用于平面铣削,而周铣可利用多种形式的铣刀加工平面、沟槽和成形面等,因此周铣的适应性强,生产中仍常用。

3.4.4 铣削的应用

1. 铣平面

利用圆柱铣刀、端铣刀、立铣刀及组合铣刀可铣削水平面、斜面、垂直面、台阶面等,如

图 3-37 所示。

圆柱铣刀主要用于加工中等尺寸的平面；端铣刀主要用于加工大平面；立铣刀常用于加工小平面、小台阶面；组合铣刀可同时加工几个台阶面。

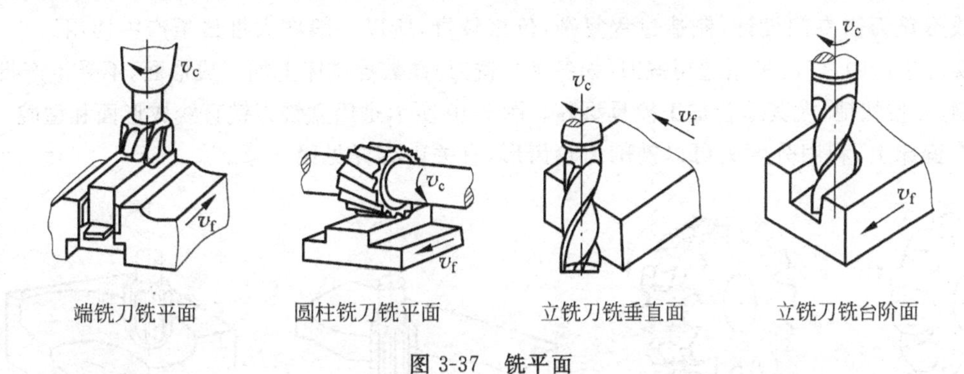

图 3-37 铣平面

2. 铣沟槽

沟槽是机械零件上的常见结构，可根据沟槽的形状选择相应的铣床和铣刀来铣削。

图 3-38 为铣削各种沟槽的示意图。直角沟槽主要在卧式铣床上用三面刃铣刀加工，也可在立式铣床上用立铣刀铣削。角度沟槽用相应的角度铣刀在卧式铣床上加工，T 形槽、V 形槽、燕尾槽和键槽常用带柄的专用槽铣刀在立式铣床上加工。

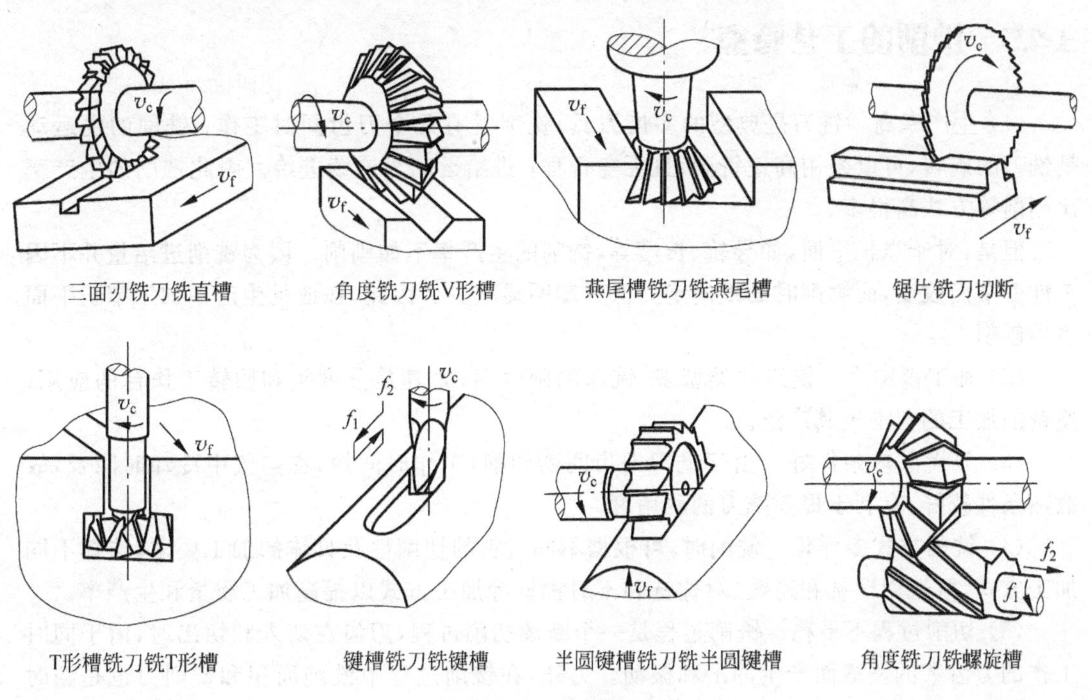

图 3-38 铣沟槽

3. 铣成形面

通常采用切削刃的形状与工件形状完全一样的成形铣刀来加工成形面，如图 3-39 所示。成形铣刀需专门设计，制造过程复杂，价格较贵，所以一般在大批量生产中使用。

实际生产中，广泛采用通用铣刀（如各种立铣刀）在数控铣床上加工成形面，不受生产批量的限制，方便快捷，尤其适合加工模具型腔。图 3-40 所示是用立铣刀铣直线成形面和型腔。

在铣床上，利用分度头可以铣削齿轮齿形，有关内容详见第 4 章。

图 3-39 成形铣刀加工成形面
(a) 凸圆弧铣刀铣凹圆弧；
(b) 凹圆弧铣刀铣凸圆弧面

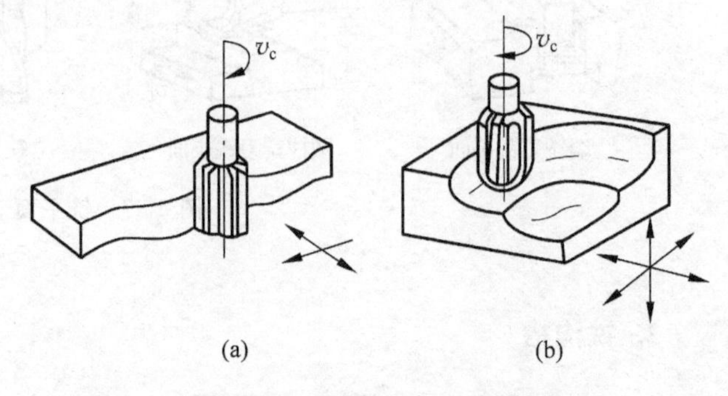

图 3-40 通用铣刀加工成形面
(a) 立铣刀铣直线成形面；(b) 球头立铣刀铣型腔

3.4.5 铣削的工艺特点

(1) 生产率高　铣刀是典型的多齿刀具，铣削时有几个刀齿同时工作；铣削的主运动是铣刀的旋转，可以采用高速铣削，且无空行程；进给运动为连续进给。因此铣削的生产率比刨削等方法高得多。

但是，对于窄长平面，如导轨、长槽等，铣削的生产率不如刨削。因为铣削进给量并不因工件变窄而改变，而刨削时的横向走刀次数却明显减少。因此，在成批生产中加工窄长平面多用刨削。

(2) 加工范围广　铣刀的类型多，铣床的附件多，尤其是分度头和回转工作台的应用，使铣削加工的范围极其广泛。

(3) 刀齿散热条件好　由于铣刀刀齿间断切削，工作时间短，在空气中冷却时间长，故散热条件较好，有利于提高铣刀的耐用度。

(4) 铣削方式多样化　铣削时，可根据不同材料的切削性及具体的加工要求，选择不同加工方式，可选用顺铣和逆铣、对称铣和不对称铣等加工方式以提高加工质量和生产率。

(5) 切削过程不平稳　铣削过程是一个断续切削过程，刀齿在切入和切出时，由于同时工作的刀齿数的增减而产生冲击和振动。另外，在铣削过程中铣削面积和铣削力也是随时发生变化的，因此铣削过程不平稳，容易产生振动，限制了铣削加工精度和生产率的进一步提高。铣削质量与刨削相当，一般经粗铣、精铣后，精度可达 IT8～IT7，表面粗糙度值为 $Ra3.2\sim1.6\mu m$。

3.5 磨 削

磨削是用磨具(砂轮、砂带、油石和研磨剂等)为工具对工件表面进行加工的方法。磨削是以砂轮的回转主运动和各项进给运动作为成形运动的,不但可以对各种内外圆柱面、平面、沟槽进行精加工,还能加工成形面及刃磨刀具等,如图 3-41 所示。

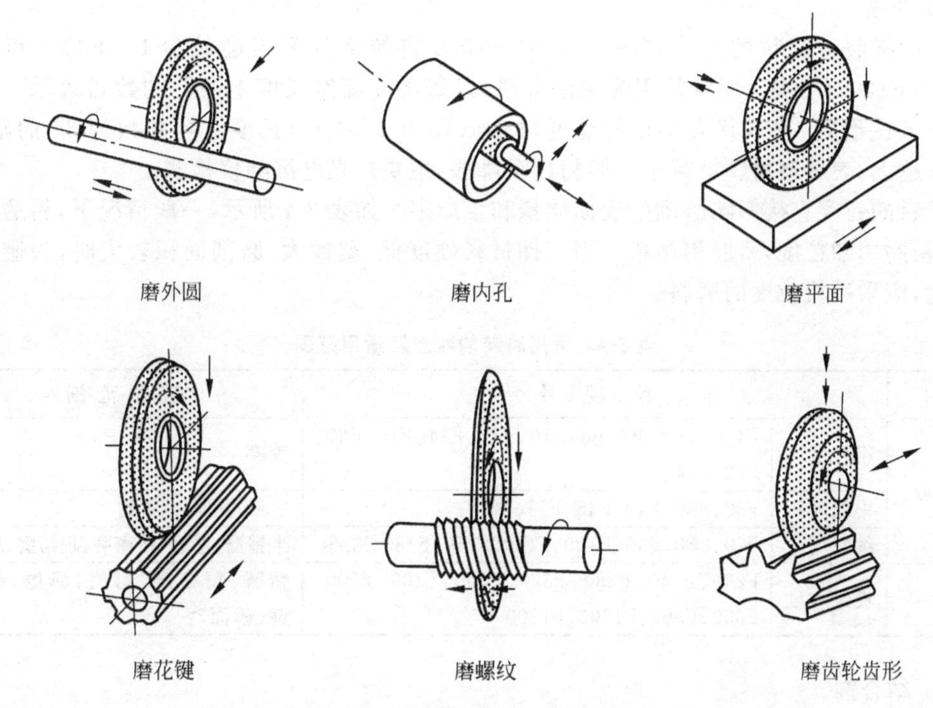

图 3-41 磨削的主要工作和运动

3.5.1 砂轮

砂轮是重要的磨削工具,它是由磨料和结合剂用烧结的方法制成的多孔物体,如图 3-42 所示。磨料、粒度、结合剂、硬度、组织、形状尺寸是砂轮的六大特性,对砂轮的性能有很大影响。

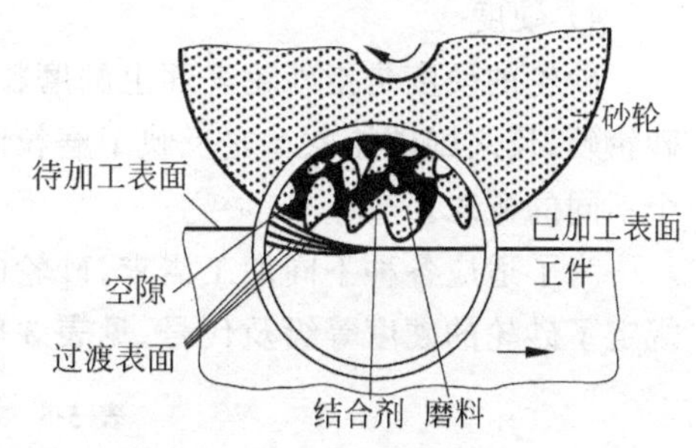

图 3-42 砂轮及磨削示意图

1. 砂轮的特性

1) 磨料

磨料是构成砂轮的主要材料,在加工中起切削作用,应具有高硬度、高耐热性和一定的韧性,还应具有锋利的棱角。常用的磨料可分为两大系,GB/T 2476—1994 规定了此两系的名称和代号。

(1) 刚玉系　主要成分是 Al_2O_3。目前应用较多的是棕刚玉(A)和白刚玉(WA)。棕刚玉韧性大、耐压高、价格便宜，但硬度低，多用于磨削硬度较低的塑性材料，如中、低碳钢等。白刚玉硬度较高，磨粒锋利，但韧性差，适合磨削高碳钢、高速钢等。

(2) 碳化物系　常用的有黑碳化硅(C)和绿碳化硅(GC)。黑碳化硅的硬度比刚玉类磨料高，性脆而锋利，适于磨削抗拉强度低的金属及非金属材料，如铸铁、黄铜、铝、岩石及皮革和硬橡胶等。绿碳化硅硬度和脆性略高于黑碳化硅，适于磨削硬而脆的材料，如硬质合金、宝石和陶瓷等。

2) 粒度

粒度指磨料颗粒的大小，GB/T 2481—1998 将粒度分为粗磨粒(F4～F220)和微粉(F230～F1200)两类。粗磨粒用筛选法分级，以每英寸筛网长度上筛孔的数目表示。例如粒度 F36 的磨粒，表示其大小正好能通过 1in(1in＝2.54cm)长度上孔眼数为 36 的筛网。粒度号越大，表示磨料颗粒越小。微粉用沉降法，主要是光电沉降仪检测。

磨料的粒度直接影响磨削的表面质量和生产率。如表 3-4 所示，一般情况下，粗磨用粗粒度，精磨用细粒度，研磨用微粉。当工件材料硬度低、塑性大、磨削面积较大时，为避免堵塞砂轮，应采用粗粒度的磨料。

表 3-4　常用磨料的粒度及适用范围

类别	粒度号		应用范围
粗磨粒	粗粒度	F4、F5、F6、F7、F8、F10、F12、F14、F16、F20、F22、F24	荒磨
	中粒度	F30、F36、F40、F46、F54、F60	一般磨削、半精磨
	细粒度	F70、F80、F90、F100、F120、F150、F180、F220	半精磨、精磨、精密磨、超精磨、珩磨
微粉	极细粒度	F230、F240、F280、F320、F360、F400、F500、F600、F800、F1000、F1200	精磨、精密磨、珩磨、研磨、超精磨、镜面磨

3) 结合剂

结合剂的作用是将磨粒黏结在一起，使砂轮具有一定的形状和强度，便于有效地进行磨削工作。GB/T 2484—2006 中规定了结合剂的名称及代号等内容，其中，陶瓷结合剂(代号V)性能稳定、耐热、耐酸碱、价格低，应用最广，除切断砂轮外，大多数砂轮都用它；树脂结合剂(代号 B)强度高、韧性好，用于制造高速砂轮和薄片砂轮等；此外还有橡胶结合剂(代号 R)和菱苦土结合剂(代号 Mg)等。

4) 硬度

砂轮的硬度是指砂轮表面上的磨粒在磨削力的作用下脱落的难易程度。磨粒难脱落即砂轮硬，反之则砂轮软。它反映了磨粒固结的牢固程度，与组成砂轮的磨料本身的硬度是两个不同的概念。

为了适应各种不同加工需求，砂轮的硬度有软、中、硬不同级别。GB/T 2484—2006 中规定了砂轮的硬度等级及代号，见表 3-5。

表 3-5　砂轮的硬度等级及代号

等级	极软				很软			软			中级			硬				很硬	极硬
代号	A	B	C	D	E	F	G	H	J	K	L	M	N	P	Q	R	S	T	Y

选择砂轮的硬度主要根据工件材料特性和磨削条件来决定。一般磨削硬材料或粗磨时应选用软砂轮，以便磨钝的颗粒及时脱落更新。磨削铝、黄铜以及树脂等软材料时，宜选用硬砂轮，精磨和成形磨等也应选用硬砂轮。

5）组织

砂轮的组织是指磨粒、结合剂与气孔三者之间的比例关系，表明砂轮结构的疏密程度。按照磨粒在砂轮中所占体积（即磨粒率）的不同，砂轮的组织分为 0，1，2，…，14 共 15 个号，见表 3-6。

组织号越大，气孔越多，表明砂轮越疏松。气孔可容纳切屑并通过切削液带走，使砂轮不易堵塞。但过分疏松的砂轮很容易磨钝和失去廓形。普通磨床常用 4～7 号组织的砂轮。

表 3-6 砂轮的组织及选用

组织号	0	1	2	3	4	5	6	7	8	9	10	11	12	13	14
磨粒率/%	62	60	58	56	54	52	50	48	46	44	42	40	38	36	34
疏密程度	紧密				中等				疏松					大气孔	
适用范围	重负载、成形、精密磨削，加工脆硬材料				外圆、内孔、无心磨及工具磨，淬硬工件及刀具刃磨等				粗磨及磨削韧性大、硬度低的工件，适合磨削薄壁、细长工件，或砂轮与工件接触面大以及平面磨削等					有色金属和塑料、橡胶等非金属及热敏合金	

6）砂轮的形状尺寸

为适应不同形状工件的磨削，按照 GB/T 2484—2006，砂轮可制成不同形状，并用规定的代号表示，表 3-7 为常用砂轮的形状、代号及用途。

表 3-7 常用砂轮的形状、代号及用途

名称	代号	断面形状	主要用途
平形砂轮	1	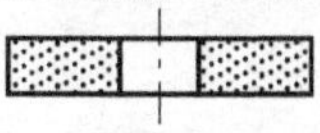	磨外圆、内孔、平面、刃磨刀具，并用于无心磨削
筒形砂轮	2	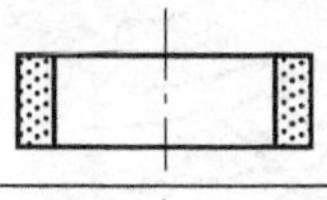	端磨平面
双斜边砂轮	4	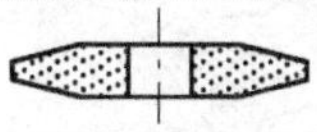	磨削齿轮和螺纹
平形切割砂轮	41	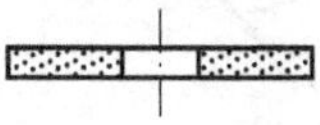	切断和切槽
杯形砂轮	6	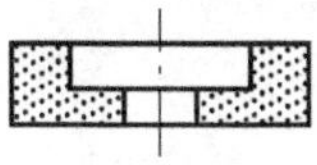	磨削平面、内孔和刃磨刀具
双面凹一号砂轮	7	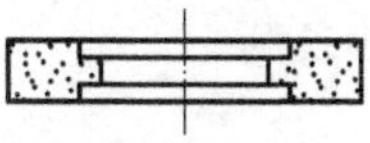	磨削外圆和刃磨刀具，还用作无心磨的磨轮和导轮
碗形砂轮	11	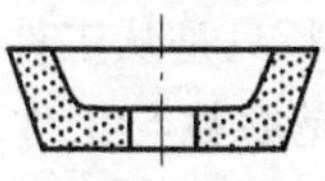	刃磨刀具和导轨磨
碟形砂轮	12a	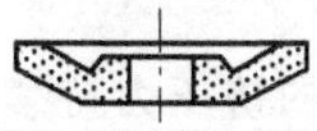	磨削铣刀、铰刀、拉刀及齿轮的齿形

3.5.2 砂轮的标记

为便于选用砂轮，通常在砂轮的非工作表面上标示其特性代号，根据 GB/T 2484—2006 规定，砂轮标志的顺序为：形状代号、尺寸、磨料、粒度、硬度等级、组织、结合剂、最高工作速度。例如：

砂轮	GB/T 4127	1	—	300×50×76.2	—	A	/	F36	L	5	V	—	50m/s
	↓	↓		↓		↓		↓	↓	↓	↓		↓
	对应标准号	形状代号（平形砂轮）		外径×厚度×孔径（mm×mm×mm）		磨料（棕刚玉）		粒度	硬度等级	组织号	结合剂（陶瓷）		最高工作速度

3.5.3 磨削过程及其特点

1. 磨削过程

磨削用的砂轮是由许多细小而又很硬的磨粒通过黏合剂黏结而成。磨削的实质就是一种多刀多刃的切削过程，每一颗磨粒便是一个微小的刀齿。

由于砂轮上各个磨粒随机排列分布，每个磨粒的形状、大小和高低各不相同，因此它们的切削能力有很大差异。砂轮上比较凸出且锋利的磨粒切入工件较深而切下切屑，起到切削作用；不太凸出或较钝的磨粒，由于切入工件比较浅，不能形成切屑，只是在工件表面刻划出细小的沟痕；高度更小的磨粒，既不切削也不刻划，只从工件表面上滑擦而过。

应当指出，即使是能起切削作用的磨粒，其切削过程也要经历三个阶段，如图 3-43 所示。

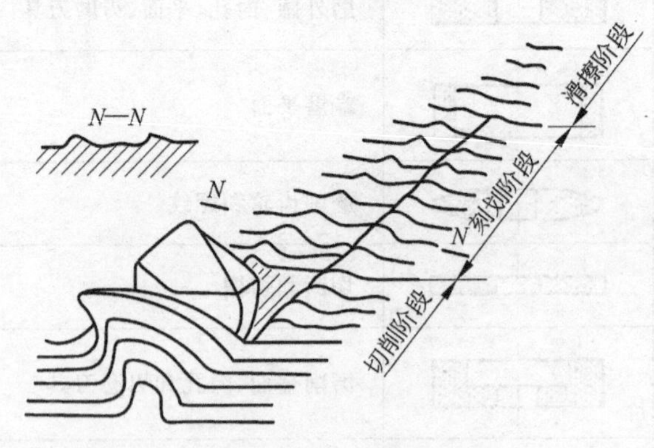

图 3-43　磨粒的切削过程

(1) 滑擦阶段　磨粒刚接触工件的瞬间并未切削，只是从工件表面滑擦而过，工件表面在磨粒的挤压作用下产生弹性变形。该阶段的特点是磨粒与工件之间主要是摩擦作用，致使工件表面温度升高。

(2) 刻划阶段　磨粒继续向前运动，对工件表面的挤压力持续增大，使工件表面产生塑性变形。此时磨粒切入工件表面，磨粒前方的金属由于受到磨粒挤压向两侧流动，形成隆起。工件表面被划出沟纹。

(3) 切削阶段　随着磨粒的继续切入，切削厚度不断增大，当达到临界值时，被挤压的金属就会从工件上脱落形成切屑。这一阶段主要是切削作用，同时工件表面层受到挤压而产生加工硬化现象。

由此可见，磨削过程实际上是为数甚多的磨粒对工件表面滑擦、刻划及切削的综合作用。由于各磨粒工作情况不同，磨削时除正常的切屑外，还产生金属微尘。

2. 磨削力和磨削热

由于磨粒具有很大的负前角和钝圆半径，因此在磨削过程中产生的切削力和切削热要比其他切削方法大得多。

1) 磨削力

总磨削力主要由两部分组成：磨粒在磨削过程中切除金属时所需的切削力；磨粒和工件表面之间挤压滑擦而产生的摩擦力。为了便于分析，总磨削力可分解为三个相互垂直的分力，即磨削力 F_c、进给磨削力 F_f、背向磨削力 F_p，如图 3-44 所示。

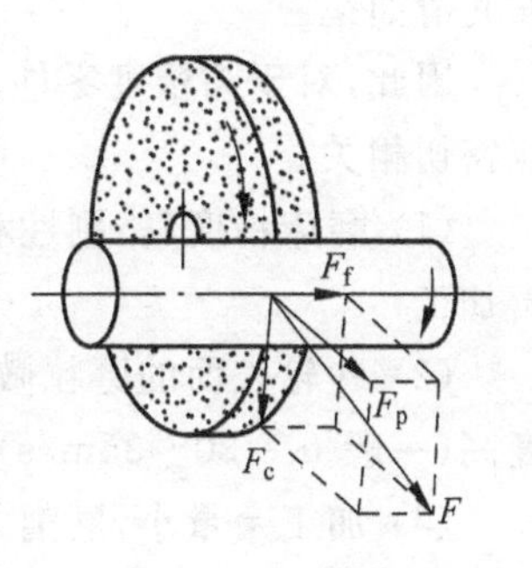

图 3-44　磨削力

在一般切削过程中，切削力 F_c 较大。而磨削时，由于背吃刀量较小，砂轮与工件的接触面积较大，且磨粒有较大的负前角，造成背向磨削力 F_p 较大，通常是切削力 F_c 的 1.5～3 倍，这是磨削的特征之一。

背向磨削力 F_p 作用在工艺系统(机床-工件-刀具-夹具组成的系统)刚性较差的方向上，易使之产生弹性变形，造成实际背吃刀量减少，并影响工件的加工精度。例如纵磨细长轴的外圆时，工件在背向磨削力 F_p 的作用下容易弯曲而被磨成腰鼓形。为此，磨削至最后时，要少吃刀或不吃刀，进行光磨，以消除由于变形而产生的误差。

2) 磨削热与磨削温度

磨削时的切削速度很高，约为一般切削方式的 10～20 倍。如此高速，加上磨粒多为负前角切削，使得砂轮与工件之间挤压和摩擦严重，产生的切削热多。大量的切削热不能及时传散出去，造成磨削区域瞬时温度很高，局部可达 1000℃以上。磨削时看到的火花，就是炽热的磨屑飞离工件时氧化和燃烧的结果。

磨削时的高温可使工件表层金属软化，有利于切削，但同时会使淬火钢工件表面退火，会使导热性差的工件表层产生很大的内应力，甚至出现磨削烧伤和微细裂纹，并会因工件材料变软而极易堵塞砂轮，影响工件表面质量和加工精度。

因此，磨削时必须加注大量切削液，以降低磨削温度，同时也将切屑和破碎磨粒从砂轮上冲走，使其不致堵塞砂轮表面，以保持切削能力。磨削钢件时，广泛应用的切削液是苏打水或乳化液；磨削铸铁、青铜等脆性材料时，一般不加切削液，而用吸尘器清除尘屑。

3. 砂轮的自锐性

随着磨削的进行，磨粒将逐渐磨损而变得圆钝，其磨削能力不断下降，其承受的磨削力也随之增大。当此力超过磨粒本身的强度极限时，磨粒便会破碎，产生若干新的锋锐的棱角继续进行磨削；当此力超过磨粒间结合剂的结合强度时，磨钝的磨粒便会从砂轮表面脱落，露出一层新的锋利的磨粒继续磨削。砂轮的这种在磨削过程中自行推陈出新,保持自身锋利的特性,称为砂轮的自锐性。

实际磨削时,单靠自锐性不能长期保持砂轮的准确形状和切削性能。因此,砂轮工作一定时间后,必须进行修整,以恢复砂轮的形状和切削性能,保证加工质量。

4. 磨削的工艺特点

与车削、铣削、刨削等方法相比较,磨削有如下特点。

1) 能较经济地获得较高的加工精度和较低的表面粗糙度

磨削的加工精度为IT7~IT6级,表面粗糙度值为$Ra0.8 \sim 0.2\mu m$。若采用先进的磨削工艺,如精密磨削、镜面磨削等,获得的表面粗糙度将更低,可达$Ra0.1 \sim 0.012\mu m$,工件表面光滑如镜。

因此,对于高精度零件,磨削几乎成了最终必不可少的手段。这与磨床及砂轮的结构特点密切相关。

(1) 磨床精度高,刚性和稳定性好,具有微量进给机构(0.002~0.0025mm),可实现精密加工;

(2) 砂轮表面的磨粒微细、锋利且分布极多,每个磨粒的切削量极小,且砂轮的切削速度高(一般$v_c = 30 \sim 35m/s$),短时间内参加切削的磨粒很多;

(3) 加工余量小,磨削力小,因而加工过程中工件变形小,残留面积的高度低,有利于形成光洁的表面。但磨削的切除能力低,零件在磨削之前应先切除毛坯上的大部分加工余量。

2) 加工材料范围广

由于砂轮磨料具有很高的硬度和耐磨性,所以磨削除了能加工铸铁、碳钢、合金钢等一般的材料,还可加工其他方法难以加工的高硬度、高脆性材料,如淬火钢、硬质合金、陶瓷、玻璃、高强度合金等。但是磨削不宜加工塑性较大的有色金属,如纯铜、纯铝等,因这些材料的磨屑易堵塞砂轮表面的孔隙,使之丧失切削能力。

3) 砂轮有自锐作用

一般的刀具(车刀、铣刀、钻头等)磨钝后,必须进行重新打磨或换刀才能继续加工。而砂轮由于自锐性,在磨削过程中能保持良好的切削性能,中途不需换刀,有利于提高生产率。

4) 背向磨削力大,磨削温度高

较大的背向磨削力和较高的磨削温度会影响工件的加工质量和砂轮的耐用度。

3.5.4 磨削的应用

磨削的工艺特点使其广泛用于各种表面的精加工中。在不同类型的磨床上,可分别磨削内外圆柱面、内外圆锥面、平面、螺纹、花键、齿形、刀具等。

1. 外圆磨削

外圆磨削是用砂轮的外圆周面来磨削工件的外回转表面。它不仅能加工圆柱面、圆锥面、阶梯轴的台阶面,还能加工球面和特殊形状的外表面等。外圆磨削通常是在外圆磨床和无心外圆磨床上进行。

1) 外圆磨床磨削

在外圆磨床上磨外圆时，轴类件以中心孔为基准用两顶尖装夹，盘套类件则利用心轴和顶尖装夹，其方法与车削时基本相同。这种装夹形式可以保证工件较高的同轴度和圆度要求。但为保证磨削精度，减少顶尖带来的加工误差，磨床所用的顶尖是不随工件一起转动的。磨削方法有以下几种。

(1) 纵磨法　如图 3-45 所示，砂轮作高速旋转主运动，工件旋转并和工作台一起作往复直线运动，完成圆周和纵向进给运动，每次工件往返行程完成后，砂轮按规定的吃刀深度作一次横向进给运动，每次磨削深度很小，当工件加工到接近最终尺寸时(留下 0.005～0.01mm)，在无横向进给的情况下，纵向往复磨几次至火花消失为止，即所谓光磨。

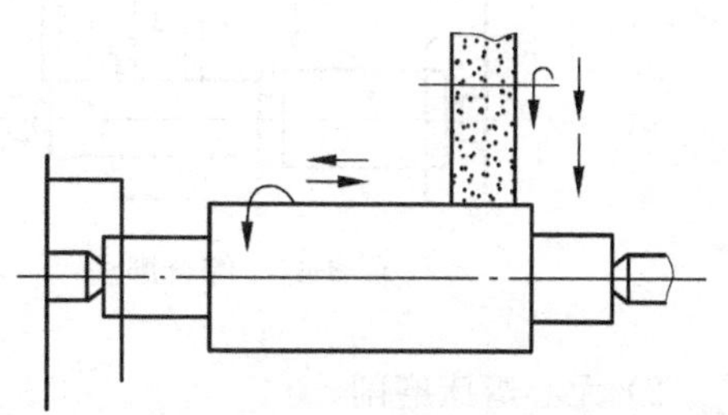

图 3-45　纵磨法

纵磨时每次磨削量很少，产生的磨削力和磨削热很少，因此可获得较高的加工精度和表面质量；另外，纵磨法具有较好的适应性，可用同一砂轮磨削长度不同的工件；但走刀次数多，故生产率较低。纵磨法广泛应用于单件小批量生产以及精磨，特别是细长轴的磨削。该法在目前的实际生产中应用最广。

(2) 横磨法　又称切入磨法。如图 3-46(a)所示，磨削时，工件无纵向进给运动，砂轮以很慢的速度连续或断续地向工件作横向进给运动，直至加工余量全部磨去为止，砂轮宽度要大于工件被磨表面的宽度(一般大 5～10mm)。

横磨法充分发挥了砂轮的切削能力，生产率高；但磨削过程中工件与砂轮的接触面积大，工件易变形和烧伤，因此其磨削精度要比纵磨低；横磨法还可以同时磨削同一个零件上的几个表面和成形面，如图 3-46(b)、(c)所示，一般用于成批大量生产中磨削刚性好且磨削长度较短的工件。

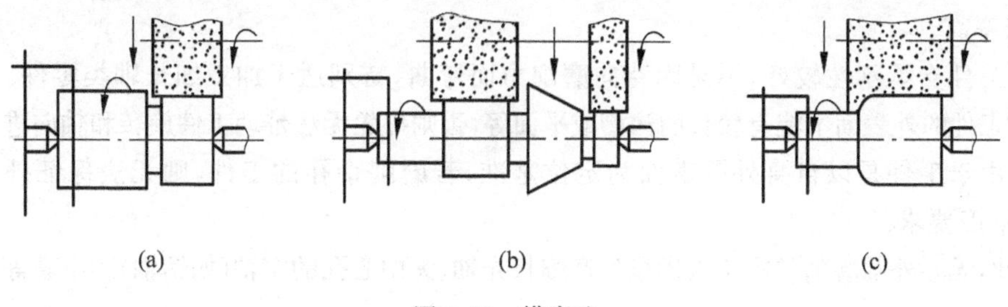

图 3-46　横磨法

(3) 综合磨法　如图 3-47 所示，先用横磨法将工件表面进行分段粗磨(相邻各段搭接 5～10mm)，当工件上的加工余量为 0.01～0.03mm 时，再采用纵磨法精磨至所需尺寸和精度。综合磨法兼有纵磨法加工质量好及横磨法生产率高的优点，适用于成批生产中磨削刚度好的长轴。

(4) 深磨法　如图 3-48 所示，磨削时用较小的纵向进给量和较大的背吃刀量，在一次行程中去除全部磨削余量，生产率高。但是砂轮的修整较为麻烦，需将砂轮一端修整成锥面或阶梯面进行粗磨，直径大的圆柱部分则起精磨和修光作用。深磨法只适用于大批量生产刚性较好的工件，且要求被加工表面两端要有较大尺寸，以便砂轮切入和切出。

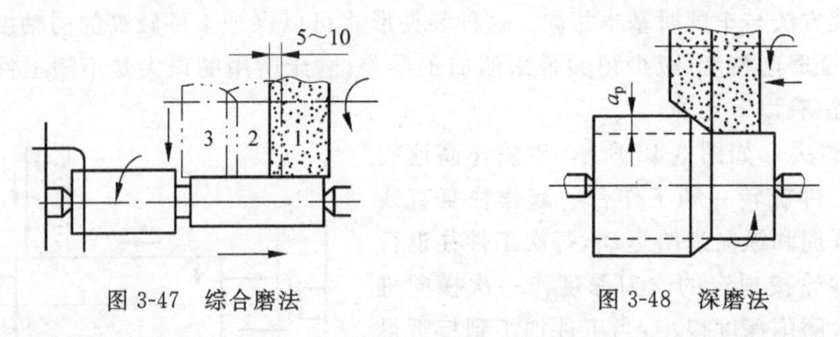

图 3-47　综合磨法　　　　图 3-48　深磨法

2）无心磨床磨削

无心外圆磨削是外圆磨削的一种特殊形式，如图 3-49 所示。

（1）工件的装夹

磨削时，工件不用顶尖定心和支承，而是放在砂轮和导轮之间，由托板支承，依靠工件被磨削的外圆表面本身定位。为了避免磨削出棱圆形工件，工件的中心应高于砂轮与导轮的连心线。导轮是一磨粒较粗的橡胶结合剂砂轮，无切削能力，其轴线与工件轴线倾斜 α 角（1°～5°），导轮表面修整成一回转双曲面，以便能与工件保持接触。

（2）磨削运动

磨削时，砂轮作高速旋转主运动进行磨削，导轮以较慢的速度同向旋转并依靠摩擦力带动工件转动。导轮与工件接触点的线速度 $v_{导}$ 可分解为两个分速度：沿工件圆周切线方向的 $v_{工}$ 和沿工件轴线方向的 $v_{进}$，因此工件一方面旋转作圆周进给，另一方面作轴向进给，从导轮和磨削砂轮之间穿过。

（3）磨削特点

① 无心磨削时工件不需打中心孔，装夹省时省力，工件可连续自动送进，便于实现自动化，生产率高。

② 工件支承刚性较好，不易因背向磨削力而弯曲，特别适于加工细长轴类零件。

③ 工件的外表面不能有较长的沟槽或平面等，否则导轮无法带动工件旋转和轴向进给。

④ 由于工件是以自身外圆表面为定位基准，若磨削带孔的工件，则无法保证外圆面和孔的同轴度要求。

因此，无心外圆磨削常用于大批量生产细长光轴、无中心孔的短轴（如销轴）和小套等工件。

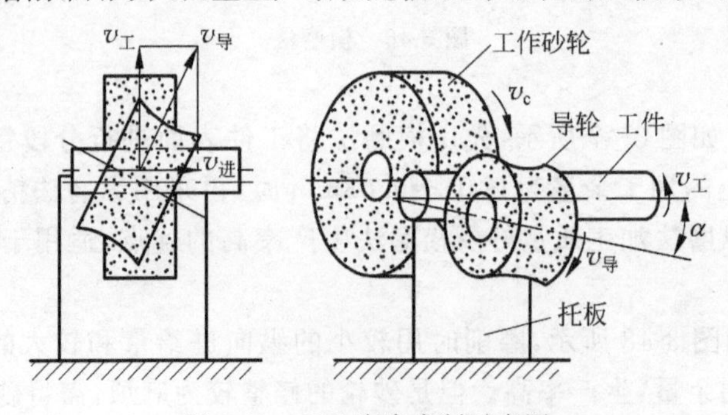

图 3-49　无心磨床磨削示意图

2. 孔的磨削

前述的铰孔、拉孔是孔的精加工方法。磨孔亦是孔的精加工方法之一，可磨削圆柱形或圆锥形的通孔、盲孔、台阶孔等。一般在大批量生产中采用内圆磨床磨孔，单件小批量生产中采用万能外圆磨床的内圆磨头磨孔。

1）工件的装夹及磨削运动

磨孔时，工件多以外圆面和端面为定位基准，用三爪自定心卡盘或四爪单动卡盘等夹具装夹工件。与外圆磨削类似，孔的磨削也可以分为纵磨法和横磨法。由于砂轮轴的刚性很差，横磨法仅适用于磨削短孔及内成形面，磨削内孔多数情况下是采用纵磨法。

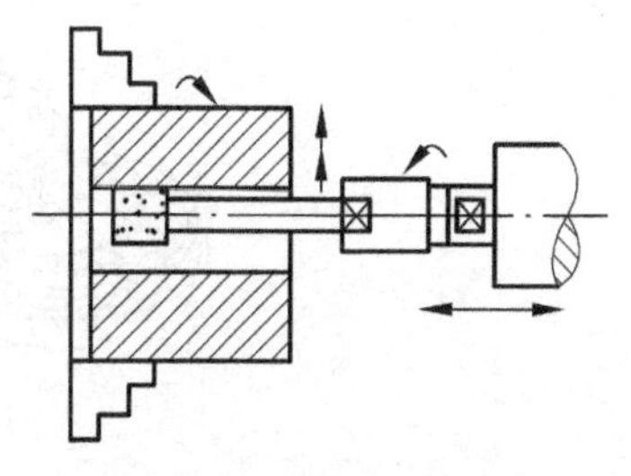

图 3-50 纵磨法磨内孔

纵磨内孔时的磨削运动如图 3-50 所示。砂轮作高速旋转主运动，同时作轴向进给运动；工件安装在卡盘上，其反向旋转作圆周进给运动；砂轮在每次轴向往复运动终了时，做一次横向进给运动。

2）磨孔的特点及应用

与外圆磨削相比，孔的磨削有如下特点：

(1) 加工质量较低　受工件孔径限制，砂轮直径一般较小，因此，即使砂轮转速很高，磨削速度也比磨外圆时低；另外砂轮与工件的接触面积大，发热多，冷却和排屑条件差，工件易产生热变形，导致加工质量较低。

(2) 生产率较低　磨孔时，由于砂轮直径小、悬伸长，因而刚性很差，不宜采用较大的磨削用量，故生产率低。

因此，磨削内孔时，为提高加工质量和生产率，砂轮及砂轮轴应尽可能选用较大的直径，砂轮轴的伸出长度应尽可能缩短。

鉴于以上特点，磨孔主要用于不宜采用镗削、铰削或拉削的孔的精加工，如淬硬孔、带有断续表面的孔、盲孔、大直径孔等。一般在单件小批生产中应用较广。

3. 平面磨削

平面磨削是平面的精加工方法，一般在平面磨床上进行，中小型工件通常采用电磁吸盘工作台直接安装。

平面磨削分周磨和端磨两种基本方式，各自的磨削运动中，除了砂轮均需要作高速旋转实现主运动外，进给运动是随工作方式而各有不同，如图 3-51 所示。

(1) 周磨　利用砂轮的圆周面进行磨削，如图 3-51(a)、(b)所示。周磨时，砂轮与工件接触面积小，磨削热少，散热快，排屑和冷却条件好，工件不易变形，因此加工质量高，但生产率较低，故常用于精磨和磨削较薄的工件。

(2) 端磨　利用砂轮的端面进行磨削，如图 3-51(c)、(d)所示。砂轮轴竖直放置，伸出长度短，刚性好，允许采用较大的磨削用量，且磨削面积大，材料去除快，故生产率高；但砂轮磨损不均匀，且发热多，排屑和冷却困难，影响加工质量，故常用于大批量生产中进行粗磨。

平面磨削常作为刨削或铣削后的精加工，特别适用于磨削淬硬工件，以及具有平行表面的零件(如滚动轴承环、活塞环等)。

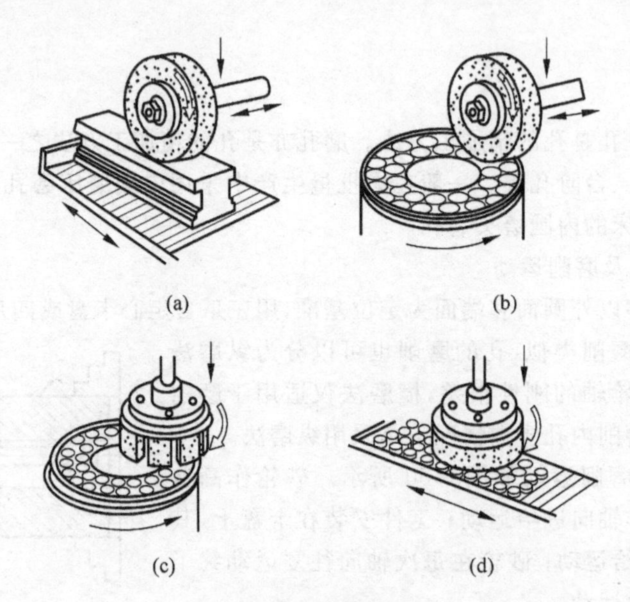

图 3-51 平面磨削方式
(a) 卧轴矩台平面磨床磨削;(b) 卧轴圆台平面磨床磨削;
(c) 立轴圆台平面磨床磨削;(d) 立轴矩台平面磨床磨削

3.6 精整和光整加工

工件表面经精车、精镗、磨削等方式精加工后,如果还需要进一步提高精度,或降低其表面粗糙度,就需进行精整或光整加工。精整加工是指在精加工之后从工件上切除很薄的材料层,以提高工件精度和减小表面粗糙度为目的的加工方法,如研磨和珩磨等。光整加工是指不切除或从工件上切除极薄材料层,以减小工件表面粗糙度为目的的加工方法,如超级光磨和抛光等。

3.6.1 研磨

研磨是利用研具和磨料对工件表面进行精整加工的方法。

1. 研磨原理

研磨时,在研具和工件之间置以研磨剂,研具在一定压力作用下与工件作复杂的相对运动,保证研磨剂中每一颗磨粒的运动轨迹都不会重复,通过研磨剂的机械及化学作用,从工件表面均匀地切除很薄一层材料,从而达到很高的精度和很小的粗糙度值。

研磨剂是由磨料、研磨液及辅料配制而成的混合物,它有液态、膏状和固态三种,以适应不同加工的需要。磨料多是细粒度的刚玉、碳化硅等,主要起机械切削作用;研磨液通常用机油、煤油、汽油等,主要起冷却润滑作用,并使磨粒均匀分布在研具表面上;辅料通常用油酸、硬脂酸等化学活性物质。

研具一般用铸铁、软钢、黄铜、塑料或硬木制造,其中最常用的是铸铁研具,用于研磨淬硬和不淬硬的钢件及铸铁件。由于研具材料比工件材料软，所以研磨过程中部分磨粒会嵌入研具表面，从而对工件表面进行擦磨。

2. 研磨方式

研磨分手工研磨和机械研磨两种。

1）手工研磨

手工研磨是手持研具进行研磨，例如研磨外圆时，可将工件装夹在车床卡盘上或顶尖上作低速旋转运动，研具套在工件上，用手推动作轴向往复运动，完成对工件表面的研磨。

2）机械研磨

机械研磨在研磨机上进行。图 3-52 为研磨小轴类零件的外圆面时所用研磨机工作示意图，工件置于两块盘形研具之间的分隔盘槽中，分隔盘回转中心相对盘形研具回转中心有偏心距 e，其槽对称中心线与分隔盘半径方向有一夹角 γ。研磨时，两盘形研具作相反方向转动，上研磨盘比下研磨盘转速高，带动分隔盘绕自己的轴线转动，使槽内工件一方面绕槽对称中心线转动，同时又沿槽对称中心线滑动，从而产生复杂的相对运动，为均匀切除工件表面上的凸峰提供了条件。

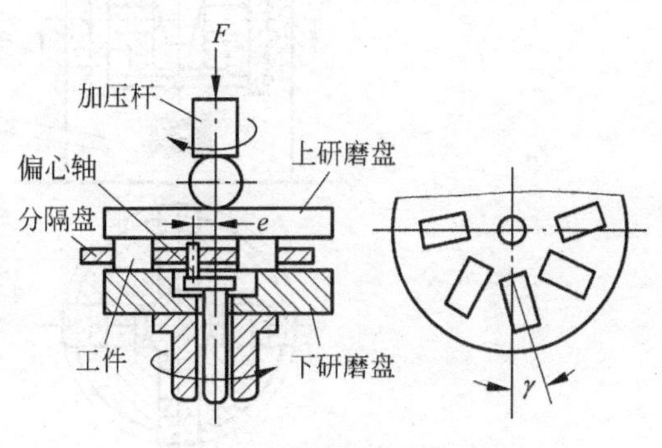

图 3-52 研磨机工作示意图

3. 研磨的特点及应用

研磨具有如下特点：

(1) 加工质量高 研磨加工余量一般不超过 0.01～0.03mm，因而可获得高的尺寸精度(IT5～IT3)和低的表面粗糙度(Ra0.1～0.008μm)，但研磨的定位基准是被加工工件表面，故不能提高工件各表面之间的位置精度。

(2) 设备简单，成本低 研磨除在专门的研磨机上进行外，还可在简单改装的车床、钻床上进行。设备和研具简单，故成本低。

(3) 由于加工余量很小，故生产率较低。

研磨应用广泛，不仅适宜于单件小批生产中加工各种高精度型面，也可用于大批大量生产中；被加工材料可以是钢材、铸铁、各种有色金属和非金属，也可以是硬质合金、玻璃、陶瓷等硬脆材料。

3.6.2 珩磨

珩磨是用镶嵌有油石的珩磨头对孔进行精整加工的方法。

1. 珩磨原理

如图 3-53 所示为机械调压式珩磨头，油石用黏结剂与油石座固结在一起，并装在本体的槽中，其两端用弹簧圈箍住。珩磨时，工件固定不动，珩磨头插入要加工的孔中，由珩磨机床主轴带动旋转并作轴向往复运动。油石条通过珩磨头中的机构控制而均匀外涨,对孔壁施加一定压力,并从孔壁上切除一层极薄的材料。再加上珩磨头与工件作复杂的相对运动,使磨痕形成均匀交叉而不重复的网纹,从而获得很高的精度和很小的粗糙度值。

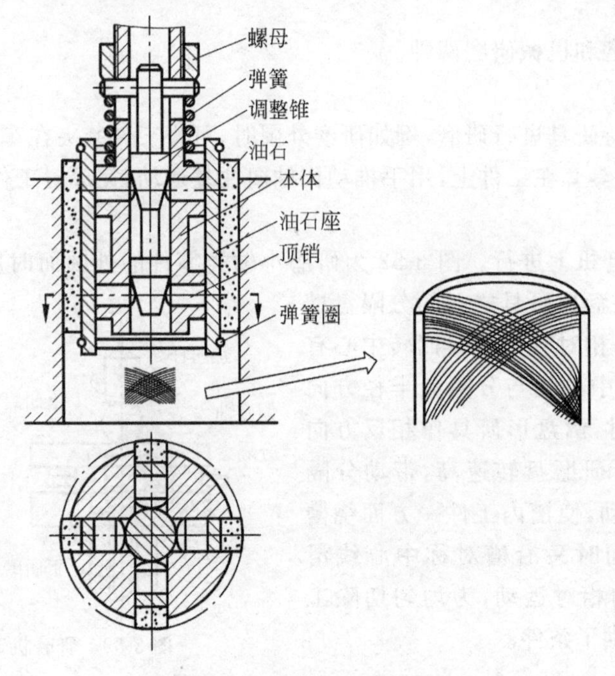

图 3-53 珩磨头及运动轨迹

为了调整珩磨头的工作尺寸及油石对孔壁的工作压力,珩磨头上设计了相应的机构。当向下旋转螺母时,调整锥下移,推动顶销沿径向向外移动,使油石的作用直径加大;向上旋转螺母时,弹簧圈的收缩力使油石的作用直径减小。为保证珩磨头与工件孔壁均匀接触,本体通过浮动联轴节(图中省略)与机床主轴连接。

为冲去切屑和磨粒,改善表面粗糙度和降低切削区温度,珩磨时常需用大量切削液。珩磨铸铁和钢件时,通常用煤油或内加少量锭子油;珩磨青铜时可不用切削液(干珩)或用水作切削液。

2. 珩磨特点及应用

珩磨具有如下特点:

(1) 加工质量高　珩磨可有效地提高孔的尺寸精度(IT7～IT6)、形状精度和减小表面粗糙度($Ra0.2$～$0.025\mu m$),但珩磨头与机床主轴一般成浮动连接,即珩磨头的回转轴线是工件孔的轴线,故不能提高孔的位置精度。

(2) 生产率较高　珩磨头相对工件往复运动速度高,又有多个油石条同时连续工作,不断变化切削方向,能较长时间保持磨粒锋利;珩磨余量比研磨大,一般珩磨铸铁时为0.02～0.15mm,珩磨钢件时为0.005～0.08mm,故生产率较高。

(3) 加工表面耐磨损　珩磨加工表面具有交叉网纹,便于形成润滑油膜,比较耐磨,其使用寿命比其他加工方法要高1倍以上。

(4) 不宜珩磨有色金属 珩磨可加工铸铁件、淬硬和不淬硬钢件及青铜件等,但不宜加工韧性大的有色金属件,以免堵塞油石条的孔隙,降低其切削能力。

珩磨主要用于工件孔的光整加工,既可加工各种圆柱孔、盲孔和多台阶孔,也可加工外圆、平面、球面和齿面等。孔径范围一般为 ϕ15～500mm 或更大,并能加工长径比大于 10 的深孔。珩磨不仅在大批量生产中应用广泛,在单件小批生产中也常被采用。目前珩磨已广泛用于发动机缸孔及各种液压装置中精密孔(如油缸筒、阀孔等)的最终加工,但珩磨不能加工带键槽的孔、花键孔等断续表面。

珩磨用机床,即珩床的基本特点是:主轴的往复运动是液压传动,可作无级变速;机床的工作循环是半自动化的;珩磨头油石条与孔壁间的工作压力靠机床的液压装置调节。由于珩床造价高,因而在单件小批量生产中,常将立式钻床或卧式车床经适当改装后用于珩磨。

3.6.3 超级光磨

超级光磨是用装有细磨粒、低硬度油石的磨头,在恒压下对工件表面进行光整加工的方法。

1. 超级光磨原理

图 3-54 为超级光磨外圆的示意图。加工时,工件旋转(一般工件圆周线速度为 6～30m/min),磨头以很小的压力(约 0.1～0.25MPa)作用于工件表面上,作轴向缓慢进给(约 0.1mm/r),同时作轴向微小振动(一般振幅为 1～6mm,频率为 5～50Hz),保证了磨头与工件相对运动轨迹复杂而不重复,从而对工件表面的微观毛刺和切痕进行修磨。

光磨时,在油石与工件间要注入切削液(一般为煤油加锭子油),一方面为了冷却、润滑及清除切屑等,另一方面为了形成油膜,以便自动终止切削作用。如图 3-55(a)所示,当油石最初接触比较粗糙的工件表面时,由于实际接触面积小,压强较大,油石与工件表面之间不能形成完整的油膜,油石的切削作用较强,工件表面的微观凸峰很快被磨去;随着凸峰高度的降低,油石与工件的接触面积逐渐增大,压强随之减小,直至压强小于油膜表面张力时,油石和工件被一层润滑油膜隔开,光磨过程便自动停止,如图 3-55(b)所示。当平滑的油石表面再一次与待加工的工件表面接触时,较粗糙的工件表面将破坏油石表面平滑而完整的油膜,使光磨过程再一次进行。

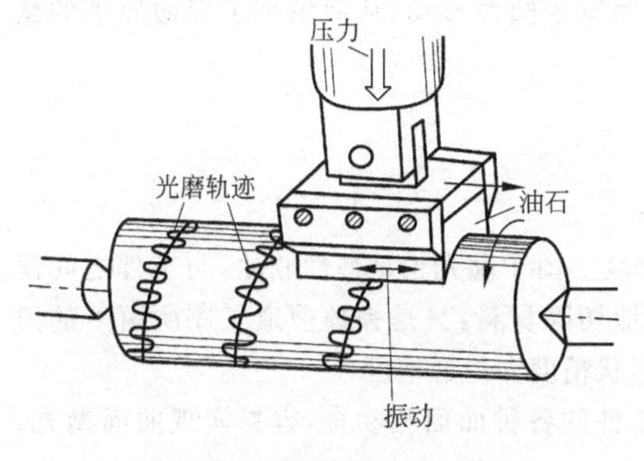

图 3-54 超级光磨外圆示意图

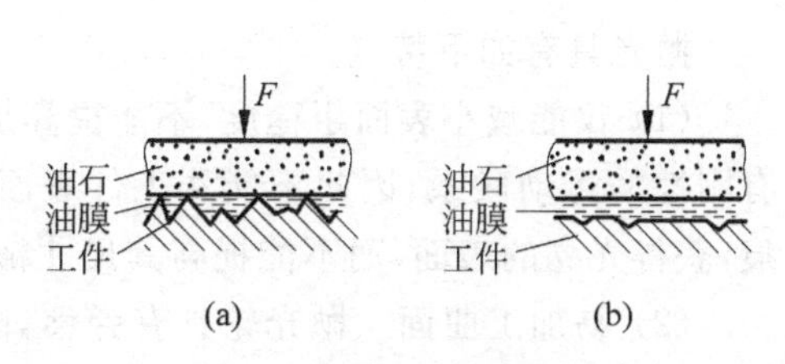

图 3-55 超级光磨过程

(a) 初光磨;(b) 终光磨

2. 超级光磨的特点及应用

超级光磨具有如下特点：

(1) 设备简单，操作方便　超级光磨既可以在专门的机床上进行，也可以将通用机床（如卧式车床等）作适当改装，利用不太复杂的超级光磨磨头进行。一般超级光磨设备的自动化程度较高，操作简便，对工人的技术水平要求不高。

(2) 加工余量极小　由于油石与工件之间无刚性的运动联系，油石切除金属的能力较弱，只留有 3～10μm 的加工余量。

(3) 生产率较高　由于加工余量极小，加工过程所需时间很短，一般仅 30～60s，故生产率高。

(4) 表面质量好　超级光磨过程是由切削作用过渡到抛光，所以工件表面粗糙度很小（$Ra<0.012\mu m$），并具有复杂的交叉网纹，利于储存润滑油，耐磨性较好。

(5) 不能提高工件的尺寸精度和形位精度　工件表面的加工余量极小，仅够油石光磨前道工序遗留下来的微观不平度。另外，工件表面磨平后，随着油膜的出现，光磨作用自动停止。所以，超级光磨不能提高工件的尺寸精度和形位精度，工件要求的精度必须由前道工序保证。

超级光磨广泛应用于汽车和内燃机零件、轴承、精密量具等小粗糙度表面的终加工。它不仅能加工轴类零件的外圆柱面，而且还能加工圆锥面、孔、平面和球面等。

3.6.4 抛光

抛光是在高速旋转的抛光轮上涂以磨膏，对工件表面进行光整加工的方法。抛光轮一般是用毛毡、橡胶、皮革、布或压制纸板做成的，磨膏则是由磨料（氧化铬、氧化铁等）和油酸、软脂等配制而成。

1. 抛光原理

抛光时，将工件压于高速旋转的抛光轮上，在磨膏介质的作用下，金属表面被腐蚀而产生一层极薄的软膜，可以用比工件材料软的磨料切除，而不会在工件表面留下划痕。加之高速摩擦，使工件表面出现高温，表层材料被挤压而发生塑性流动，从而填平了表面原来的微观不平，获得很光亮的表面，甚至达到镜面状。

2. 抛光的特点及应用

抛光具有如下特点：

(1) 仅能减小表面粗糙度，不能提高加工精度　由于抛光轮是弹性软轮，与工件之间没有刚性的运动联系，因此不能从工件表面均匀地切除材料，只是去掉前道工序所留下的刀痕，获得光亮的表面，而不能提高其尺寸精度、形状精度和位置精度。

(2) 易加工曲面　抛光轮具有弹性，能与工件的各种曲面相吻合，容易实现曲面抛光，便于对模具型腔进行光整加工。

(3) 加工成本低　抛光设备和加工方法都比较简单，是一种简便而经济的光整加工方法。

(4) 劳动条件较差　抛光目前多为手工操作,工作繁重；抛光轮高速旋转,使磨粒、介质、微屑等产生飞溅,污染环境,劳动条件较差。

抛光主要用于零件表面的装饰加工而不是以提高精度为目的,如对电镀产品、不锈钢、塑料、玻璃等制品进行抛光,可以得到好的外观质量；抛光还用来消除前道工序的加工痕迹,提高零件的疲劳强度。抛光零件表面的类型不限,可以是外圆、孔、平面及各种成形面等。

思考题与习题

1. 车削时工件常用哪些安装方法？各用于何种场合？

2. 细长轴加工有何特点？为防止细长轴加工中弯曲变形,在工艺上要采取哪些措施？

3. 粗车、半精车和精车的目的是什么？

4. 一般情况下,车削的切削过程为什么比刨削、铣削等平稳？对加工有何影响？

5. 在车床上能加工孔为什么还要有钻床和镗床？立式钻床、摇臂钻床和卧式镗床都是孔加工机床,它们的应用范围有何区别？

6. 在车床上钻孔和在钻床上钻孔产生的“引偏”,对所加工的孔有何不同影响？在随后的精加工中,哪一种比较容易纠正？为什么？

7. 钻孔有哪些工艺特点？钻孔后进行扩孔和铰孔为什么能提高孔的加工质量？

8. 一般情况下,刨削的生产率为什么比铣削低？

9. 试分析比较铣平面、刨平面、车平面的工艺特征和应用范围。

10. 插削主要用于加工哪些表面？

11. 为什么拉削的质量和生产率都很高？拉削适于单件小批量生产吗？请解释原因。

12. 用周铣法铣平面,从理论上分析,顺铣比逆铣有哪些优点？实际生产中,目前多采用哪种铣削方式？为什么？

13. 平面铣削有周铣法和端铣法两种方式,成批生产中宜采用哪种方式？为什么？

14. 砂轮的特性由哪些因素决定？砂轮的硬度和粒度如何选择？

15. 磨削力和磨削热各有什么特点？对加工会产生什么影响？

16. 外圆的磨削方法有哪些？各有什么特点？各适用于哪些零件？

17. 精加工铜或铝材料的回转体零件时,应采用何种加工方法？为什么？

18. 简述研磨、珩磨、超级光磨和抛光的工作原理。

19. 研磨、珩磨、超级光磨和抛光都能达到很小的表面粗糙度。对于提高加工精度来说,它们的作用有什么不同？为什么？

20. 研磨、珩磨、超级光磨和抛光各适用于什么场合？

成形面、螺纹和齿轮齿形的加工

4.1 成形面加工

许多机械零件上都具有成形面，如手柄、凸轮、叶片、模具型腔等零件的大部分表面都属于成形面(见图 4-1)。成形面往往是为了实现特定功能而专门设计的，因此，其表面形状的要求是十分重要的。加工时，刀具的切削刃形状和切削运动，应首先满足表面形状的要求。

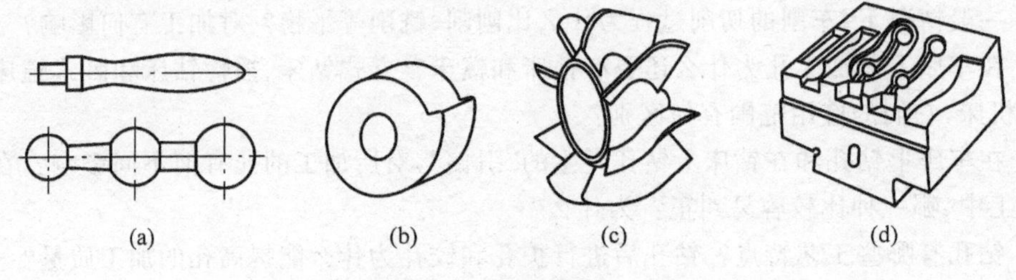

图 4-1 各种成形面

(a) 手柄；(b) 凸轮；(c) 叶轮；(d) 多模膛锻模

在普通机床上加工成形面一般可以用车削、铣削、刨削、拉削或磨削等方法。这些加工方法，可以归纳为以下两种基本方式。

4.1.1 用成形刀具加工

用成形刀具加工即是用切削刃形状与工件廓形相符合的刀具，直接加工出成形面。例如用成形车刀车成形面(见图 4-2)、用成形铣刀加工成形面(见图 3-39)、用成形刨刀刨成形面(见图 4-3)、用成形砂轮磨成形面(见图 4-4)等。

车削成形面适于加工轴向尺寸较小的内外回转成形面。铣削、刨削成形面用于加工直线成形面。拉削成形面用于加工内外直线成形面。磨削成形面主要用于加工精度高、粗糙度小的成形面，尤其是经淬火后的精密成形面(如凸轮、靠模和冲模等零件的工作面)的精加工，在外圆磨床上可以磨削回转成形面，在平面磨床上可以磨削直线成形外表面。

用成形刀具加工成形面，加工精度主要取决于刀具精度，易于保证同一批零件形状及尺寸的一致性，操作简便，生产率高。但是刀具的制造和刃磨比较复杂(特别是成形铣刀和拉刀)，成本较高，而且这种方法的应用，受工件成形面尺寸的限制，不宜用于加工刚度差而成形面较宽的工件。

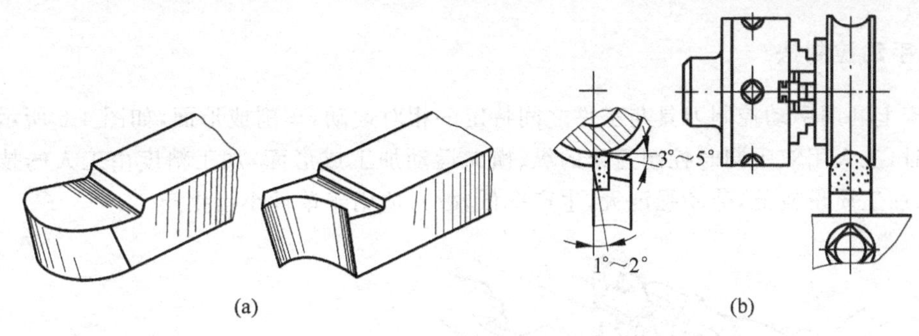

图 4-2 成形车刀车成形面

(a) 成形车刀；(b) 成形车刀使用方法

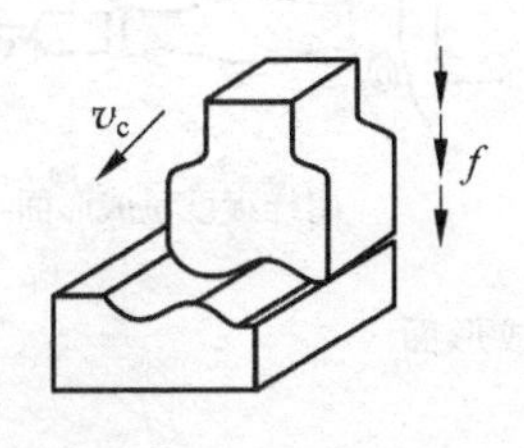

图 4-3 成形刨刀刨成形面

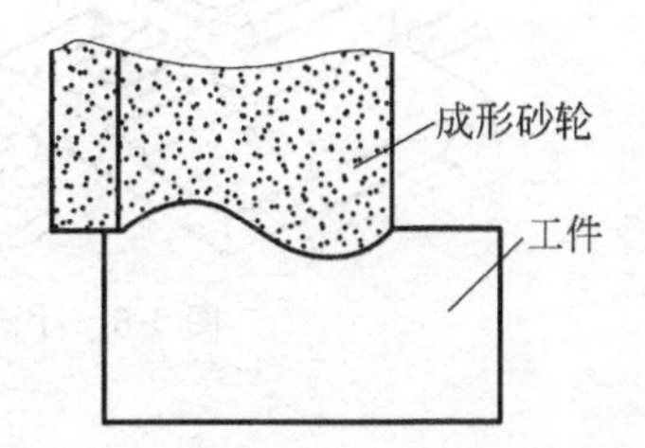

图 4-4 成形砂轮磨成形面

4.1.2 利用刀具和工件作特定的相对运动加工

1. 靠模法

车床上用靠模装置车削成形面如图 4-5 所示。将车床中滑板的丝杠和螺母脱开，连接板一端固定在中滑板上，另一端与滚柱连接。当床鞍纵向移动时，滚柱便沿着靠模的曲线槽移动，使车刀作相应的移动，加工出与靠模轮廓线相符的成形面。

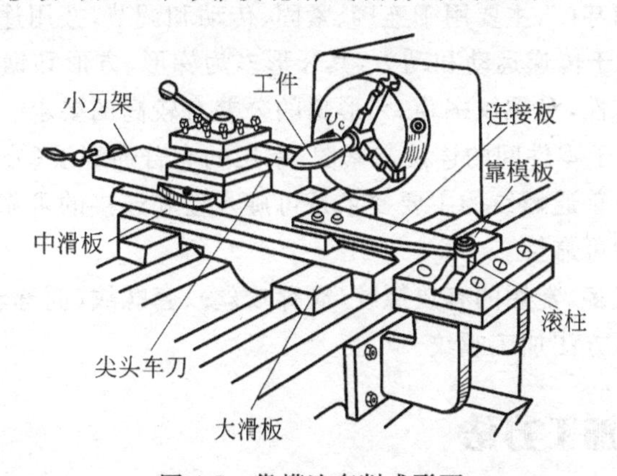

图 4-5 靠模法车削成形面

用靠模装置加工成形面，加工精度由靠模决定，生产率高，但靠模形状复杂，制造困难，成本高，适合在成批生产中车削长度较大、形状较为简单的成形面。

2. 手动控制法

车床上利用手动控制刀具与工件之间特定的相对运动，车削成形面，如图 4-6 所示。手动操作时，工人用双手同时控制刀架的纵、横向运动加工成形面，加工精度由工人的技术水平决定，加工质量较低，劳动强度大，生产率低，故只适用于单件小批生产。

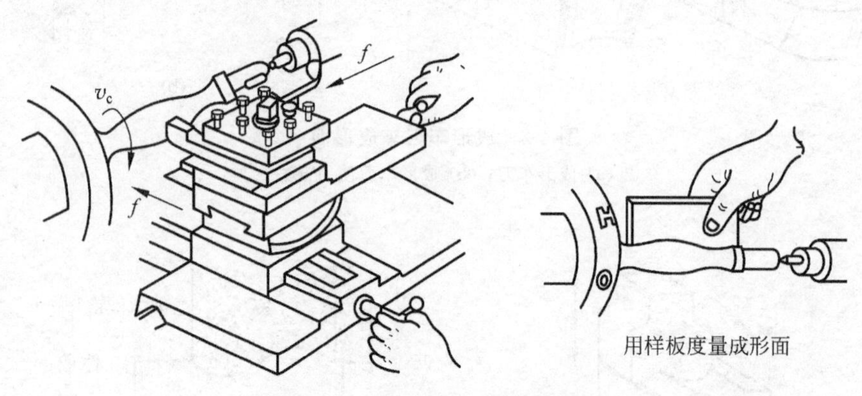

图 4-6 手动控制法车削成形面

为了保证加工质量，提高生产效率，可利用液压仿形装置或数控机床加工成形面。

利用刀具和工件作特定的相对运动来加工成形面，刀具比较简单，并且加工成形面的尺寸范围较大。但是机床的运动和结构都较复杂，成本也高。

大批量生产中，常采用专用刀具或专门化的机床来加工成形面，例如汽车发动机中的凸轮轴，就是采用凸轮轴车床和凸轮轴磨床进行加工的。

4.2 螺纹加工

螺纹在机器中应用甚广，主要用于连接、紧固、传动和调节，按用途不同可分为两类。

(1) 传动螺纹　用于传递运动和动力，其牙形多为梯形、方形和锯齿形。为了保证传动精度和传递动力的可靠性，对螺纹螺距、牙形角的公差有较高的要求。

(2) 连接螺纹　用于零件间的连接与紧固，常用的有普通螺纹(公制)和管螺纹(英制)，其牙形均为三角形。对普通螺纹的主要要求是可旋入性和连接的可靠性；对管螺纹的主要要求是密封性和连接的可靠性。

螺纹的加工方法很多，常用的有攻螺纹(简称攻丝)、套螺纹(简称套扣)、车削、铣削及磨削。此外也可采用滚压方法加工螺纹。

4.2.1 常用螺纹加工方法

1. 攻丝和套扣

攻丝和套扣是应用较广的螺纹加工方法。攻丝是用一定的扭矩将丝锥旋入工件上预钻的底孔中加工内螺纹。套扣是用板牙在棒料(或管料)工件上加工外螺纹。攻丝和套扣的加工精度取决于丝锥和板牙的精度。

加工内、外螺纹的方法虽然很多，但是螺纹直径小于 16mm 的内、外螺纹只能依靠丝锥和板牙加工。单件小批生产中，可以手工操作进行攻丝和套扣；当批量较大时，则应在车床、钻床、攻丝机或套丝机上进行。

由于攻丝和套扣的加工精度较低，因此主要用于加工精度要求不高的普通螺纹。

2. 车螺纹

在车床上车螺纹可采用螺纹车刀或螺纹梳刀。

(1) 螺纹车刀车削螺纹　螺纹车刀为具有螺纹牙形廓形的成形车刀，可用来加工各种形状、尺寸及精度的内、外螺纹，特别适于加工尺寸较大的螺纹，如图 4-7 所示。车螺纹时，车刀刀刃的形状必须与被车螺纹的轴向截面一致，刀刃必须在工件轴向截面内，刀杆轴线必须与工件轴线垂直或平行以获得准确的螺纹截面形状；而螺距则是通过调整机床的运动来保证的。

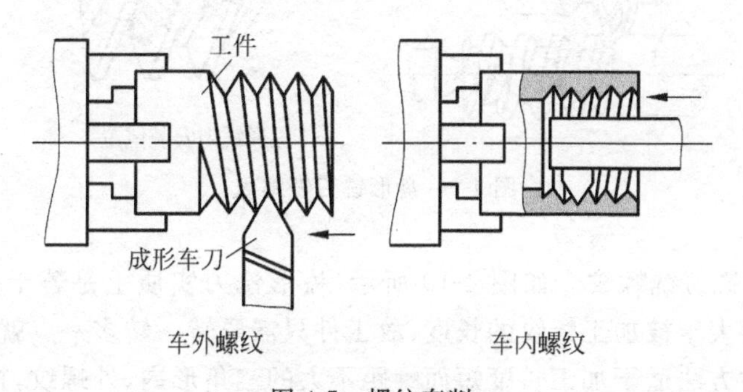

图 4-7　螺纹车削

用螺纹车刀车螺纹，刀具简单，可以使用通用设备，适应性广，但生产率较低，加工质量取决于工人的技术水平以及机床、刀具本身的精度，所以主要用于单件、小批生产。

(2) 螺纹梳刀车削螺纹　平体螺纹梳刀、棱体螺纹梳刀、圆体螺纹梳刀统称为螺纹梳刀，如图 4-8 所示。螺纹梳刀实质上是一种多齿的螺纹车刀，只要一次走刀就可切出完整的螺纹牙形，因而生产率较高。但是螺纹梳刀结构复杂、制造困难、加工螺纹精度不高。当加工不同螺距、头数、牙形角的螺纹时，必须更换相应的螺纹梳刀，故只适用于中、大批量生产。此外，螺纹附近有轴肩的工件，也不能用螺纹梳刀加工。

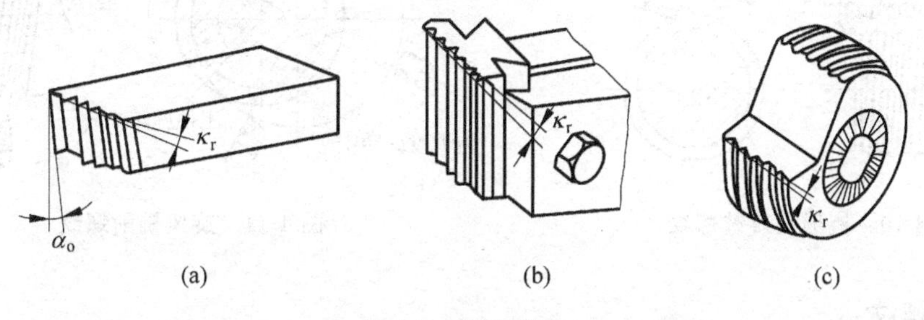

图 4-8　螺纹梳刀

(a) 平体螺纹梳刀；(b) 棱体螺纹梳刀；(c) 圆体螺纹梳刀

3. 铣螺纹

铣螺纹是在螺纹铣床上用螺纹铣刀加工螺纹。按所用铣刀结构的不同，铣螺纹可分为三种方法。

(1) 盘形螺纹铣刀铣螺纹　如图 4-9 所示，铣削时铣刀轴线与工件轴线倾斜成 λ 角（即螺纹升角）。刀具作旋转主运动，同时相对于工件作螺旋进给运动，即工件每转一转，刀具沿工件轴线移动一个螺距（多头螺纹为一个螺纹导程）。这种方法加工精度不高，一般用于大螺距梯形和矩形传动螺纹的粗加工。

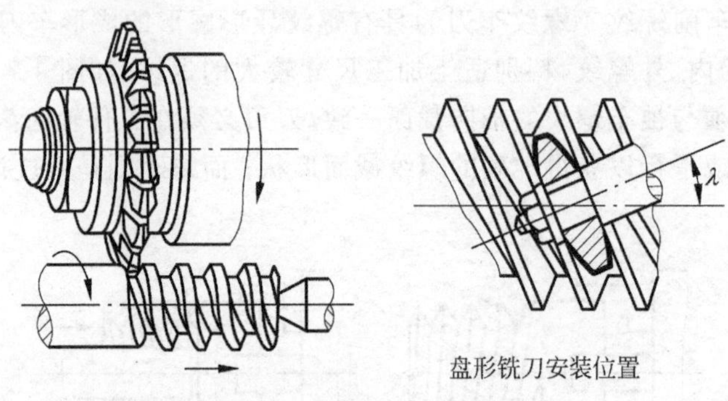

图 4-9　盘形铣刀铣螺纹

(2) 梳形螺纹铣刀铣螺纹　如图 4-10 所示，梳形铣刀实质上是若干盘形铣刀的组合，其工作部分的长度大于被加工螺纹的长度，故工件只需要转一转多一点就可切出全部螺纹，生产率很高。这种方法适于加工长度短而螺距不大的三角形内、外螺纹，特别是加工靠近轴肩或盲孔底部的螺纹，不需要退刀槽，但其加工精度较低。

(3) 旋风铣螺纹　如图 4-11 所示，旋风铣螺纹常在改装的车床上进行。装有数把硬质合金刀头的铣刀盘高速旋转，工件装在卡盘或顶尖上作慢速转动，工件每转一转，铣刀盘沿工件轴向作一个螺纹导程的纵向进给运动，便可加工出螺纹。这种方法生产率很高，但加工精度较低，故常用于大批量生产螺距较大的螺纹，常作为螺纹的粗加工。

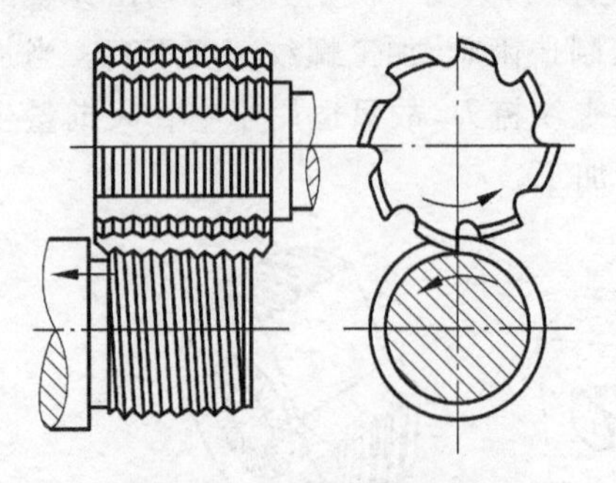

图 4-10　梳形铣刀铣螺纹

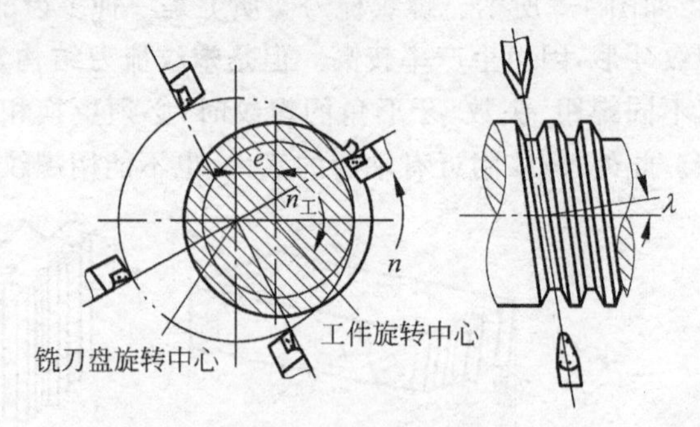

图 4-11　旋风铣削螺纹

4. 磨螺纹

磨螺纹通常在专用的螺纹磨床上进行，是螺纹的一种精加工方法，常用于淬硬螺纹的精加工，例如丝锥、螺纹量规、滚丝轮及精密螺杆上的螺纹，为了修正热处理引起的变形，提高加工精度，必须进行磨削。螺纹在磨削之前，可以用车、铣等方法进行预加工，而对于小尺寸的精密螺纹，也可以不经预加工而直接磨出。

根据所用砂轮的形状不同，外螺纹的磨削可以分为单片砂轮磨削和多片组合砂轮磨削两种方式，如图4-12所示。

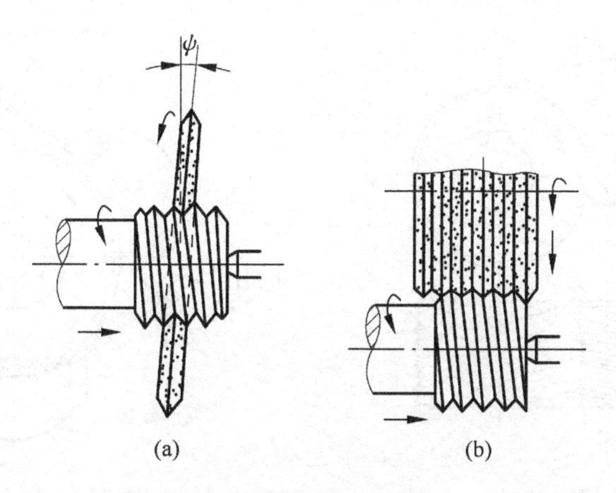

图4-12 螺纹的磨削

(a) 单片砂轮磨削；(b) 多片组合砂轮磨削

用单片砂轮磨螺纹，砂轮的修整较方便，加工精度较高，并且可以加工较长的螺纹。而用多片砂轮磨螺纹，工件只需旋转一转多一点就可以完成磨削，故生产效率高，但加工精度低，砂轮的修整也比较困难，且仅适于加工较短的螺纹。

4.2.2 滚压螺纹

滚压螺纹是一种无屑加工方法，工件在成形滚压工具的压力作用下产生塑性变形而获得螺纹。滚压螺纹一般在滚丝机、搓丝机或在附装自动开合螺纹滚压头的自动车床上进行，适用于大批量生产标准紧固件和其他螺纹连接件的外螺纹。

按滚压工具的不同，螺纹滚压可分为搓丝和滚丝两类。

1. 搓丝

如图4-13所示，两块带螺纹牙形的搓丝板错开1/2螺距相对放置，静板固定不动，动板作平行于静板的往复直线运动。当工件送入两板之间时，动板前进搓压工件，使其表面塑性变形而成螺纹。

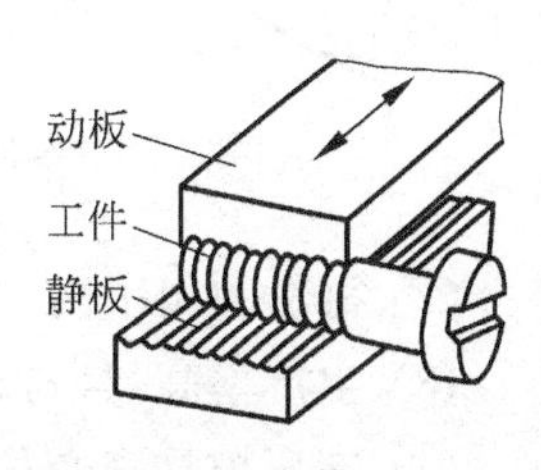

图4-13 搓丝

2. 滚丝

滚丝有三种方式：径向滚丝、切向滚丝和滚压头滚丝。

(1) 径向滚丝　如图4-14所示，两个(或三个)带螺纹牙形的滚丝轮安装在互相平行的轴上，工件放在两轮之间的支承上，两轮同向等速旋转，其中一轮还作径向进给运动。工件在滚丝轮带动下旋转，表面受径向挤压形成螺纹。对某些精度要求不高的丝杠，也可采用类似的方法滚压成形。

(2) 切向滚丝　又称行星式滚丝，如图 4-15 所示，滚压工具由一个旋转的中心滚丝轮和三块固定的弧形丝板组成。滚丝时，工件连续送进，故生产率比搓丝和径向滚丝高。

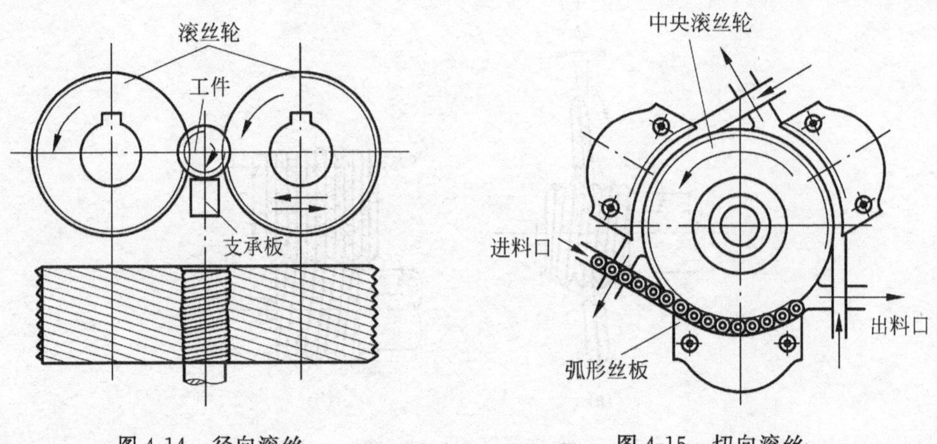

图 4-14　径向滚丝　　图 4-15　切向滚丝

(3) 滚压头滚丝　在自动车床上进行，滚压头有 3～4 个均布于工件外周的滚丝轮，如图 4-16 所示。滚丝时，工件旋转，滚压头轴向进给，将工件滚压出螺纹。该方法一般用于加工工件上的短螺纹。

滚压螺纹与切削螺纹相比，其主要优点如下：

(1) 螺纹强度和硬度提高　用滚压方法压制成的螺纹，材料的纤维未被切断(见图 4-17)，因而抗拉强度和抗剪强度比切削(如车削)出的螺纹要高。此外，滚压后的螺纹表面有冷作硬化，增加了螺纹的耐磨性能和使用寿命。

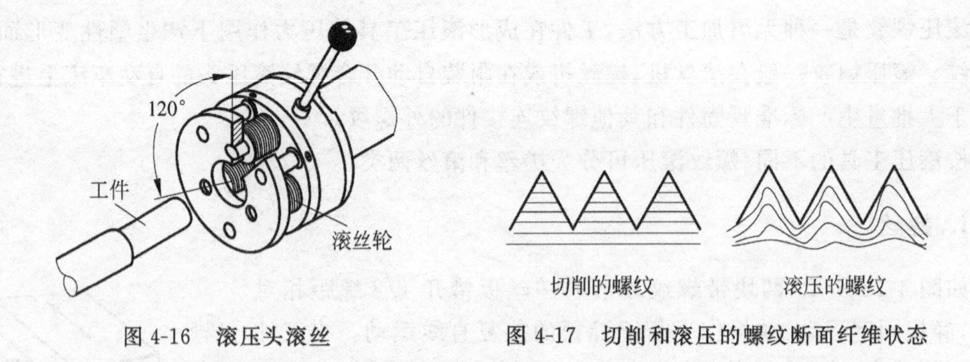

图 4-16　滚压头滚丝　　图 4-17　切削和滚压的螺纹断面纤维状态

(2) 材料利用率高　由于采用的杆状坯料直径小，可比螺纹切削节省材料 16%～25%。

(3) 生产率高，且易于实现自动化，适于成批、大量生产。

(4) 滚压模具寿命长。

但是滚压螺纹对毛坯尺寸精度要求较高，对滚压模具的精度和硬度要求也高，制造模具比较困难；要求工件材料的硬度不超过 40HRC；只能加工外螺纹。

4.3 齿轮齿形加工

齿轮在各种机械、仪器仪表中应用广泛，它是传递运动和动力的重要零件。齿轮齿形的加工方法有无屑加工和切削成形两大类。

(1) 齿形的无屑加工是近几年发展起来的新工艺，如热轧、冷挤、精锻、精密铸造及粉末冶金等，它具有生产率高、材料消耗少、成本低等优点，由于受材料塑性和加工精度的限制，目前应用还不广泛。

(2) 齿形的切削成形具有良好的加工精度，目前仍是齿形的主要加工方法。按其加工原理可以分为成形法和展成法两种。

① 成形法　利用与被加工齿轮齿槽法向截面形状相符的成形刀具切出齿形的方法。

② 展成法　利用齿轮刀具与被切齿轮保持啮合运动关系而切出齿形的方法。

本节仅就应用最广的圆柱齿轮齿形的加工方法加以介绍。

4.3.1 常用齿形加工方法

1. 铣齿

1) 铣齿原理

铣齿属于成形法加工，利用成形齿轮铣刀在万能铣床上加工齿轮齿形。加工时，铣刀装在刀杆上作旋转主运动，工件安装在分度头上，随工作台作直线进给运动。用盘形齿轮铣刀或指状齿轮铣刀，对齿轮的齿槽进行铣削，加工完一个齿槽后，进行分度，再铣下一个齿槽，直至加工出整个齿轮，如图 4-18 所示。

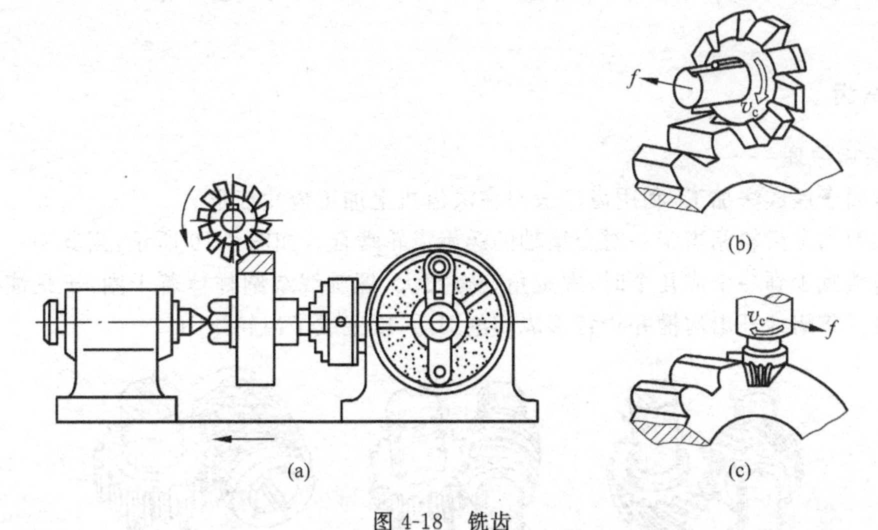

图 4-18　铣齿

(a) 铣齿方法；(b) 盘形齿轮铣刀铣削；(c) 指状齿轮铣刀铣削

模数 $m<8$ 的齿轮，一般在卧式铣床上用盘形铣刀铣削；模数 $m\geqslant8$ 的齿轮，用指状铣刀在立式铣床上铣削。

选用的齿轮铣刀，除了模数 m 和压力角 α 应与被切齿轮的模数、压力角一致外，还需根据齿轮的齿数选择相应的刀号。

由渐开线的形成原理可知，渐开线齿形是由齿轮的模数和齿数决定的。因此，要铣出准确的齿形，对于每种模数、齿数的齿轮，都必须有一把相应的铣刀，这将导致刀具数量非常多，既不经济也不便于管理。所以在实际生产中，将同一模数的齿轮，按其齿数划分为 8 组或 15 组，每组采用同一把铣刀加工，该铣刀齿形按所加工齿数组内的最小齿数齿轮的齿槽轮廓制作，以保证加工出的齿轮在啮合时不会产生干涉。表 4-1 列出了分成 8 组时，齿轮铣刀刀号及其加工齿数范围。

表 4-1 齿轮铣刀刀号及其加工齿数范围

刀 号	1	2	3	4	5	6	7	8
加工齿数范围	12～13	14～16	17～20	21～25	26～34	35～54	55～134	135 以上

2）铣齿的工艺特点

铣齿具有以下特点：

(1) 成本低　铣齿可以在普通铣床上进行，对于缺乏专用齿轮加工设备的工厂较为方便；另外，铣刀比其他齿轮刀具简单，故成本低。

(2) 生产率低　铣齿时，由于每铣一个齿槽都要重复进行切入、切出、退刀和分度的工作，辅助时间和基本工艺时间增加，导致生产率低。

(3) 加工精度低　由于铣刀分成若干组，每组铣刀加工范围内的齿轮除最小齿数的齿轮外，其他齿数的齿轮，只能获得近似齿形，产生齿形误差。另外，铣床所用的分度头是通用附件，分度精度不高，产生分齿误差，故铣齿的加工精度较低，一般只能加工出 10～9 级精度的齿轮。因此，铣齿仅适用于单件小批生产或维修工作中加工精度不高的低速齿轮。

2. 滚齿

1）滚齿原理

滚齿属于展成法加工，利用齿轮滚刀在滚齿机上加工齿轮齿形。

用滚刀加工齿轮相当于一对交错轴的螺旋齿轮啮合。如图 4-19 所示，当其中一个螺旋齿轮的齿数减少到一个或几个时，螺旋角变得很大，螺旋线绕圆柱体若干圈，于是演变成了一个蜗杆。将蜗杆开出沟槽并铲背形成切削刃后，就变成了齿轮滚刀。

图 4-19 滚齿的加工原理

滚齿时,滚刀与齿坯按啮合传动关系作相对运动,分布在螺旋线上的滚刀各刀齿相继切去齿槽中一薄层金属,刀齿切削刃一系列瞬时位置的包络线就形成工件的渐开线齿廓,如图 4-20 所示。

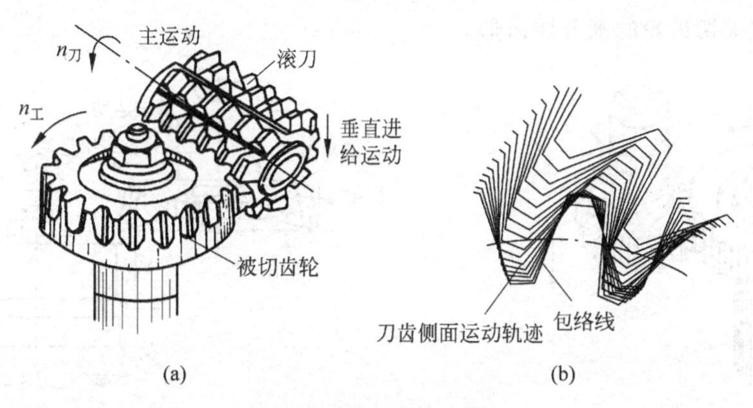

图 4-20 滚齿的加工过程

(a) 滚齿;(b) 滚齿过程中的渐开线

2) 滚齿运动

滚切直齿圆柱齿轮时必须有以下运动(见图 4-20):

(1) 主运动 滚刀的高速旋转。

(2) 分齿运动(又称展成运动) 保证滚刀和被切齿坯之间啮合关系的运动。即滚刀转一转,工件转 K/Z 转。其中,K 是滚刀的头数,Z 为齿轮齿数。

(3) 垂直进给运动 为了切出齿轮的全齿宽,滚刀须沿工件轴向作垂直进给运动。

3) 滚齿的工艺特点

(1) 加工精度高 由于滚齿机是加工齿轮的专门化机床,其结构和传动机构都是按加工齿轮的特殊要求而设计和制造的,分齿运动的精度高于万能分度头的分齿精度,齿轮滚刀的精度也比齿轮铣刀的精度高,不存在像齿轮铣刀那样的齿形误差。因此,滚齿的精度比铣齿高。在一般条件下,滚齿能保证 8~7 级精度,表面粗糙度为 $Ra3.2 \sim 1.6\mu m$,若采用精密滚齿,可以达到 6 级精度,而铣齿仅能达到 9 级精度。

(2) 生产率高 滚齿加工属于连续切削,无辅助时间损失,生产率一般比铣齿、插齿高。

(3) 加工齿轮齿数的范围较大 滚齿是按展成原理进行加工的,同一模数的齿轮滚刀,可以加工模数相同而齿数不同的齿轮。不像铣齿那样,每个刀号的铣刀适于加工的齿轮齿数范围较小。

在齿轮齿形的加工中,滚齿应用最广泛,它不但能加工直齿圆柱齿轮,还可以方便地加工斜齿圆柱齿轮及蜗轮等,但一般不能加工内齿轮和相距很近的多联齿轮。

3. 插齿

1) 插齿原理

插齿是利用插齿刀按展成法在插齿机上加工内、外齿轮或齿条等的齿面加工方法。

插齿的加工过程相当于一对直齿圆柱齿轮的啮合。如图 4-21 所示,插齿刀相当于一个磨出前角和后角并具有切削刃的齿轮,而齿轮坯则作为另一个齿轮。插齿时刀具沿工件轴线方向作高速的往复直线运动,同时还与相啮合的齿轮坯作无间隙的啮合运动,以便在齿坯上切出渐开线齿形。刀具每往复一次仅切出工件齿槽的很小一部分,刀具切削刃运动轨迹的包络线形成被切齿轮的渐开线齿形。

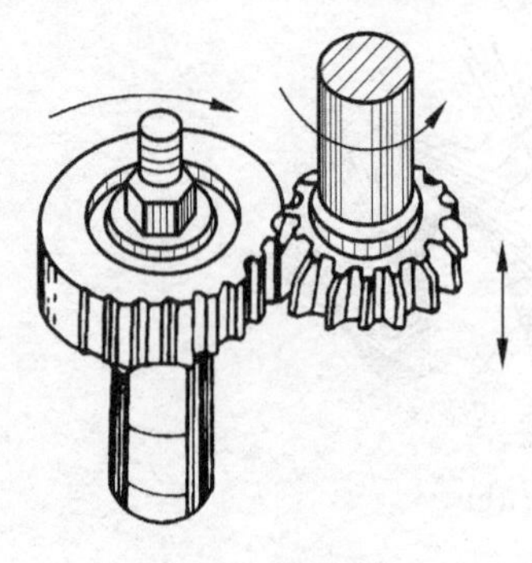

图 4-21 插齿原理

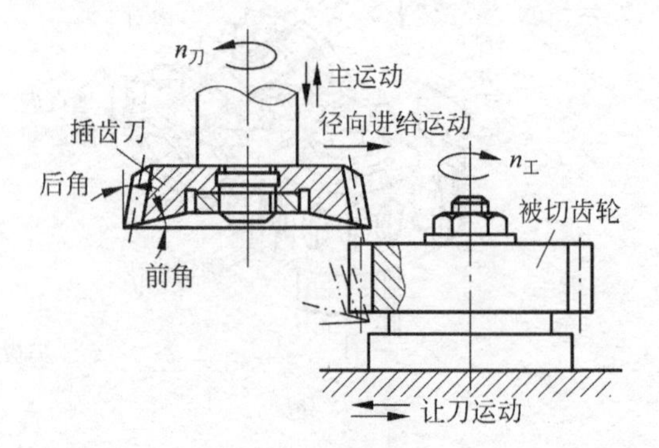

图 4-22 插齿加工

2) 插齿运动

插齿加工时,插齿机必须具备以下运动(见图 4-22):

(1) 主运动 插齿刀的上下往复运动,以每分钟的往复次数来表示,向下为切削行程,向上为返回行程。

(2) 展成运动 确保插齿刀和工件之间保持一对齿轮啮合关系的运动,即插齿刀每转过一个齿时,工件也必须转过一个齿。

(3) 圆周进给运动 展成运动只确定插齿刀和工件的相对运动关系,而运动快慢由圆周进给运动来确定。插齿刀每一往复行程在自身分度圆上所转过的弧长称为圆周进给量,其单位为 mm/str。

(4) 径向进给运动 为了逐渐切至工件的全齿深,插齿刀必须有径向进给运动。插齿刀每上下往复一次,径向移动的距离称为径向进给量。当达到全齿深时,机床便自动停止径向进给运动。

(5) 让刀运动 为了避免插齿刀在回程向上时擦伤已加工表面,工作台带动工件径向退让一段距离;当插齿刀工作行程开始前,工作台又带动工件复位。工作台所作的这种让开和恢复原位的运动称为让刀运动。

3) 插齿的工艺特点

同为展成法加工齿形,与滚齿相比,插齿有以下特点:

(1) 插齿精度与滚齿相当 由于插齿刀的制造、刃磨和检验均较滚刀简便,可制造得较精确,故可保证插齿的齿形精度高;但插齿机的分齿传动链较滚齿机复杂,传动误差较大。综合来看,插齿和滚齿的精度相当。

(2) 插齿的齿面粗糙度较小 插齿时,插齿刀沿齿宽连续地切下切屑,而在滚齿和铣齿时,轮齿齿宽是由刀具多次断续切削而成。此外,在插齿过程中,包络齿形的切线数量比较多,所以插齿的齿面粗糙度较小。

(3) 与滚齿相同,同一模数的插齿刀可以加工同模数各种齿数的齿轮。

(4) 生产率较低 插齿的主运动为往复直线运动,由于插齿刀切入切出时会产生冲击,其切削速度受到限制，并且插齿刀有空回行程，故插齿的生产率低于滚齿。

插齿的应用比较广泛，可以加工直齿和斜齿圆柱齿轮，尤其适于加工用滚刀难以加工的内齿轮、多联齿轮或带有台肩的齿轮等。

综上所述，与铣齿比较，尽管滚齿和插齿所使用的刀具及机床较复杂、成本较高，但由于加工质量好、生产效率高，在成批和大量生产中仍可收到很好的经济效果。即使在单件小批生产中，为了保证加工质量，也常常采用滚齿或插齿加工。

4.3.2 齿形精加工

铣齿、滚齿、插齿只能获得一般精度的齿形，对于7级精度以上、齿面粗糙度值小于$Ra0.4\mu m$的齿轮，往往需要在滚齿、插齿加工之后进行精加工。常用的齿形精加工方法有剃齿、珩齿和磨齿等。以下简述这三种加工方法的原理及应用。

1. 剃齿

剃齿是利用剃齿刀在专用剃齿机上对齿轮齿形进行精加工的一种方法，剃齿在原理上属于展成法加工。剃齿刀的外形很像一个斜齿圆柱齿轮，齿形做得非常准确，并在齿面上沿渐开线方向开有许多小沟槽以形成切削刃（见图4-23(a)）。剃齿时，工件与剃齿刀啮合并直接由剃齿刀带动旋转，剃齿刀齿面上众多的切削刃从工件齿面上剃下细丝状的切屑，提高了齿形精度，减少了齿面粗糙度。

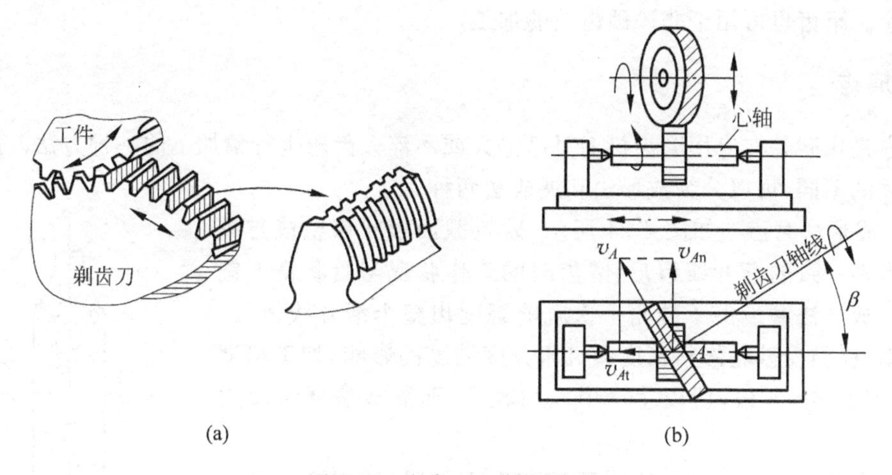

图4-23 剃齿刀和剃齿原理
(a) 剃齿刀；(b) 剃齿工作

当剃直齿圆柱齿轮时，剃齿刀与工件之间的运动情况如图4-23(b)所示。由于剃齿刀刀齿是倾斜的（螺旋角为β），为使它能与工件正确啮合，必须使其轴线相对于工件轴线倾斜一个β角。这样，剃齿刀在啮合点A的圆周速度v_A可以分解为沿工件圆周切线方向的分速度v_{An}和沿工件轴线方向的分速度v_{At}。v_{An}使工件旋转，v_{At}为剃齿刀与工件齿面的相对滑动速度，即剃削时的切削速度。为了剃削工件的整个齿宽，工件应由工作台带动作往复直线运动。工作台每次往复行程终了时，剃齿刀需作径向进给（工件齿面每次约剃去一层0.007～

0.03mm 的金属），以便逐渐剃去全部余量。在剃削过程中，剃齿刀时而正转，剃削轮齿的一个侧面；时而反转，剃削轮齿的另一个侧面。

剃齿主要用于提高齿形精度和齿向精度，降低齿面粗糙度值。由于剃齿加工时没有强制性的分齿运动，故不能修正齿轮的分齿误差。剃齿刀的耐用度和生产率较高，所用机床简单，调整方便，所以剃齿多用于在大批量生产中加工未经淬火（35HRC 以下）的直齿和斜齿圆柱齿轮，加工精度可达 7～6 级，齿面的粗糙度值可达 $Ra0.8 \sim 0.4\mu m$。当齿面硬度超过 35HRC 时，就不能用剃齿加工，而需要用珩齿或磨齿进行精加工。

2. 珩齿

珩齿是在珩磨机上用珩磨轮对齿轮进行精整加工的一种方法，其原理和运动与剃齿相同。

珩磨轮是用金刚砂及环氧树脂等浇铸或热压而成的，是具有很高齿形精度的斜齿圆柱齿轮，它的硬度极高，其外形结构与剃齿刀相似，只是齿面上无容屑槽，是靠磨粒进行切削的。

珩磨时，珩磨轮的转速高达 1000～2000r/min。当珩磨轮以高速带动工件旋转时，在工件齿面上产生相对滑动，切去一层很薄的金属，使齿面粗糙度值减小到 $Ra0.4\mu m$ 以下，生产率高。珩磨过程具有磨、剃、抛光等几种精加工的综合作用。

珩齿主要用于消除淬火后齿轮的氧化皮和毛刺，改善轮齿表面粗糙度（$Ra0.4 \sim 0.2\mu m$），对提高齿形精度作用不大。珩齿可作为 7～6 级淬火齿轮“滚→剃→淬火→珩”加工工艺的最后工序。珩齿也可用于非淬硬齿轮的加工。

3. 磨齿

磨齿是用砂轮在专用磨齿机上对已淬火或不淬火齿轮进行精加工的一种方法。磨齿按加工原理的不同，可以分为成形法和展成法两种。

(1) 成形法磨齿　如图 4-24 所示，砂轮截面形状修整成与被磨齿轮齿槽一致的渐开线齿形，磨齿时的工作状况与盘状铣刀铣齿相似。成形法磨齿由于砂轮一次就能磨削出整个渐开线齿面，故生产率高，但受砂轮修整精度和机床分度精度的影响，加工精度较低，一般为 6～5 级，所以生产中应用较少，而展成法磨齿应用较多。

(2) 展成法磨齿　根据所用砂轮和机床不同，展成法磨齿可分为锥形砂轮磨齿和双蝶形砂轮磨齿。

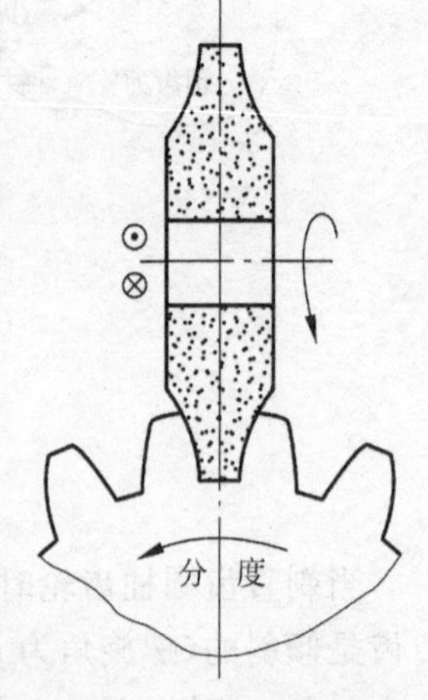

图 4-24　成形法磨齿

锥形砂轮磨齿如图 4-25(a)所示，砂轮的磨削部分修整成锥面，以构成假想齿条的齿面。磨削时，强制砂轮与工件保持齿条与齿轮的啮合运动关系，砂轮高速旋转的同时沿工件轴向作往复直线运动，以磨出全齿宽，工件则边转动边移动，从齿根向齿顶方向先后磨出一个齿槽的两侧面。之后砂轮退离工件，机床分度机构进行分度，使工件转过一个齿，磨削下一个齿槽的齿面，如此重复上述循环，直至磨完全部齿槽的齿面。

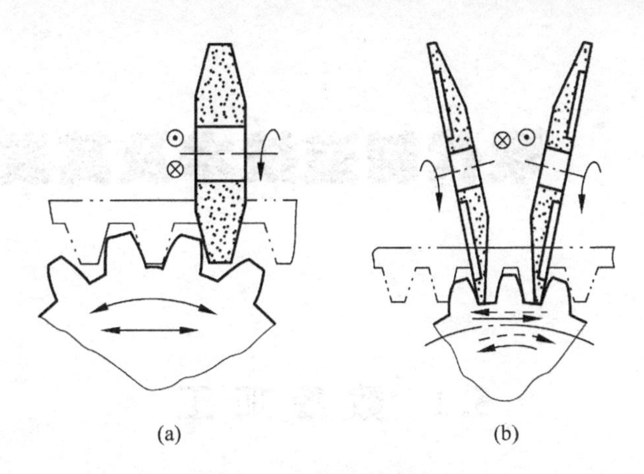

图 4-25 展成法磨齿
(a) 锥形砂轮磨齿；(b) 双蝶形砂轮磨齿

双蝶形砂轮磨齿如图 4-25(b)所示，将两个碟形砂轮倾斜成一定角度，其端面构成假想齿条两个齿的外侧面，同时对齿轮两个齿槽的侧面进行磨削，其原理同前述锥形砂轮磨齿相同。为了磨出全齿宽，工件沿轴向作往复进给运动。

展成法磨齿的加工精度较高，可达 6～4 级，齿面粗糙度值达 $Ra0.4\sim0.2\mu m$。由于齿面是由齿根至齿顶逐渐磨出，不像成形法磨齿一次成形，故生产率低于成形法磨齿，且磨齿机价格昂贵，所以磨齿仅适用于精加工齿面淬硬的高精度齿轮。

思考题与习题

1. 成形面的加工一般有哪几种方式？各有何特点？
2. 标准件厂生产外螺纹一般都用滚螺纹法，为什么？
3. 为什么在铣床上铣齿的精度和生产率皆较低？铣齿适用于什么场合？
4. 滚齿和插齿的工作原理有什么不同？各适用于加工什么样的齿轮？
5. 为什么滚齿和插齿的加工精度和生产率比铣齿高？滚齿和插齿的加工质量有什么差别？

现代制造技术及其发展

5.1 数控加工

数控(numerical control,NC)是用数字化信息对机构的运动过程进行控制的一种方法。应用数控技术对加工过程进行控制的机床,称为数控机床。

5.1.1 数控机床的组成及工作过程

数控机床主要由输入/输出设备、数控装置、伺服系统、辅助控制装置、测量装置及机床本体组成,如图5-1所示。

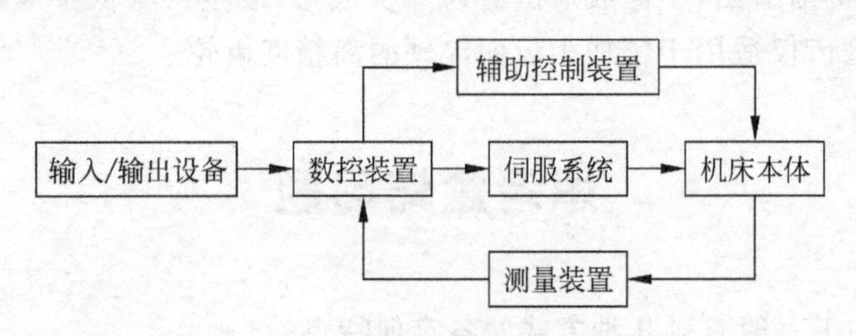

图5-1 数控机床的组成

利用数控机床加工零件时,先要对零件图进行工艺分析,确定零件加工的工艺过程、工艺参数和刀具数据,然后按规定的代码编写零件的加工程序,并输入到机床数控系统中,经其计算处理后,转成指令信号,通过伺服系统(步进电机等)使机床按规定动作运动,自动完成零件的加工。

1) 输入/输出设备

输入设备的作用是将控制介质(信息载体)上的数控代码传递并存入数控系统内。键盘、磁盘机等是数控机床的典型输入设备。除此以外,还可以用串行通信的方式输入。输出设备的作用是将数控程序、代码或数据进行打印或显示等。

数控系统一般配有CRT显示器或点阵式液晶显示器,显示的信息较丰富,并能显示图形。操作人员通过显示器获得必要的信息。

2) 数控装置

数控装置是数控机床的核心,主要包括微处理器(CPU)、存储器、局部总线、外围逻辑电路以及与数控系统的其他组成部分联系的接口等。其功能是接受输入信息,经过数控装置的控制软件和逻辑电路进行译码、插补、逻辑处理后，发出各种指令信息控制伺服系统，驱动执行部件运动。

3) 伺服系统

伺服系统是数控装置和机床本体的联系环节，由驱动器、驱动电机(有步进电机、直流伺服电机和交流伺服电机等)组成。它的作用是把来自数控装置的脉冲信号转换成机床移动部件的运动。对于步进电机来说，每一个脉冲信号使电机转过一个角度，进而带动机床移动部件移动一个微小距离，称为脉冲当量，常用的脉冲当量为 0.001mm/脉冲。每个进给运动的执行部件都有相应的伺服驱动系统，整个机床的性能主要取决于伺服系统。

4) 辅助控制装置

辅助控制装置的主要作用是接收数控装置输出的开关量指令信号，经过编译、逻辑判别和运算，再经功率放大后驱动相应的电器，带动机床的机械、液压、气动等辅助装置完成指令规定的开关量动作，如主轴电机的启动、停止、主轴转速调整、冷却泵启停及转位换刀等。辅助控制装置广泛使用可编程控制器 PLC。

5) 测量装置

测量装置也称反馈元件，包括光栅、旋转编码器、激光测距仪、磁栅等。通常安装在机床的工作台或丝杠上，相当于普通机床的刻度盘和人的眼睛，它把机床工作台的实际检测位移、速度转变成电信号反馈给数控装置，通过比较，计算实际位置与指令位置之间的偏差，并发出偏差指令控制机床向消除该偏差的方向移动。此外，由测量装置和显示环节构成的数显装置，可以在线显示机床移动部件的坐标值，大大提高了工作效率和工件的加工精度。

6) 机床本体

机床本体指的是数控机床机械机构实体，包括床身、主轴、进给机构等机械部件。由于数控机床是高精度和高生产率的自动化机床，它与传统的普通机床相比，具有更好的刚性、抗振性、传动精度及较小的热变形。

对于加工中心类的数控机床，还有存放刀具的刀库、交换刀具的机械手等部件。

5.1.2 数控加工的特点

(1) 加工精度高，质量稳定　数控机床本身制造精度高，且采用了位置检测装置，可进行各种误差补偿，提高了机床的控制精度；按程序自动加工，消除了人为因素对加工过程的干扰，提高了批量零件尺寸的一致性。因而加工精度高，质量稳定，尺寸精度在 0.005～0.01mm 之间，不受零件复杂程度的影响。

(2) 生产率高　数控机床刚性好，可采用较大的切削用量，减少了机动时间；加工过程按程序自动完成，不需划线，可自动换刀，一次安装完成粗、精加工，无需中途停车检测，极大地缩短了加工的辅助时间，从而提高了生产率。

(3) 适应性强、柔性好　改变加工对象时，除了更换刀具和解决毛坯装夹方式外，只需重新编程即可，不需要作其他任何复杂的调整，从而缩短了生产准备周期。适于多品种、小批量生产和形状复杂、精度要求高的零件加工。

(4) 便于新产品研制和改型　当产品改型，更改设计时，只要改变程序，而不需要重新设计工装。所以，数控加工能大大缩短产品研制周期，为新产品的研制开发、产品的改进、改型提供了捷径。

(5) 易于建立与计算机间的通信联络，容易实现群控　由于机床采用数字信息控制，易于与计算机辅助设计系统连接，形成 CAD/CAM 一体化系统，并且可以建立各机床间的联系，容易实现群控。

5.1.3 数控机床的分类

1. 按工艺用途分类

(1) 金属切削类数控机床　指具有切削功能的数控机床，如数控车床、数控铣床、数控镗床、数控钻床和加工中心等。

(2) 金属成形类数控机床　指采用冲、压、挤、拉等成形工艺的数控机床，如数控冲压机、数控弯管机、数控折弯机等。

(3) 现代加工类数控机床　指采用现代加工技术的数控机床，如数控电火花、数控线切割、激光加工机床等。

(4) 其他类数控机床　如数控等离子切割、火焰切割、点焊机、三坐标测量机等。

2. 按运动方式分类

(1) 点位控制数控机床　如图 5-2(a)所示，数控系统只控制刀具从一点到另一点的准确位置，而不控制两点间的运动轨迹，各坐标轴之间的运动是不相关的，在移动过程中刀具不加工。这类数控机床主要有数控钻床、数控坐标镗床、数控冲床等。

(2) 直线控制数控机床　如图 5-2(b)所示，数控系统除了控制起点与终点之间的准确位置外，还要保证两点间的移动轨迹为一平行坐标轴的直线，并且对移动速度也要进行控制，也称点位直线控制。这类数控机床主要有比较简单的数控车床、数控铣床、数控磨床等。单纯用于直线控制的数控机床已不多见。

(3) 轮廓控制数控机床　如图 5-2(c)所示，轮廓控制的特点是能够对两个或两个以上的运动坐标的位移和速度同时进行连续相关的控制，它不仅要控制机床移动部件的起点与终点坐标，而且要控制整个加工过程的每一点的速度、方向和位移量，也称为连续控制数控机床。这类数控机床主要有数控车床、数控铣床、数控线切割机床、加工中心等。

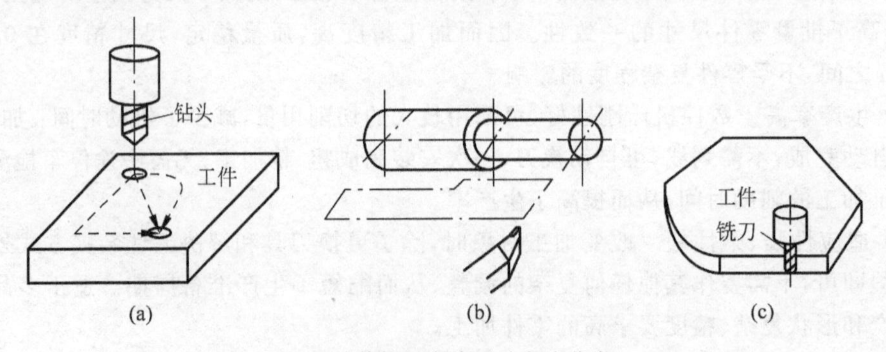

图 5-2　数控机床按运动方式分类

(a) 点位控制；(b) 直线控制；(c) 轮廓控制

3. 按伺服控制方式分类

(1) 开环控制数控机床　如图 5-3 所示，工作台不带位置检测反馈装置，通常用步进电机作为执行机构，通过机械传动机构带动工作台作直线移动，工作台的位移精度主要取决于步进电机和传动机构的精度。这类机床结构简单、调试维修方便、成本低，但是速度及精度较低。由步进电机驱动的中小型数控机床多属此类型。

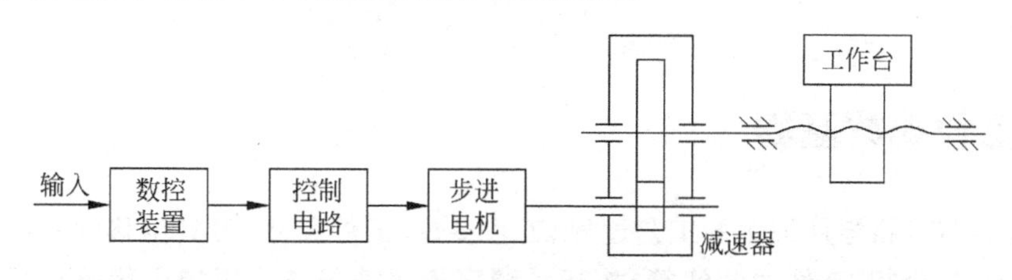

图 5-3　开环控制系统框图

(2) 闭环控制数控机床　如图 5-4 所示，工作台上装有位置检测反馈装置，将测量结果直接反馈到数控装置中，通过反馈可消除从电动机到机床移动部件整个机械传动链中的传动误差。这类机床定位精确，但结构复杂，成本高，适用于精度要求很高的数控机床。

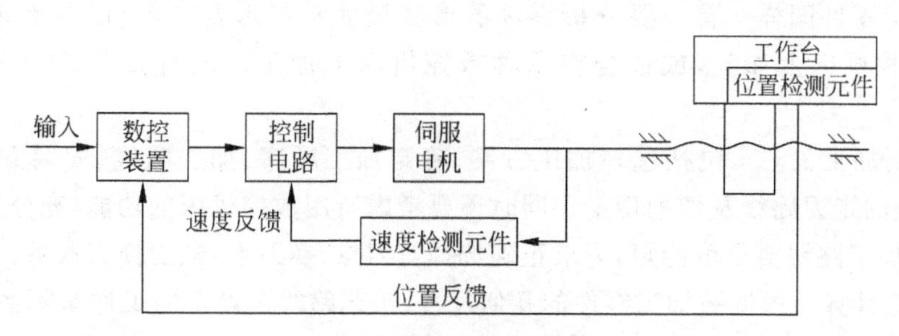

图 5-4　闭环控制系统框图

(3) 半闭环控制数控机床　如图 5-5 所示，在电机的端头或丝杠的端头安装检测元件(如感应同步器或光电编码器等)，通过检测其转角来间接检测移动部件的位移，然后反馈到数控系统中。由于大部分机械传动环节未包括在系统闭环环路内，因此可获得较稳定的控制特性。其控制精度虽不如闭环控制数控机床，但调试比较方便，因而被广泛采用。

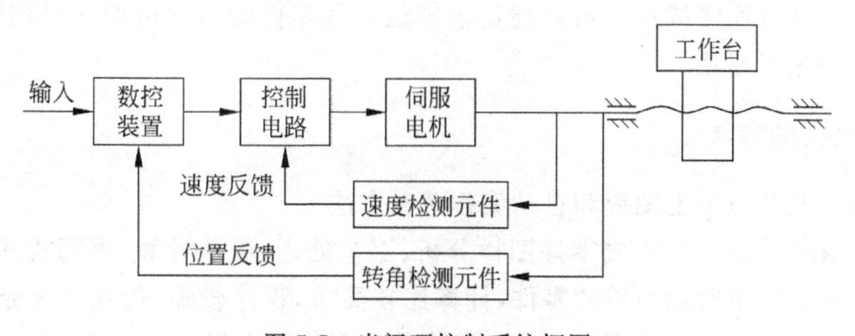

图 5-5　半闭环控制系统框图

4. 按功能水平分类

通常可把数控机床划分为低、中、高档三类。这种划分方式的界限是相对的，不同时期划分标准会有所不同。其中，中、高档一般称为全功能数控或标准型数控。在我国还有经济型数控的提法，经济型数控属于低档数控，是指由单片机和步进电机组成的数控系统，或其他功能简单、价格低的数控系统。经济型数控主要用于车床、线切割机床以及旧机床改造等。

5.1.4 数控编程基础

数控编程就是将零件加工的工艺过程、工艺参数、工件尺寸、刀具位移的方向及其他辅助动作（如换刀、冷却、工件的装卸等）按运动顺序依照编程格式用指令代码编写程序单的过程。

1. 数控编程的内容和步骤

数控编程的主要内容有：分析零件图样、分析加工工艺、数值计算、编写零件加工程序、输入程序、程序校验及首件试切。

（1）分析零件图样　首先要分析零件的形状尺寸和技术要求等，以便确定该零件是否适合在数控机床上加工，或适合在哪种数控机床上加工。同时要明确加工的内容和要求。

（2）分析加工工艺　包括选择加工方案、确定加工顺序、加工路线、安装方式、选择刀具、确定合理的走刀路线及切削用量。同时还要考虑所用数控机床的功能，充分发挥数控机床的效能。加工路线要尽可能短，力求正确选择对刀点、换刀点，减少换刀次数。

（3）数值计算　根据被加工零件的几何尺寸、工艺路线及设定的工件坐标系，计算刀具中心运动轨迹，以获得刀位数据。对于形状简单的零件，只需计算出轮廓轨迹的起点、终点、圆弧圆心、几何元素的交点或切点的坐标值；对于复杂的零件轨迹，需要用直线段或圆弧段逼近，并计算出其节点坐标值。

（4）编写零件加工程序　根据加工路线、切削用量、刀具号码、刀具补偿量、机床辅助动作及刀具运动轨迹，按照数控系统使用的指令代码和程序段的格式编写零件加工的程序单。

（5）输入程序　在操作面板上把编制的数控加工程序输入数控装置，通常有手工输入和经通信接口自动输入两种方式。

（6）程序校验与首件试切　可以通过模拟运行及零件的首件试切，来检验程序并修正零件实际切削的加工偏差。

2. 数控编程的方法

数控编程一般分为手工编程和自动编程两种方法。

（1）手工编程　由人工完成零件图样分析、工艺处理、数值计算、书写程序清单直到程序的输入和检验。对于形状简单的零件，计算比较简单，程序较短，但编制复杂零件的程序时，容易出错，所以手工编程适用于点位加工或几何形状不太复杂的零件。

(2) 自动编程　使用计算机完成数控加工程序的编制。编程人员只需根据零件图样的要求，对计算机提示的参数进行选择和设置，由计算机自动地进行数值计算、后置处理，编写出零件加工程序单，并通过直接通信的方式送入数控机床，控制数控机床工作。自动编程适用于形状复杂的零件。

现在广泛使用的自动编程是CAD/CAM图形交互自动编程，它是利用CAD软件的图形编辑功能将零件的几何图形绘制到计算机上，经刀具轨迹数据进行计算和后置处理，自动生成数控加工程序。整个过程一般都是在计算机图形交互环境下完成的，具有形象、直观和高效的优点。

3. 数控机床的坐标系

1) 机床坐标系

为了便于编程时描述机床的运动，简化程序的编制及保证程序的互换性，国际标准化组织ISO和JB 3051—1982均颁布了相应的数控标准，对数控机床的坐标系和运动方向作了明文规定。

(1) 坐标系的确定原则

JB 3051—1982规定：无论机床的具体结构是工件静止、刀具运动，还是工件运动、刀具静止，在确定坐标系时，一律看做是工件相对静止、刀具运动，并同时规定，增大工件和刀具之间距离的方向是机床运动的正方向。

(2) 机床坐标系的规定

为了确定机床上的成形运动和辅助运动，必须先确定机床上运动的方向和运动的距离，这就需要一个坐标系才能实现，这个坐标系称为机床坐标系，也叫标准坐标系。

标准的机床坐标系采用右手笛卡儿直角坐标系(即右手定则)，如图5-6所示。图中规定了X、Y、Z三个直角坐标轴的关系：用右手的拇指、食指和中指分别代表X、Y、Z三轴，三个手指互相垂直，所指方向即为X、Y、Z的正方向。围绕X、Y、Z各轴的旋转运动分别用A、B、C表示，其正向用右手螺旋法则确定。与$+X$、$+Y$、$+Z$、$+A$、$+B$、$+C$相反的方向分别用带“′”的$+X'$、$+Y'$、$+Z'$、$+A'$、$+B'$、$+C'$表示。

对于工件运动而刀具相对静止的机床，必须将前述为刀具运动所作的规定，作相反的安排，用带“′”的字母表示，如$+Y'$，表示工件相对于刀具的正向运动，而$+Y$则表示工件相对于刀具的负向运动。二者表示的运动方向正好相反。

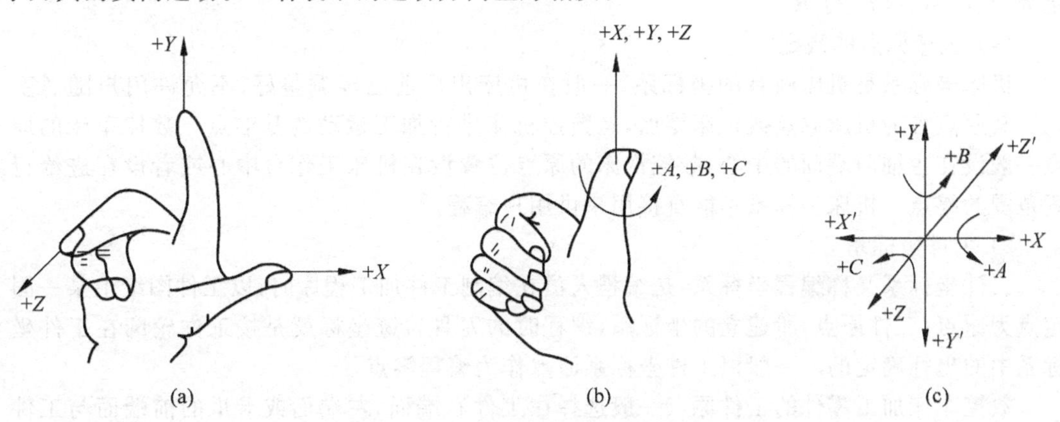

图5-6　右手直角笛卡儿坐标系

(3) 坐标轴的规定

在确定机床坐标轴时,一般先确定 Z 轴,然后确定 X 轴和 Y 轴,最后确定其他轴。

① Z 坐标轴　对于有主轴的机床(如卧式车床、立式升降台铣床等),与主轴轴线方向平行的坐标轴即为 Z 轴,如图 5-7 所示;如果机床没有主轴(如刨床等),则以与装夹工件的工作台面相垂直的直线作为 Z 轴方向;如果机床有几根主轴(如龙门铣床等),则选择一个垂直于工作台面的主轴为 Z 轴。同时规定刀具远离工件的方向作为 Z 轴的正方向。例如在钻镗加工中,钻入和镗入工件的方向为 Z 坐标的负方向,而退出为正方向。

② X 坐标轴　X 轴规定为在水平面内平行于工件的安装面且垂直于 Z 轴,这是在刀具或工件定位平面内运动的主要坐标。对于工件旋转的机床(如车床、磨床等),取水平面内垂直于工件旋转中心的方向为 X 轴,且刀具离开工件旋转中心的方向为 X 轴正方向,如图 5-7(a)所示。对于刀具旋转的机床,若主轴是垂直的(如立式铣床、立式钻床等),从主轴向立柱看,立柱右侧规定为 X 轴的正方向,如图 5-7(b)所示。若主轴是水平的(如卧式升降台铣床等),从主轴向工件看,主轴右侧规定为 X 轴的正方向。对于无主轴的机床,则规定主要切削方向为 X 轴的正方向。

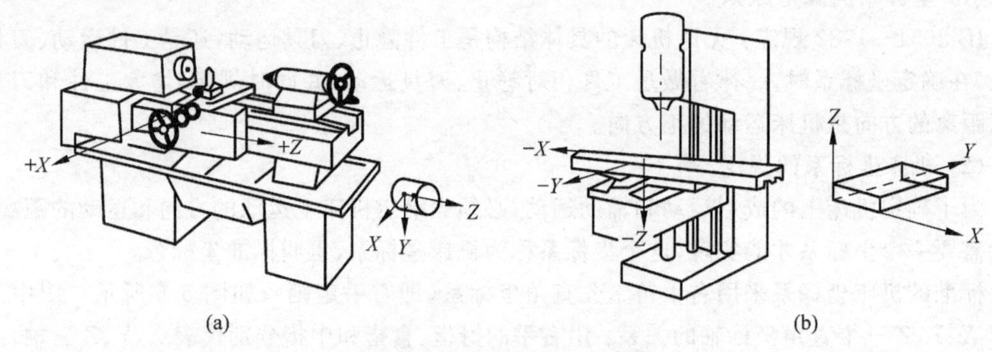

图 5-7　机床坐标方向示意图

(a) 卧式车床坐标系;(b) 立式铣床坐标系

③ Y 坐标轴　Y 坐标轴垂直于 X、Z 坐标轴,其正方向可根据已选定的 X 和 Z 坐标的正方向,按照右手直角笛卡儿坐标系来判断。

④ 附加轴　除 X、Y、Z 坐标以外,如果还有第二或第三组平行于它们的坐标,可分别指定为 U、V、W 和 P、Q、R。

(4) 机床原点的规定

机床坐标系是机床固有的坐标系,一般在机床出厂前已经调整好,不允许用户随意变动。其原点称为机床原点或机床零点,是数控机床进行加工运动的基准点。数控车床的原点一般设在主轴前端面的中心,数控铣床的原点位置设在机床工作台中心或者设在进给行程范围的终点。机床坐标系不能直接用来供用户编程。

2) 工件坐标系

工件坐标系又称编程坐标系,是编程人员在编制工件加工程序时,以工件图纸上某一固定点为原点(工件原点)所建立的坐标系,编程时的刀具轨迹坐标就是按工件轮廓在工件坐标系中的坐标确定的。一般以工件坐标系原点作为编程零点。

数控车床加工零件的工件原点一般选择在工件右端面、左端面或卡爪的前端面与工件轴线的交点上。

3）绝对坐标与相对坐标

绝对坐标是指所有坐标点的坐标值都是从坐标原点计量。如图 5-8 所示，从 A 点移动到 B 点，以绝对坐标计算，A 点的坐标表示为（$X12$，$Y15$）；B 点的坐标表示为（$X30$，$Y35$）。

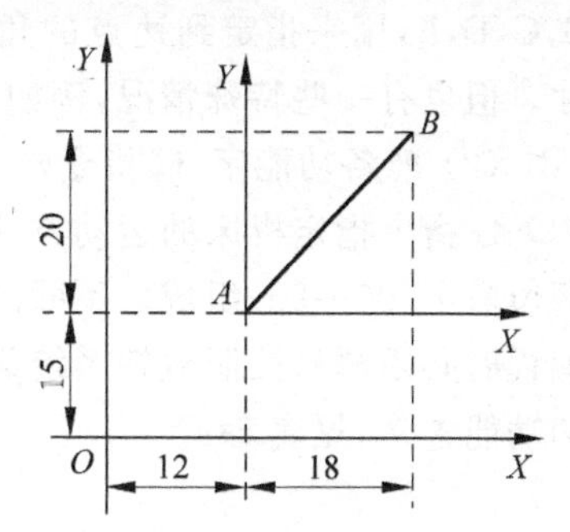

图 5-8　绝对坐标与相对坐标

相对坐标（增量坐标）指运动轨迹的终点坐标是相对于起点计量。以相对坐标计算，A 点的坐标表示为（$X0$，$Y0$）；B 点的坐标表示为（$X18$，$Y20$）。

4）数控机床的对刀

零件加工前需要进行对刀操作，目的是确定工件坐标系原点在机床坐标系中的位置，只有通过对刀建立工件坐标系，才能实现零件的正确加工。

4. 数控加工程序的结构与格式

1）数控程序的结构

一个完整的数控加工程序由程序号、程序内容和程序结束段三部分组成。例如，某一加工程序：

```
O0001;                                   程序号
N001 G92 X40.0 Y30.0;              ⎫
N002 G90 G00 X28.0 T01 S800 M03;   ⎪
N003 G01 X-8.0 Y8.0 F200;          ⎬     程序内容
……                                 ⎪
N120 G00 X40.0;                    ⎭
N121 M30;                                程序结束段
```

每个程序都要有程序号。在 FANUC 数控系统中，一般采用英文字母 O 作为程序号地址，而其他数控系统则分别采用“P”、“L”、“%”以及“:”等不同形式。程序内容部分是整个程序的核心，它由许多程序段组成，每个程序段由一个或多个指令构成，表示数控机床要完成的全部动作。程序结束段以程序结束指令 M02 或 M30 作为整个程序结束的符号。

2）程序段格式

程序内容由若干个程序段组成，程序段由若干个字组成，每个功能字由字母和数字组成。例如一个程序段：

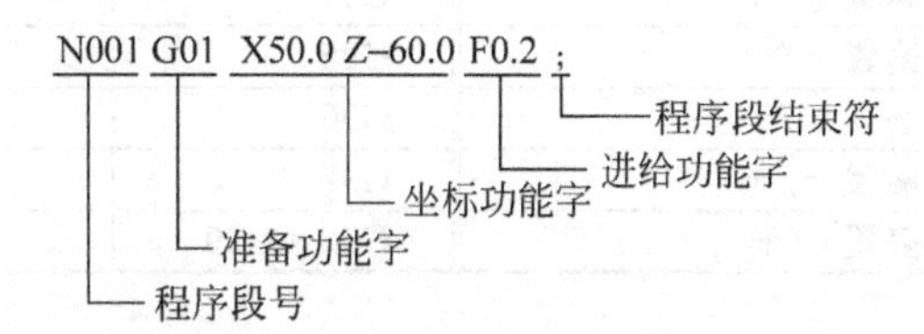

3）常用编程指令（功能字）

功能字也叫程序字或指令，是机床数字控制的专用术语。

(1) 坐标功能字

坐标功能字用来设定机床各坐标的位移量，由坐标地址符及数字组成，地址符可以分为三组：第一组是 X，Y，Z，U，V，W，P，Q，R，用来指定到达点的直线坐标尺寸；第二组是 A，

B,C,D,E,用来指定到达点的角度坐标；第三组是I,J,K,用来指定圆弧圆心点的坐标尺寸。但也有一些特殊情况,例如有些数控系统用P指定暂停时间,用R指定圆弧半径等。

(2) 准备功能字(G指令)

G指令指定机床的运动方式,为数控系统的插补运算作准备,由准备功能地址符“G”和两位数字(00～99)组成。不同的数控系统,其G指令的功能并不相同,有些甚至相差很大,编程时必须严格按照数控系统编程手册的规定编制程序。JB 3208—1983规定了G功能字的功能含义,见表5-1。

表5-1 准备功能G代码表

代码	功能	代码	功能
G00	快速点定位	G50	刀具偏置0/－
G01	直线插补	G51	刀具偏置＋/0
G02	顺时针方向圆弧插补	G52	刀具偏置－/0
G03	逆时针方向圆弧插补	G53	取消直线偏移
G04	暂停	G54	直线偏移 *X*
G05	不指定	G55	直线偏移 *Y*
G06	抛物线插补	G56	直线偏移 *Z*
G07	不指定	G57	直线偏移 *XY*
G08	加速	G58	直线偏移 *XZ*
G09	减速	G59	直线偏移 *YZ*
G10～G16	不指定	G60	准确定位1(精)
G17	*XY* 平面选择	G61	准确定位2(中)
G18	*ZX* 平面选择	G62	快速定位(粗)
G19	*YZ* 平面选择	G63	攻丝
G20～G32	不指定	G64～G67	不指定
G33	等螺距螺纹切削	G68	刀具偏置,内角
G34	增螺距螺纹切削	G69	刀具偏置,外角
G35	减螺距螺纹切削	G70～G79	不指定
G36～G39	永不指定	G80	取消固定循环
G40	取消刀具补偿/刀具偏置	G81～G89	固定循环
G41	刀具补偿(左)	G90	绝对尺寸
G42	刀具补偿(右)	G91	增量尺寸
G43	刀具偏置(正)	G92	预置寄存
G44	刀具偏置(负)	G93	时间倒数,进给率
G45	刀具偏置＋/＋	G94	每分钟进给
G46	刀具偏置＋/－	G95	主轴每转进给
G47	刀具偏置－/－	G96	恒线速度
G48	刀具偏置－/＋	G97	每分钟转数(主轴)
G49	刀具偏置0/＋	G98～G99	不指定

① 快速定位指令G00

G00命令刀具以点位控制方式从当前位置快速移动到指令给出的目标位置,只能用于快速定位,不能用于切削。其程序格式为

G00 X_ Y_ Z_

其中,X_ Y_ Z_是终点的坐标。

② 直线插补指令 G01

G01 是直线运动指令，命令刀具或工件以给定的进给速度移动到指定的位置，其程序格式为

```
G01 X_ Y_ Z_ F_;
```

其中，X_ Y_ Z_为终点坐标，F 为进给速度，单位 mm/min。

③ 坐标平面选择指令 G17、G18、G19

G17、G18、G19 分别指定工件在 *XY*、*ZX*、*YZ* 平面上进行插补加工，即圆弧插补和刀具补偿时须用此指令。数控铣等常用这些指令指定机床在哪一平面内进行插补运动。

④ 圆弧插补指令 G02/G03

G02/G03 是圆弧运动指令，命令刀具在给定平面内以一定进给速度切削出圆弧轮廓。G02 为顺时针圆弧插补指令，G03 为逆时针圆弧插补指令，*ZX* 平面上圆弧顺、逆方向的判别方法如图 5-9 所示，沿着不在圆弧平面内的坐标轴，即 *Y* 轴，由正方向向负方向看，顺时针方向为 G02，逆时针方向为 G03。其程序格式为：

```
在 X-Y 平面上的圆弧，
G17 G02/G03 X_ Y_ I_ J_ F_ /R_;
在 Z-X 平面上的圆弧，
G18 G02/G03 X_ Z_ I_ K_ F_ /R_;
在 Y-Z 平面上的圆弧，
G19 G02/G03 Y_ Z_ J_ K_ F_ /R_;
```

X_ Y_ Z_是圆弧终点的坐标；I_ J_ K_是圆心相对圆弧起点在 *X*、*Y*、*Z* 轴上的坐标，图 5-10 所示为在 *X*、*Z* 平面上确定 I、K 的值；R_是圆弧半径，如超过 180°，则为负值，此种编程只适于非整圆的圆弧插补，不适于整圆加工；F_为进给速度。

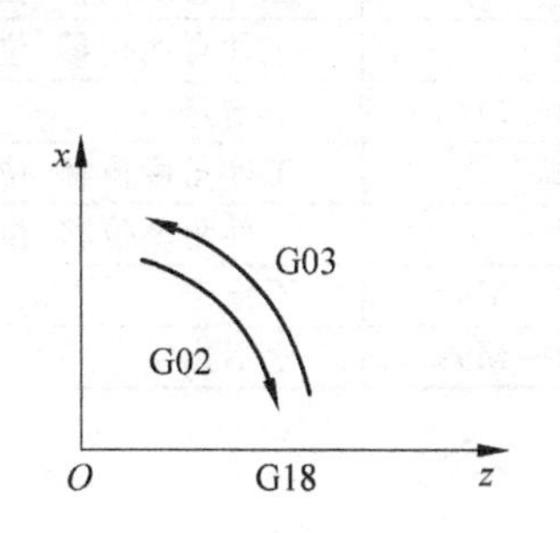

图 5-9 圆弧顺逆方向的判别

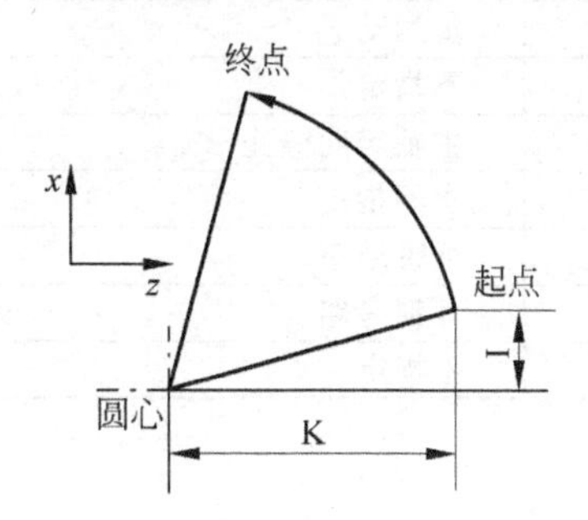

图 5-10 I、K 的确定

(3) 进给功能字(F 指令)

F 指令指定刀具相对工件的运动速度，用字母 F 和它后面的数字表示，单位为 mm/min(铣削时常用)或 mm/r(车削时常用)，如 F200 表示进给速度为 200mm/min。

(4) 主轴速度功能字(S 指令)

S 指令指定主轴旋转速度，用字母 S 和数字表示，单位为 r/min，如 S800 表示主轴转速为 800r/min。

(5) 刀具功能字(T 指令)

当系统具有换刀功能时，T 指令用来指定加工时所使用的刀具号，一般由地址符 T 和

二位数字组成，该数代表刀具的编号，并且多数系统使用 M06 换刀指令。如：M06 T05 表示将原来的刀具换成 5 号刀。

(6) 辅助功能字(M 指令)

M 指令由地址符 M 和两位数字(00～99)组成。M 指令用来指定数控机床辅助装置的接通和断开，表示机床各种辅助动作及其状态。需要特别注意的是，M 指令与 G 指令一样，其标准化程度也不高。JB 3208—1983 规定了 M 功能字的功能含义，见表 5-2。

表 5-2 辅助功能 M 代码表

代码	功 能	代码	功 能
M00	程序停止	M36	进给范围 1
M01	计划停止	M37	进给范围 2
M02	程序结束	M38	主轴速度范围 1
M03	主轴顺时针方向	M39	主轴速度范围 2
M04	主轴逆时针方向	M40～M45	如果需要时，作齿轮换挡，此外不指定
M05	主轴停止		
M06	换刀	M46～M47	不指定
M07	2 号冷却液开	M48	注销 M49
M08	1 号冷却液开	M49	进给率修正旁路
M09	冷却液关	M50	3 号冷却液开
M10	夹紧	M51	4 号冷却液开
M11	松开	M52～M54	不指定
M12	不指定	M55	刀具直线位移，位置 1
M13	主轴顺时针方向，冷却液开	M56	刀具直线位移，位置 2
M14	主轴逆时针方向，冷却液开	M57～M59	不指定
M15	正运动	M60	更换工件
M16	负运动	M61	工件直线位移，位置 1
M17～M18	不指定	M62	工件直线位移，位置 2
M19	主轴定向停止	M63～M70	不指定
M20～M29	永不指定	M71	工件角度位移，位置 1
M30	纸带结束	M72	工件角度位移，位置 2
M31	互锁旁路	M73～M89	不指定
M32～M35	不指定	M90～M99	永不指定

5.1.5 数控加工手工编程

对于数控车床和数控铣床来说，采用不同的数控系统其编程方法也不尽相同，这里以国内市场上影响较大的日本发那克公司的 FANUC OI 系统编程语言为例，介绍数控车削和数控铣削程序的编制。例题中所用到的指令若与前述相同，不再重复。

1. 数控车削程序的编制

1) 数控车床的编程特点

(1) 工件坐标系

工件坐标系应与机床坐标系的坐标方向一致，X 轴对应径向，Z 轴对应轴向，C 轴（主轴)的运动方向则以从机床尾架向主轴看,逆时针为$+C$向,顺时针为$-C$向。工件坐标系的原点选在便于测量或对刀的基准位置,一般在工件的右端面或左端面上。

(2) 直径编程方式

在数控车削的程序中,X轴的坐标值取为零件图样上的直径值,如图5-11所示,A点的坐标值为(30,80),B点的坐标值为(40,60)。采用直径尺寸编程与零件图样中的尺寸标注一致,这样可避免尺寸换算过程中可能造成的错误,给编程带来很大方便。

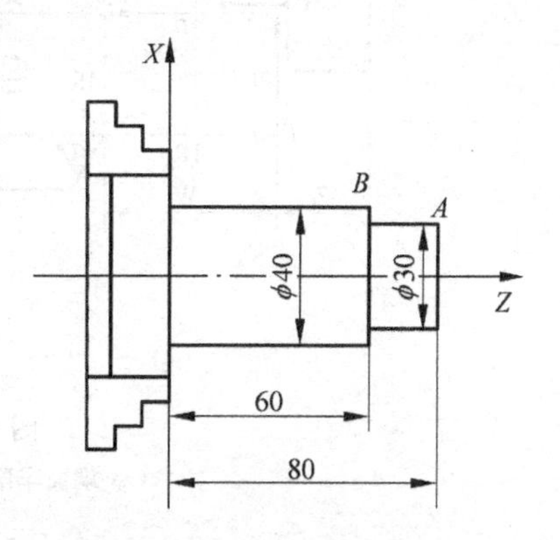

图5-11 数控车削直径编程方式

在一个程序段中,既可以采用绝对值(X,Z)编程,也可以采用相对值(U,W)编程,或二者混合编程(X,W)、(U,Z)。不用G90,G91指令。

2) 部分基本运动指令介绍

(1) 单一固定循环指令

① 外圆车削循环指令G90

程序格式为G90 X(U)_ Z(W)_ R_ F_

如图5-12所示,X、Z为圆柱面切削的终点绝对坐标值;U、W为圆柱面切削的终点相对于循环起点的增量坐标值;R为锥度部分X轴的长度,即圆锥起始点与终点的半径差,R=0表示圆柱面,可省略;F为进给速度。

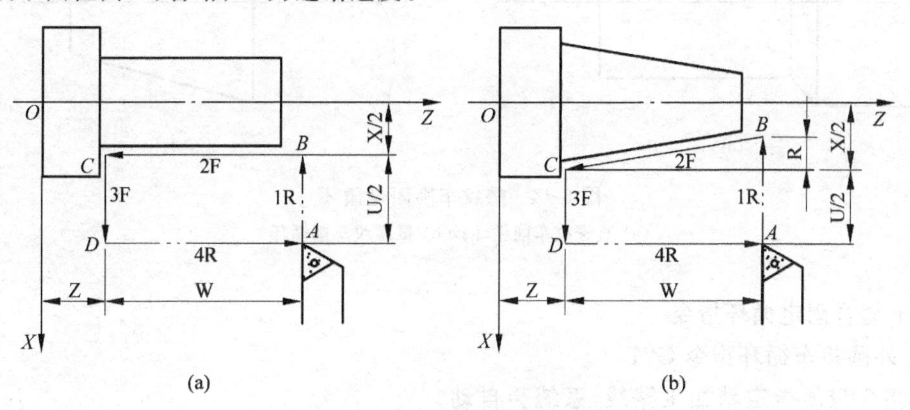

图5-12 外圆车削固定循环

(a) 圆柱车削固定循环;(b) 圆锥车削固定循环

② 端面车削循环指令G94

程序格式为G94 X(U)_ Z(W)_ R_ F_

如图5-13所示,X、Z为端面切削的终点绝对坐标值;U、W为端面切削的终点相对于循环起点的增量坐标值;R为锥度部分Z轴的长度,即圆锥起始点与终点的距离,R=0表示圆柱面,可省略;F为进给速度。

③ 螺纹车削循环指令G92

程序格式为G92 X(U)_ Z(W)_ R_ F_

如图5-14所示,X、Z为螺纹切削终点绝对坐标;U、W为螺纹切削终点增量坐标;F为螺纹导程;R为锥螺纹终点半径与起点半径的差值,切削圆柱螺纹时R=0。

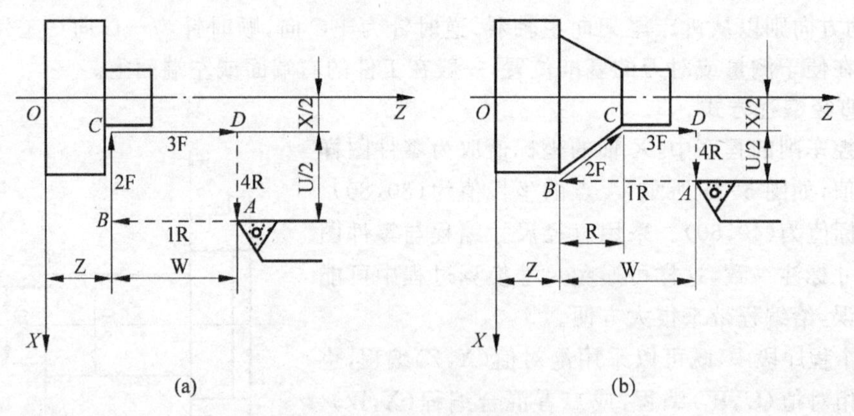

图 5-13 端面车削固定循环

(a) 端面车削固定循环；(b) 带锥度端面车削循环

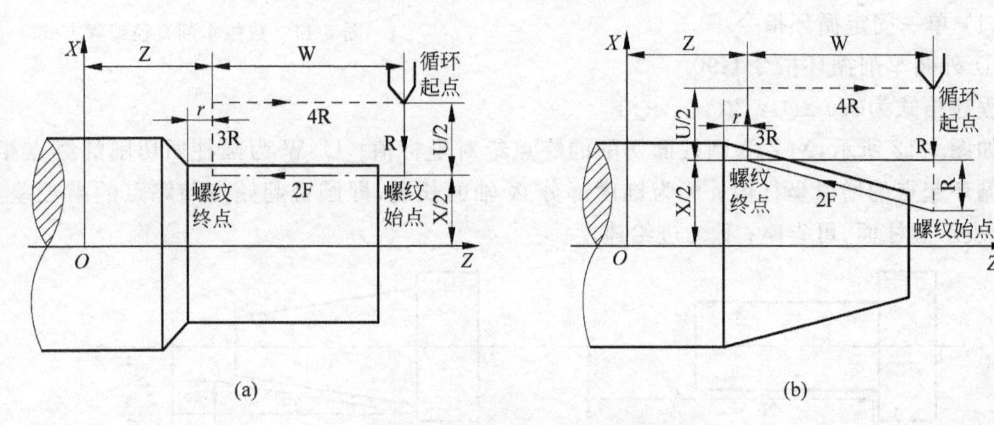

图 5-14 螺纹车削固定循环

(a) 直螺纹车削循环；(b) 锥螺纹车削循环

(2) 复合固定循环指令

① 外圆粗车循环指令 G71

该指令只须指定精加工路线，系统会自动给出粗加工路线，适于车削圆棒料毛坯。如图 5-15 所示，工件成品形状为 $A'-B$，若留给 X 方向和 Z 方向的精加工余量分别为 $\Delta u/2$ 和 Δw，每次切削的背吃刀量为 Δd，退刀量为 e，则程序格式为

G71 U(Δd) R(e)；

G71 P(ns) Q(nf) U(Δu) W(Δw) F(f) S(s) T(t)；

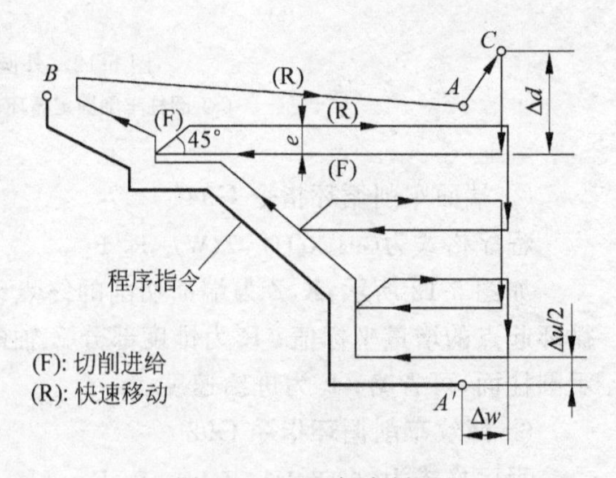

图 5-15 G71 粗车循环

ns 和 nf 分别是指定精加工路线的第一个程序段的段号和最后一个程序段的段号；F、S、T 为粗车时的进给速度、主轴转速和刀补设定。粗车过程中从程序段号 ns～nf 之间的任何 F、S、T 功能均被忽略，只有 G71 指令中指

定的 F、S、T 功能有效。

② 端面粗车循环指令 G72

该指令的执行过程除了其切削进程平行于 X 轴之外，其他与 G71 相同，如图 5-16 所示。程序格式为

```
G72 W(Δd) R(e);
G72 P(ns) Q(nf) U(Δu) W(Δw) F(f) S(s) T(t);
```

③ 封闭车削循环指令 G73

该指令只须指定精加工路线，系统会自动给出粗加工路线，适于车削铸造、锻造类毛坯或半成品。如图 5-17 所示，工件成品形状为 $A'-B$，每次粗切的轨迹形状都和成品形状类似，只是在位置上由外向内封闭地向最终形状靠近。其程序格式为

```
G73 U(Δi) W(Δk) R(Δd);
G73 P(ns) Q(nf) U(Δu) W(Δw) F(f) S(s) T(t);
```

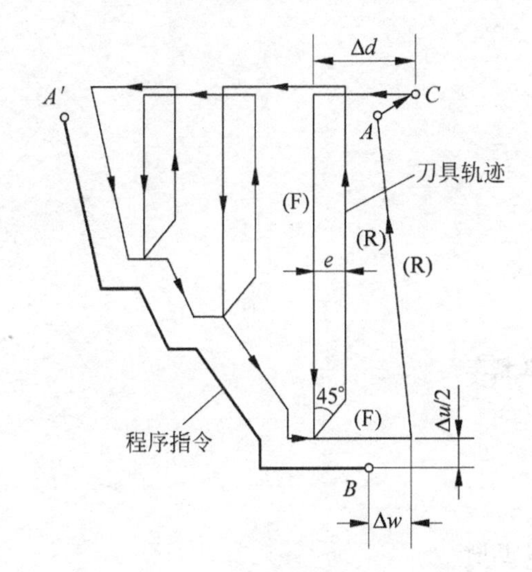

图 5-16 G72 粗车循环

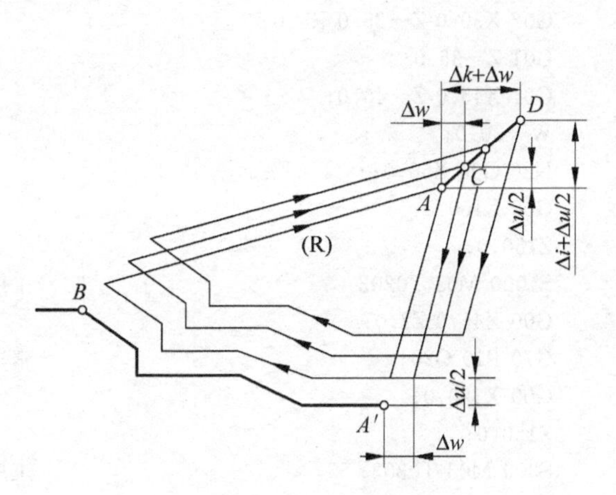

图 5-17 G73 粗车循环

Δi 和 Δk 分别是 X 方向和 Z 方向的总退刀量；d 是循环次数；ns 和 nf 分别是指定精加工路线的第一个程序段的段号和最后一个程序段的段号；Δu 和 Δw 分别是 X 方向和 Z 方向上的精加工余量。粗车过程中从程序段号 ns～nf 之间的任何 F、S、T 功能均被忽略，只有 G73 指令中指定的 F、S、T 功能有效。

④ 精车循环指令 G70

用 G71、G72、G73 粗车完毕后，可用 G70 指令，使刀具进行精加工，其程序格式为

```
G70 P(ns) Q(nf)
```

ns 和 nf 分别是指定精加工路线的第一个程序段的段号和最后一个程序段的段号。

3) 车削编程实例

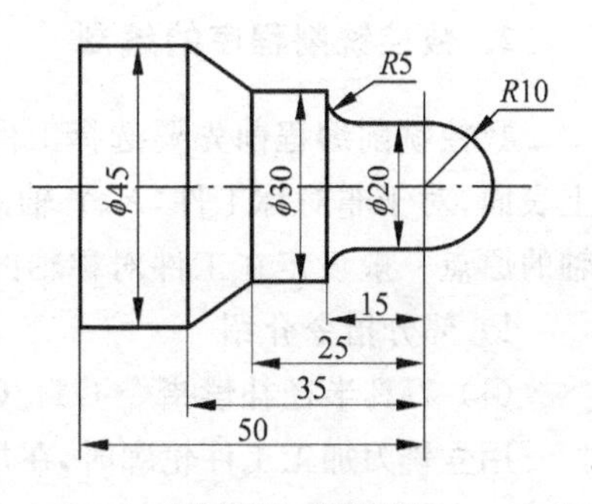

图 5-18 零件图

如图 5-18 所示零件，要求车端面，粗车外圆，精车外

圆，切断，毛坯为 ϕ46mm 的棒料。

程序如下：

```
O1602;
T0101;
S500 M03;
G50 S1500;                          限制主轴最高转速为1500m/min
G00 X48.0 Z0;                       工序1车端面
G96 S120;                           切换工件转速，线速度为120m/min
G01 X0 F0.15;
G97 S500;                           切换工件转速，转速为500r/min
G00 X48.0 Z2.0;                     工序2粗车
G71 U2.0 R1.0;                      外圆粗车循环
G71 P10 Q20 U0.2 W0 F0.15;          精车路线为N10～N20指定
N10 G00 X0 Z0;
G03 X20.0 W-10.0 R10.0;
G01 Z-20.0;
G02 X30.0 Z-25.0 R5.0;
G01 Z-35.0;
G01 X45.0 Z-45.0;
W-20.0;
N20 G00 X50.0;
G00 X150.0;
Z150.0;
S1000 M03 T0202;                    工序3精车
G00 X45.0 Z2.0;
G70 P10 Q20;                        精车
G00 X150.0;
Z150.0;
S300 M03 T0303;                     工序4切断
G00 X48.0 Z-64.0;
G01 X2.0 F0.05;
G00 X150.0;
Z150.0;
M05;
M30;                                程序结束
```

2. 数控铣削程序的编制

数控铣削编程前先要选择工件坐标系，确定工件原点。Z 轴的原点一般设定在工件的上表面，对于非对称工件，X、Y 轴的原点一般设定在工件的左前角上；对于对称工件，X、Y 轴的原点一般设定在工件对称轴的交点上。

1）部分指令介绍

(1) 刀具半径补偿指令 G41/G42

用立铣刀加工工件轮廓时，在加工程序中应用 G41/G42 代码，只需按加工工件的轮廓编程，通过在 D 存储器中输入刀具半径值，就可加工出正确的轮廓，使编程计算量大为减少。

指令格式为

```
G01/G00 G41/G42 X_Y_D_
G01/G00 G40 X_Y
```

G41 表示刀具半径左侧补偿(见图 5-19(a));G42 表示刀具半径右侧补偿(见图 5-19(b));G40 表示取消刀具半径补偿,它必须和 G41 或 G42 成对使用。刀具半径补偿号由字符 D 及其后的数字组成,数字从 0～99。例如,D2 表示调用 2 号存储器中的数值作为刀具半径补偿值。

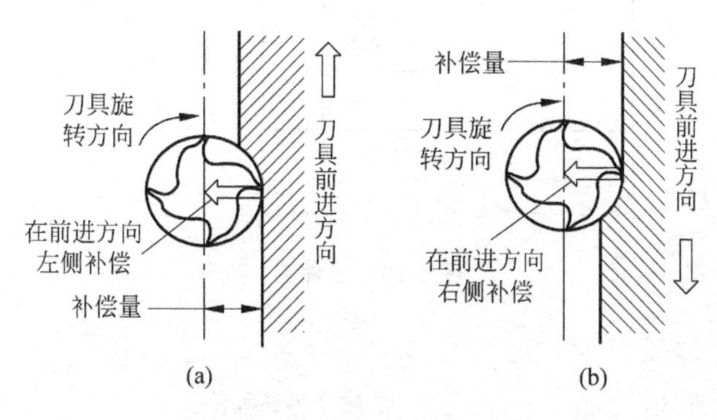

图 5-19 刀具半径补偿示意图

(2) 刀具长度补偿指令 G43/G44

加工中心需要根据加工要求,不断更换刀具,而每一把刀具的长度是不同的。为实现正常加工,常采用 G54 建立唯一的工件坐标系,不同的刀具用 G43 或 G44 调用在 H 存储器中不同的长度补偿值,这样不用修改程序就能满足加工要求。

指令格式为

```
G00/G01 G43/G44 Z_H_
```

其中,G43 是刀具长度正补偿,G44 是刀具长度负补偿;Z 地址符后面的数字表示刀具在 Z 方向上运动的距离或绝对坐标值;H 为刀具长度偏移量的存储器地址,和刀具半径补偿一样,长度补偿的偏置存储器号有 H00～H99 共 100 个,偏移量用 MDI 方式输入,偏移量与偏置号一一对应。偏置号 H00 一般不用,或对应的偏移值设置为 0。

(3) 取消刀具长度补偿指令 G49/H00

指令 G49 或 H00,取消刀具长度补偿。与移动程序段一起指令时,在程序段的终点,便不再加上或减去补偿值。补偿一旦取消,以后的程序段便没有补偿。

2) 铣削编程实例

加工如图 5-20 所示的零件,编写出加工程序。毛坯为 120×100×10 的长方体,材料为 45 钢。

程序如下:

```
G54 G90 G17 G40 G49;                    程序初始化
T01 M03 S800;
G00 Z50.0;
X0 Y-80.0;
```

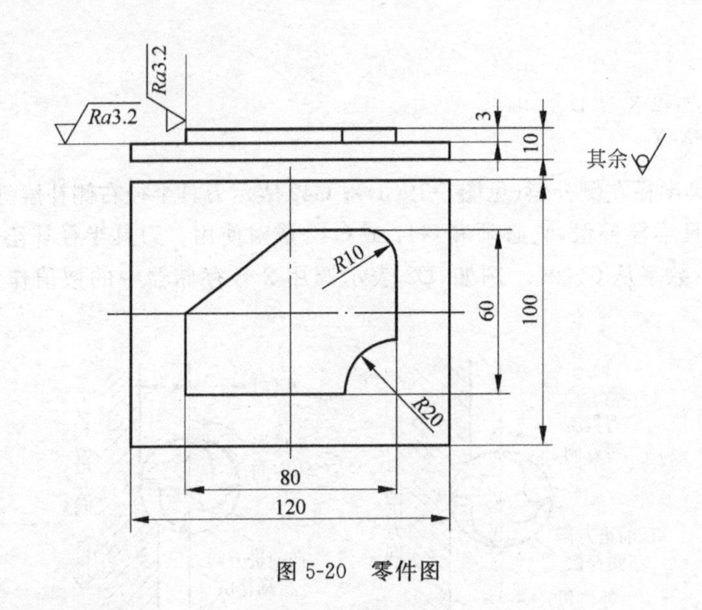

图 5-20 零件图

```
G01 Z-3.0 F100;
G42 X-80.0 Y-30.0;                 建立半径补偿
X20.0;
G02 X40.0 Y-10.0 R20.0;
G01 Y20.0;
G03 X30.0 Y30.0 R10.0;
G01 X0;
X-40.0 Y0;
Y-60.0;
G40 X0 Y-80.0;                     取消半径补偿
G00 Z100.0;
M30;                               程序结束
```

5.2 现代加工技术

随着生产发展的需要和科学技术的进步,各种难切削材料不断出现,零件的形状愈来愈复杂,对精度和表面粗糙度的要求也愈来愈高,原来行之有效的传统切削方法难以满足要求,于是出现了许多新的加工方法,称为现代加工或特种加工。

现代加工方法主要利用电、化学、光、声、热等能量进行加工。与传统的切削方法比较,现代加工具有以下特点:

(1) 主要用机械能以外的其他能量去除金属材料;

(2) 工具硬度可以低于被加工材料的硬度,可谓"以柔克刚";

(3) 加工过程中工具和工件之间不存在显著的机械切削力。

现代加工工艺由于上述特点,可以加工任何硬度、强度、韧性、脆性的金属或非金属材料,且专长于加工复杂、微细表面和低刚度零件。同时,有些方法还可用以进行超精加工、镜面光整加工和纳米级(原子)加工。

现代加工的方法很多，本节主要介绍电火花加工、电解加工、电子束加工、离子束加工、激光加工、超声波加工等典型的现代加工方法。

5.2.1 电火花加工

电火花加工在20世纪40年代开始研究并逐步应用于生产，它是在加工过程中，使工具和工件之间不断产生脉冲性的火花放电，靠放电时局部瞬时产生的高温把工件材料蚀除下来。因放电过程中可见到火花，故称之为电火花加工。

1. 电火花加工的原理

图5-21所示为电火花加工原理图。工具和工件与电源的两极相连，均浸入具有一定绝缘性能的液体介质(常用煤油或矿物油)中，工具电极在自动调节进给装置的驱动下，与工件电极间保持一定的放电间隙(0.01～0.05mm)。当脉冲电压加到两极上时，由于电极的表面是凸凹不平的，便将极间最近点的液体介质击穿，形成火花放电。由于放电通道截面积很小，放电时间极短，致使能量高度集中，通道中的瞬时高温使材料局部熔化甚至气化而被蚀除掉，形成一个微小的凹坑。第一次脉冲放电结束后，间隔时间极短，第二个脉冲又在另一个极间最近点形成火花放电。这样不断重复地高频放电，工具电极不断向工件进给，就将工具的形状复制到工件上，形成所需要的表面。当然，工具电极也会产生一定的损耗。

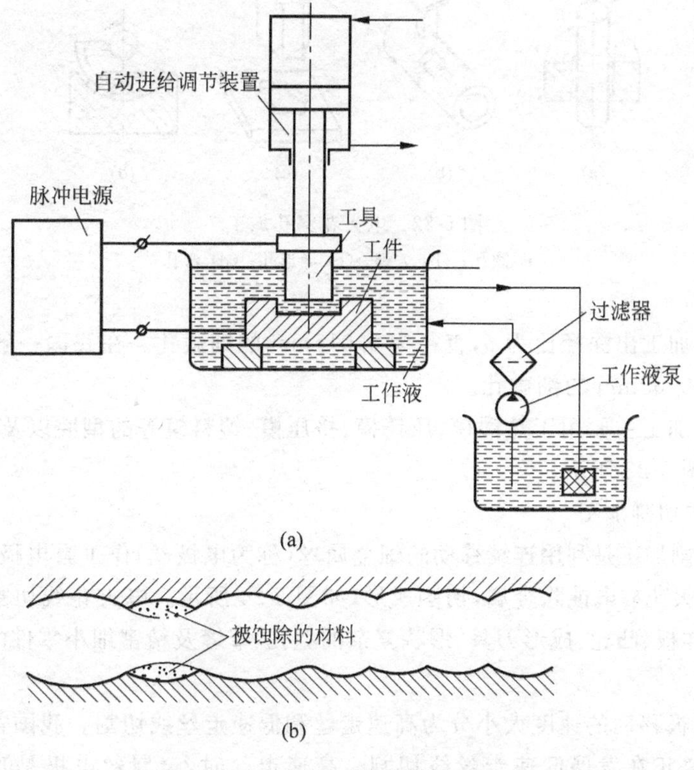

图5-21 电火花加工原理图

2. 电火花加工的特点

(1) 可以用硬度不高的石墨或紫铜作工具电极去加工难切削的导电材料，如淬火钢、硬质合金、不锈钢、工业纯铁等。

(2) 加工时无显著机械切削力，有利于小孔、窄槽、型孔、曲线孔及薄壁零件加工，也适合于精密细微加工。

(3) 脉冲参数可任意调节，加工中只要更换工具电极或采用阶梯形工具电极就可以在同一机床上连续进行粗、半精和精加工。

(4) 脉冲放电持续时间极短，放电时产生的热量传导扩散范围小，材料受热影响范围小。

(5) 直接利用电能加工，便于实现加工过程的自动化。

3. 电火花加工的应用

电火花加工的诸多优点使其应用领域日益扩大，目前已广泛用于穿孔加工、型腔加工、线切割加工、电火花磨削与镗磨加工、电火花展成加工、表面强化等方面。

1) 电火花穿孔加工和型腔加工

电火花穿孔加工主要用于各种型孔（圆孔、方孔、多边形孔、异形孔）、曲线孔（弯孔、螺旋孔）、小孔和微孔（直径小于 0.2mm）的加工，如图 5-22 所示。

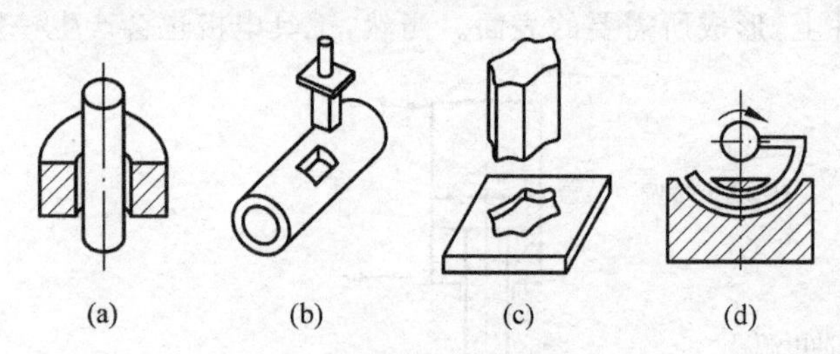

图 5-22　电火花穿孔加工
(a) 圆孔；(b) 方槽；(c) 异形孔；(d) 弯孔

目前国外可加工出深径比为 5，直径为 0.015mm 的细微孔。在我国一般可加工出深径比为 10，直径为 0.05mm 的细微孔。

电火花型腔加工主要用于热锻模、压铸模、挤压模、塑料模等的型腔以及各类叶轮、叶片的曲面加工，如图 5-23 所示。

2) 电火花线切割加工

电火花线切割加工是利用连续移动的细金属丝（称为电极丝）作工具电极，按预定的轨迹对工件进行脉冲火花放电蚀除金属，切割成形，如图 5-24 所示。电火花线切割加工主要用于冲裁模制造，在样板、凸轮、成形刀具、形状复杂的型孔、窄缝及精密细小零件的加工中也得到日益广泛的应用。

按金属丝电极移动的速度大小分为高速走丝和低速走丝线切割。我国普遍采用高速走丝线切割，近年来正在发展低速走丝线切割。高速走丝时，金属丝电极是直径为 ϕ0.02～ϕ0.3mm 的高强度钼丝，往复运动速度为 8～10m/s；低速走丝时，多采用铜丝，线电极以小于 0.2m/s 的速度作单方向低速运动。电火花线切割机床基本实现了数控化。

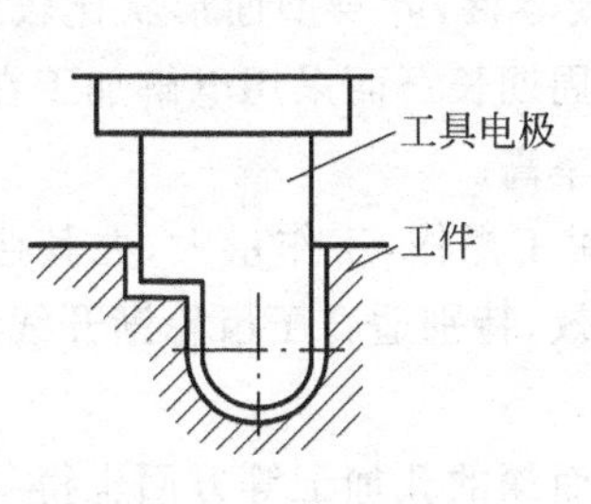

图 5-23 电火花型腔加工

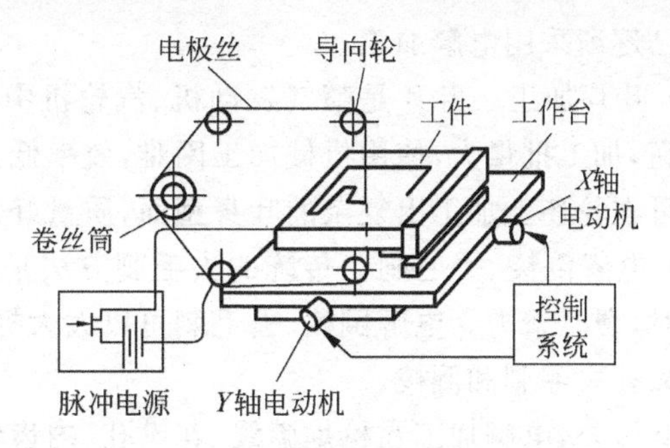

图 5-24 线切割加工型孔

5.2.2 电解加工

1. 电解加工的原理

电解加工是利用金属在电解液中发生电化学阳极溶解的原理，将工件加工成形的一种工艺方法，其加工原理如图 5-25 所示。工件接阳极，工具（铜或不锈钢）接阴极，两极间加直流电压 6～24V，极间保持 0.1～1mm 间隙。在间隙处通以 6～60m/s 高速流动的电解液，形成极间导电通路，这时工件表面材料开始溶解。开始时两极之间的间隙大小不等，间隙小处电流密度大，阳极金属去除速度快；而间隙大处电流密度小，金属去除速度慢。工具阴极不断进给，工件金属不断溶解，溶解物及时被电解液冲走，使工件与工具各处的间隙趋于一致，最终获得所需要的工件形状。

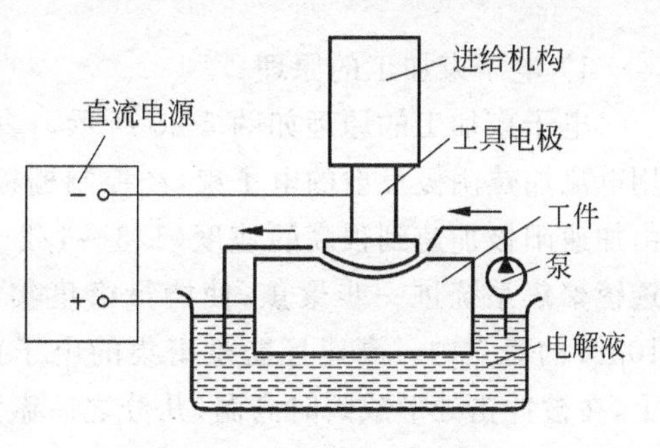

图 5-25 电解加工原理图

2. 电解加工的特点

(1) 不受材料硬度的限制，能加工任何高硬度、高韧性的导电材料，并能以简单的进给运动一次加工出形状复杂的型面和型腔。

(2) 生产率高，是电火花加工的 5～10 倍。采用振动进给和脉冲电流等新技术，可进一步提高生产效率和加工精度。

(3) 加工表面质量好，无毛刺、残余应力和变形层。

(4) 阴极在加工中损耗小，可长期使用。

(5) 设备投资大，有污染，需防护。

3. 电解加工的应用

电解加工主要用于以下几个方面：

(1) 型腔加工　模具型腔大多采用电火花加工，因为电火花加工的精度比电解加工高，但其生产率低，因此一些对模具消耗较大、精度要求不太高的矿山机械、农机、拖拉机等所需的锻模已逐渐采用电解加工。

(2) 叶片加工　叶片是喷气发动机、汽轮机中的重要零件,叶身型面形状比较复杂,精度要求高,加工批量大,使用机械加工困难,效率低,加工周期长。而采用电解加工在一次行程中就可在轮坯上加工出复杂的叶身型面,质量好,生产率高。

(3) 电解倒棱、去毛刺　传统的去毛刺方法是通过钳工操作,工作量大,尤其遇到较硬的毛刺时,费时费力。电解倒棱、去毛刺可以大大提高功效,特别适合于齿轮渐开线齿面、阀组件交叉孔去毛刺和倒棱。

除此以外,电解加工在枪炮膛线、花键孔、内齿轮、小而深的孔加工等方面也得到了广泛的应用。

5.2.3 电子束和离子束加工

电子束加工和离子束加工是近年来得到较大发展的新兴现代加工方法。它们在精密微细加工方面,尤其是在微电子学领域中得到较多的应用。

1. 电子束加工

1) 电子束加工的原理

电子束加工的原理如图5-26所示。真空条件下,利用电流加热阴极发射的电子束,经控制栅极初步聚焦后,由加速阳极加速到很高的速度(1/3～1/2光速),并通过透镜聚焦系统进一步聚焦,使能量密度集中在直径5～10μm的斑点内。高速且能量密集的电子束冲击到工件上,在被冲击处形成瞬时高温(几分之一微秒时间内升高至几千摄氏度),工件表面局部熔化、气化直至被蒸发去除。可见,电子束是利用电子的动能转变成热能对材料进行加工的。

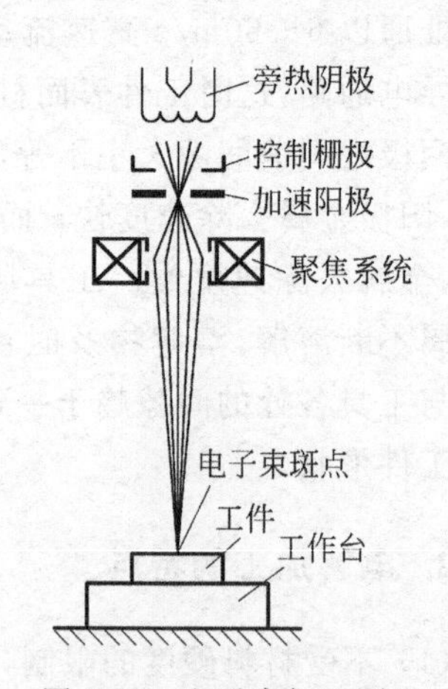

图5-26　电子束加工原理

2) 电子束加工的特点

(1) 材料适应性广(原则上各种材料均能加工),特别适用于加工特硬、难熔金属和非金属材料。

(2) 加工速度高,由于电子束能量密度高,配合自动控制加工过程,效率非常高。切割1mm厚钢板,速度可达240mm/min;厚度0.1～1mm的工件,打孔时间为10μs至数秒。

(3) 电子束的束径小(最小直径可达0.01～0.05mm),而电子束长度可达束径几十倍,故可加工微细深孔、窄缝等。

(4) 电子束加工主要靠瞬间热效应,非接触加工,无工具损耗;无切削力,加工时间极短,工件无变形。

(5) 在真空中加工,无氧化,特别适于加工高纯度半导体材料和易氧化的金属及合金。

(6) 加工设备较复杂,投资较大。

3) 电子束加工的应用

电子束加工主要用于不锈钢、耐热钢、合金钢、玻璃、陶瓷及宝石等材料的打孔和切槽。

(1) 高速打孔 目前电子束打孔的最小直径可达 0.003mm 左右。例如喷气发动机套上的冷却孔、机翼吸附屏的孔,孔数多达百万个,且孔的密度和孔径可以改变,适合用电子束高速打孔。高速打孔可在工件运动中进行,例如在 0.1mm 厚的不锈钢上加工直径 0.2mm 的孔,每秒可打 3000 个孔。

(2) 加工异形孔 电子束不仅可以加工圆孔,还可以加工各种异形孔。

(3) 加工弯孔和曲面 利用电子束在磁场中偏转的原理,可以使电子束在工件内部偏转。控制电子速度和磁场强度,即可控制曲率半径,加工出弯曲的孔和曲面。如果同时改变电子束和工件的相对位置,就可进行切割和开槽。

此外,电子束还可用来进行切割、蚀刻、焊接、热处理和光刻加工等。

2. 离子束加工

1) 离子束加工的原理

离子束加工的原理和电子束加工基本类似,也是在真空条件下,将离子源产生的离子束经过加速聚焦,使之打到工件表面。不同的是离子带正电荷,其质量比电子大数千、数万倍,如氩离子的质量是电子的 7.2 万倍,所以一旦离子加速到较高速度时,离子束比电子束具有更大的撞击动能,它是靠微观的机械撞击能量,而不是靠动能转化为热能来加工的。

2) 离子束加工的特点

(1) 离子束可以聚焦到直径 1μm 的斑点内,并通过电子光学系统进行聚焦扫描,逐层去除材料原子,且离子束流密度及离子能量可以精确控制。因此,离子束加工是所有现代加工方法中最精密、最微细的加工方法,是当代纳米加工技术的基础。

(2) 离子束加工是在真空中进行的,污染少,特别适合于易氧化的金属、合金材料和高纯度半导体材料的加工。

(3) 离子束加工是靠离子轰击材料表面的原子来实现的,它是一种微观作用,宏观压力很小。所以加工应力和热变形极小,工件加工质量高,适合于对各种材料和低刚度零件的加工。

(4) 离子束加工设备费用贵、成本高,加工效率低,因此应用范围受到一定限制。

3) 离子束加工的应用

离子束加工的应用范围正在日益扩大,不断创新。由于离子束流密度及离子能量可以精确控制,逐层去除材料原子,因此能够进行微细加工,如采用离子刻蚀将工件表面的原子逐个剥离,可以达到纳米级的加工精度。利用离子束还可以给工件表面进行离子溅射沉积和离子镀膜加工,离子镀膜可以控制在亚微米级精度。另外,利用注入效应向工件表面注入磷、硼、碳、氮等离子,可以实现材料的表面改性处理。

5.2.4 激光加工

1. 激光加工的原理

激光是一种能量密度高、方向性强、单色性好的相干光,因此在理论上可聚焦到尺寸与光的波长相近的焦点上。焦点处的功率密度可达 $10^8 \sim 10^{10}$ W/cm^2,温度可高达万摄氏度左右,足以使任何材料在瞬时急剧熔化和汽化,并通过所产生的强烈的冲击波喷溅出去,实现材料的去除。激光加工正是利用的这种原理。

图 5-27 为激光加工机工作原理图。激光器(常用的有固体激光器和气体激光器)把电能转变为光能,激发工作物质,如红宝石或钇铝石榴石,产生所需的激光束,并通过光学系统将激光束聚焦到工件的待加工部位,即可进行加工。光束的粗细可根据加工需要调整。

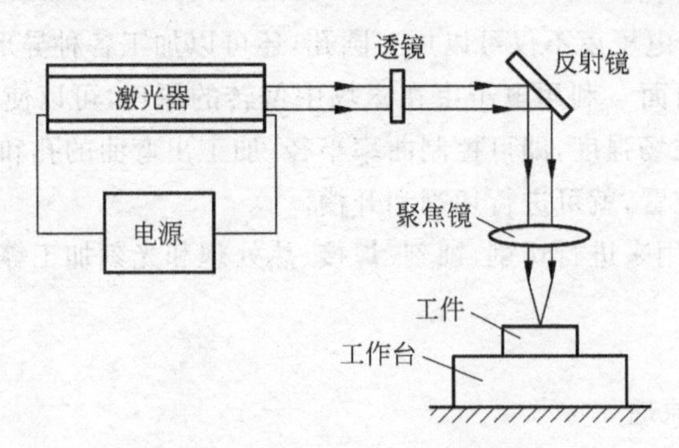

图 5-27 激光加工机工作原理图

2. 激光加工的特点

(1) 加工材料范围广　激光加工的功率密度高,适用于加工各种金属材料和非金属材料,特别是高熔点材料,耐热合金及陶瓷、宝石、金刚石等硬脆材料。

(2) 加工性能好　工件可离开加工机床进行加工,可透过透明介质加工(如对真空管内部进行焊接等),可在其他加工方法不易达到的狭小空间进行加工。

(3) 加工精度高　激光加工能量集中,热作用时间短,除加工部位外,几乎不受热影响,热变形极小,故可加工对热冲击敏感的材料。

(4) 加工速度快、效率高　激光打孔只需 0.001s,激光切割比常规方法提高效率 8～20 倍,激光焊接可提高效率 30 倍。

(5) 非接触加工方式,不需要刀具,工件不受机械切削力,无弹性变形,能加工易变形薄板和橡胶等工件。

3. 激光加工的应用

1) 激光打孔

激光打孔广泛应用于金刚石拉丝模、钟表宝石轴承、陶瓷、玻璃等非金属材料,以及硬质合金、不锈钢等金属材料的小孔特别是微小群孔的加工。如化学纤维的硬质合金喷丝头,一般要在 ϕ100mm 的部位打出 12000 多个直径为 60μm 的小孔,若采用数控激光打孔,不到半天即可完成。

2) 激光切割

激光切割大多采用大功率的 CO_2 激光器,并配以数控工作台,可以切割钢板、不锈钢、钛、钽、镍等金属材料,以及布匹、木材、纸张、塑料等非金属材料。激光切割的切缝窄,一般在 0.10～0.50mm,也便于自动控制,故常用来加工精密细小的零件。

3) 激光焊接

激光焊接过程迅速,效率高,热影响区极小,没有焊渣,不需去除工件氧化膜,适用于微型精密仪表的焊接,也广泛用于汽车车顶、车身、侧框等钣金件的焊接;可实现不同材料之间的焊接,例如用陶瓷作基体的集成电路。

4) 激光热处理

利用激光照射工件表面,被照射区金属迅速升温,产生相变甚至熔融。当激光加热结束后,被加热区域可以通过工件本身的热传导迅速冷却,从而实现淬火等热处理效果。激光淬火快速,不需淬火介质,可对各种导轨、大型齿轮、轴颈、汽缸内壁、模具等零件进行表面强化。如激光淬火强化的铸铁发动机汽缸,其硬度从 230HB 提高到 680HB,使用寿命提高 2~3 倍。

激光加工还可用于雕刻、微调和快速成形。

5.2.5 超声波加工

1. 超声波加工的原理

超声波加工是利用工具端面作超声振动,带动工作液中的悬浮磨粒对工件表面撞击抛磨来实现加工,其加工原理如图 5-28 所示。在工具和工件之间加入磨料悬浮液(水或煤油和磨料的混合物),工具以一定的压力作用于工件上,超声波发生器输出的超声频电振荡,通过换能器转变为 16kHz 以上的超声轴向振动,并借助变幅杆把振幅放大到 0.01~0.15mm,迫使工作液中悬浮的磨粒以很大的速度不断撞击、抛磨被加工表面,把加工区的材料粉碎成非常小的微粒,并从工件上去除下来。虽然每次撞击去除的材料很少,但由于每秒钟撞击的次数多达 16 000 次以上,所以仍然有一定的加工速度。在这一过程中,工作液受工具端面的超声频振动而产生高频、交变的液压冲击,迫使磨料悬浮液在加工间隙中循环,不但带走了从工作上去除下来的微粒,而且使钝化了的磨料及时更新。随着工具不断轴向进给,工具端面的形状便复制在工件上。

由于超声波加工基于撞击原理,因此越是硬脆材料,受冲击破坏的作用也越大,而韧性材料由于本身的缓冲作用而难以加工。

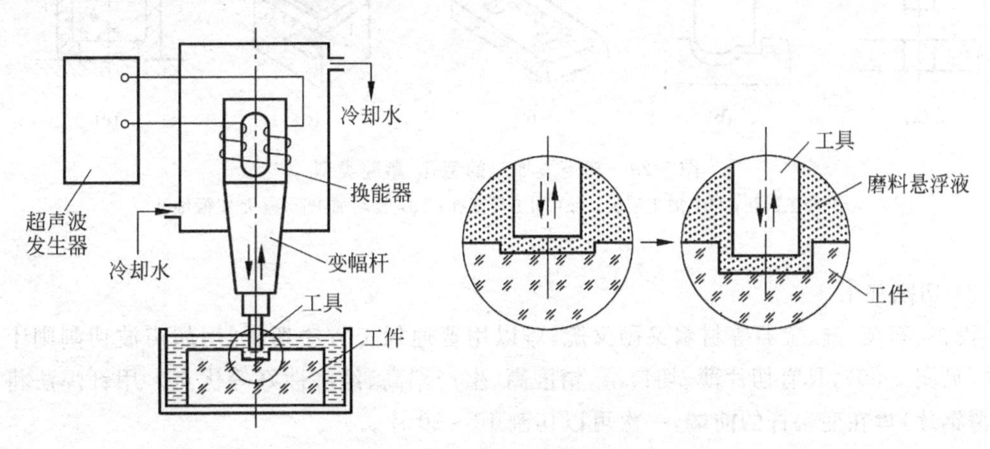

图 5-28 超声波加工原理

2. 超声波加工的特点

(1) 适合加工各种硬脆材料,特别是不导电的非金属材料,如玻璃、陶瓷、半导体、宝石、金刚石等。

(2) 由于靠磨料瞬时局部的撞击作用去除材料,工具与工件不需作复杂的相对运动,机床结构简单、操作维修方便。

(3) 加工过程中,工具对工件加工表面宏观作用力小,热影响小,不会引起变形和烧伤,加工精度较高,尺寸精度可达 0.02～0.01mm,表面粗糙度可达 $Ra1 \sim 0.1\mu m$。因此适合于薄壁、薄片等易变形零件及工件的窄槽、小孔的加工。

(4) 生产效率较低,采用超声复合加工(如超声车削、超声磨削、超声电解加工、超声线切割等)可提高加工效率。

3. 超声波加工的应用

在实际生产中,超声波广泛应用于各种硬脆材料的打孔、切割、开槽、套料、雕刻、清洗、成批小型零件去毛刺、模具表面抛光和砂轮修整等方面。

1) 型孔和型腔的加工

超声波目前主要用于脆硬材料的圆孔、型孔、型腔、套料、微细孔等的加工,如图 5-29 所示。超声打孔的孔径范围是 0.1～90mm,加工深度可达 100mm 以上,孔的精度可达 0.02～0.05mm。表面粗糙度在采用 F320 碳化硼磨料加工玻璃时可达 $Ra0.8\mu m$,加工硬质合金时可达 $Ra0.4\mu m$。

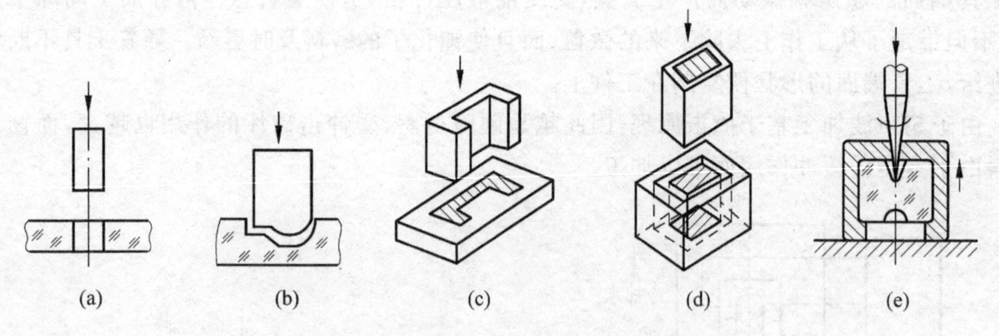

图 5-29 超声波加工的型孔、型腔类型

(a) 加工圆孔;(b) 加工型腔;(c) 加工异形孔;(d) 套料加工;(e) 加工微细孔

2) 切割加工

陶瓷、石英、硅、宝石等材料又硬又脆,难以用普通加工方法切割,用超声波切割则十分方便(见图 5-30),具有切片薄、切口窄、精度高、生产率高、经济性好等优点。用钎焊法将工具(薄钢片)焊在变幅杆的前端,一次可以切割 10～20 片。

3) 超声波清洗

清洗液在超声波作用下会产生空化效应,由此产生的强烈冲击波直接作用到被清洗的部位,使污渍破坏并脱落下来,达到清洗的目的。

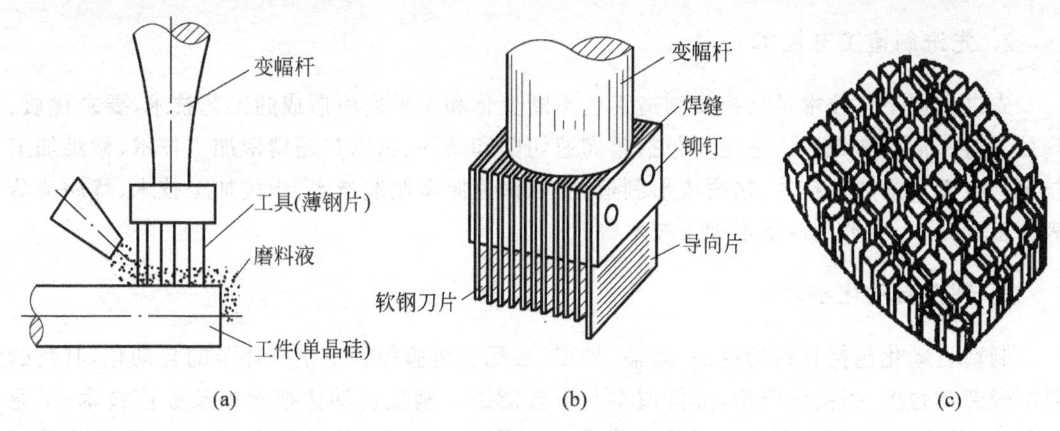

图 5-30　超声波切割单晶硅片

(a) 超声切割单晶硅片示意图；(b) 刀具；(c) 切割成的陶瓷模块

超声波清洗效果好，清洁度高，清洗速度快，即使是深孔、细缝和工件隐蔽处亦可清洗干净。目前在半导体和集成电路元件、仪器仪表零件、电真空器件、光学零件、医疗器械等的清洗中应用广泛。

5.3　先进制造技术

面对当前迅速变化且无法预料的市场环境，以往任何一种单一的制造技术都不能保证企业赢得竞争。只有将技术、管理、人员三者通过计算机网络有机地集成，才能充分发挥企业的竞争力。先进制造技术是在传统制造技术的基础上，不断地吸收机械、信息、电子、材料、能源及现代管理等方面的最新技术成果，并将其综合应用于产品开发与设计、制造、检测、管理及售后服务的制造全过程，实现优质、高效、低耗、清洁、灵活生产，并取得理想技术经济效果的制造技术的总称。从本质上可以说，先进制造技术是传统制造技术、信息技术、自动化技术和现代管理技术等的有机融合。

5.3.1　先进制造技术的内涵

先进制造技术的内涵十分丰富，包括现代设计技术、先进制造工艺技术、制造自动化技术、先进的生产管理技术，横跨多个学科，并组成一个有机整体。

1. 现代设计技术

现代设计技术是根据产品功能要求，应用现代技术和科学知识，制定方案并付诸实施的技术。它是一门多学科、多专业相互交叉的综合性很强的基础技术。现代设计技术主要包括：计算机辅助设计(CAD)、性能优良设计基础技术(可靠性设计、动态分析与设计、健壮设计等)、竞争优势创建技术(快速响应设计、智能设计、仿真与虚拟设计、工业设计等)、全寿命周期设计(并行设计、面向制造的设计等)、绿色设计等。

2. 先进制造工艺技术

先进制造工艺技术是指机械制造工艺不断变化和发展后所形成的工艺技术，要求优质、高效、低耗、清洁和灵活。它主要包括超高速切削和磨削、精密与超精密加工技术、微细加工技术、少/无切削加工技术、精密成形制造技术、快速原型制造技术、现代加工技术、优质清洁表面工程技术、虚拟制造成形加工技术等。

3. 制造自动化技术

制造自动化包括物料的存储、运输、加工、装配和检验等各个生产环节的自动化，其目的是减轻劳动强度、提高生产率、降低成本及节省能源。制造自动化技术涉及数控技术、工业机器人、柔性制造系统(FMS)、计算机集成制造系统(CIMS)、传感技术、自动检测及信号识别技术、过程设备工况监测与控制。

4. 先进的生产管理技术

先进的生产管理技术包括制造资源计划(MRPⅡ)、企业资源计划(ERP)、虚拟制造(VM)、现代管理信息系统及各种先进制造生产模式，如准时制(JIT)和精益生产(LP)、并行工程(CE)、敏捷制造(AM)、智能制造系统(IMS)等。

5.3.2 几种先进制造技术简介

1. 快速原型制造技术

快速原型制造技术(rapid prototype manufacturing，RPM)也称为快速成形制造技术，1988年诞生于美国，迅速扩展到欧洲和日本，并于20世纪90年代初期引进我国。与传统制造方法不同，快速成形从零件的CAD几何模型出发，通过软件分层离散和数控成形系统，用激光束或其他方法将材料一层层堆积而形成实体零件。由于它把复杂的三维制造转化为一系列二维制造的叠加，因而可以在不用模具和工具的条件下生成几乎任何复杂的零部件，极大地提高了生产效率和制造柔性。

1) 快速原型制造技术的典型工艺方法

在众多的快速原型制造工艺中，具有代表性的是立体印刷成形、选择性激光烧结、分层实体制造和熔丝堆积成形4种。

(1) 立体印刷成形

立体印刷成形(stereo lithography apparatus，SLA)也称光造型、立体光刻、光敏树脂液相固化成形，是出现最早、应用最广泛的快速成形技术。它是在液槽中盛满液态光敏树脂，由计算机控制激光束(紫外光)，有选择地扫描光敏树脂液体，利用光敏树脂遇紫外光凝固的机理，使这一层树脂固化，之后升降台下降一层高度，已成形的层面上又布满一层树脂，然后再进行新一层的扫描，新固化的一层牢固地粘在前一层上，如此重复直到生成一个零件三维实体模型，如图5-31所示。

(2) 选择性激光烧结

选择性激光烧结(selective laser sintering,SLS)工艺是利用粉末材料(金属粉末或陶瓷、ABS塑料等非金属粉末)在激光照射下烧结的原理,在计算机控制下层层堆积成形。其工艺过程是:先在工作台上铺上一层粉末,在计算机控制下用激光束有选择地进行扫描(零件的空心部分不扫描),受到激光束照射的粉末被烧结。一层烧结完毕后,工作台下降一个层的厚度,用敷料辊在上面敷上一层均匀密实的粉末,再扫描新一层,新一层与其上一层被牢牢地烧结在一起。全部烧结完成后,去除多余的粉末,便得到烧结成的零件,如图5-32所示。

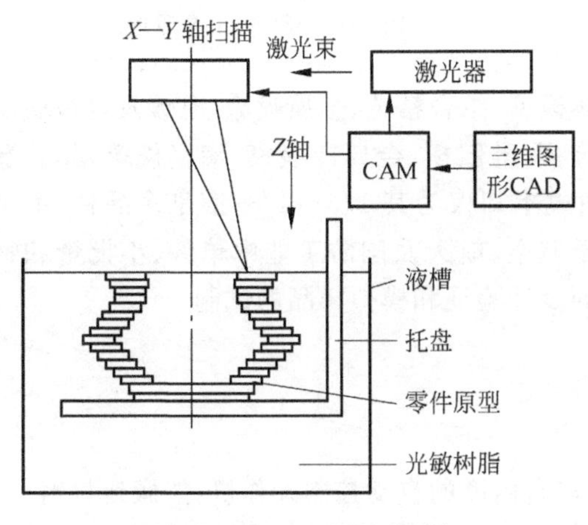

图5-31 SLA工艺原理图

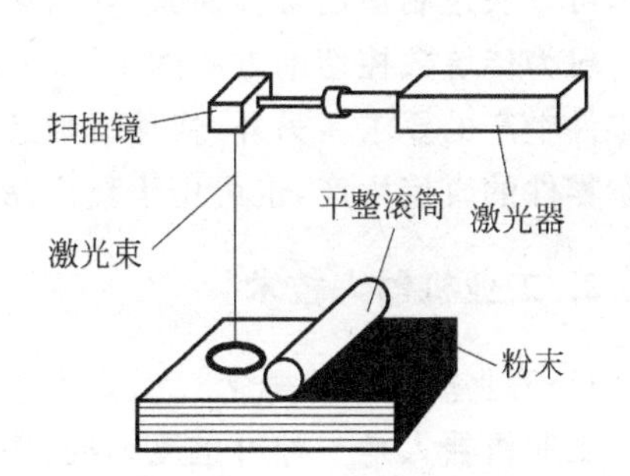

图5-32 SLS工艺原理图

(3) 分层实体制造

分层实体制造(laminated object manufacturing,LOM),又称为叠层实体制造,最早是由美国Helisys公司开发的。LOM工艺是根据零件分层几何信息切割箔材和纸等,将所获得的层片粘接成三维实体。其工艺过程是:首先铺上一层单面涂有热熔胶的纸片,然后用CO_2激光束在计算机控制下将纸片切割成所制零件的内外轮廓,非零件部分全部切碎以便于去除。然后新的一层纸再叠加在上面,用辊子碾压并加热以便和下面已切割层粘合在一起,激光束再次切割,如此反复直到整个零件模型制作完成,如图5-33所示。该法只需切割轮廓,特别适合制造实心零件。

(4) 熔丝堆积成形

熔丝堆积成形(fused deposition modeling,FDM)工艺是以热塑性成形材料丝或蜡制的熔丝为材料,其工作原理如图5-34所示。喷头在计算机控制下可以沿零件的每一截面轮廓准确运动。热塑性料丝由供丝机构送至喷头,并在喷头中加热熔化至半液态,然后被挤压出来,有选择性地涂覆在工作台上,快速冷却后形成一层材料。之后,工作台下降一个层厚并开始叠加制造新一层。如此重复,逐层由底到顶地堆积成一个三维实体零件。

2) 快速原型制造技术的应用

快速原型制造技术具有缩短产品上市周期、提高生产率、改善产品质量、优化设计等优点,因而从其诞生之日起就受到极大重视,并迅速在汽车、航空航天、船舶、家电、工业设计、医疗、建筑、工艺品制作以及儿童玩具等各个行业得到广泛应用。

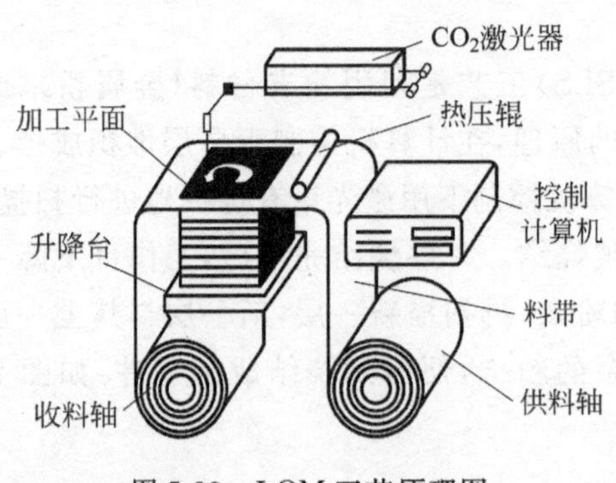

图 5-33　LOM 工艺原理图

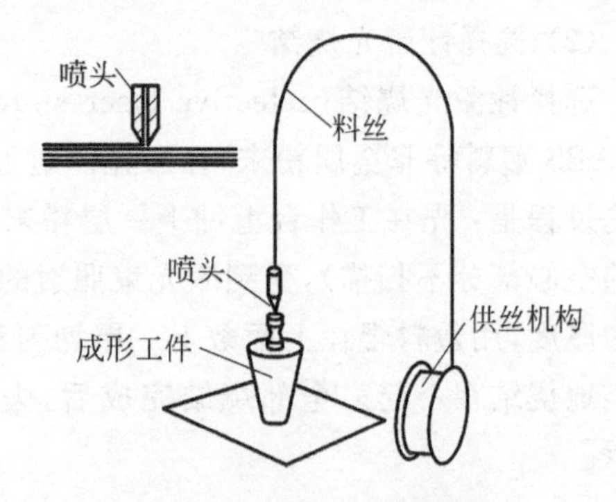

图 5-34　FDM 工艺原理图

在模具制造领域，用快速成形制造的实体模型，结合精铸、金属喷涂、电镀及电极研磨等技术可以快速制造出各种模具，如低熔点合金模、硅胶模、金属冷喷模、陶瓷模等，其制造周期一般为传统数控切削方法的 1/10～1/5，而成本却仅为其 1/5～1/3，满足多品种、中小批量零件生产的要求。另外，快速成形还可用于航空、航天及国防工业中单件、小批量和特殊复杂零件的直接生产，也可用于新产品开发的设计验证和模拟样品的试制。

2. 工业机器人技术

1）工业机器人的概念

工业机器人是一种可重复编程、多功能、多自由度的自动控制操作机，能搬运材料、工件或操持工具、完成各种作业，至今尚无公认的定义。目前可理解为"工业机器人是技术系统的一种类型，它能以其动作复现人的动作和职能；它与传统的自动机的区别在于有更大的万能性和多目的用途，可以反复调整以执行不同的功能"。尽管这种说法还不能准确定义机器人，但它反映了研制机器人的最终目标是为了创造一种能够综合人的所有动作、智能特征，延伸人的活动范围，使其具有通用性、柔性和灵活性的自动机械。

2）工业机器人的结构

工业机器人一般由操作机构、控制系统、驱动系统、位置检测系统和人工智能系统组成，图 5-35 是工业机器人的典型结构。

（1）操作机构　也称执行机构，这是一种具有与人手相似的动作功能、可在空中抓放物体或执行其他操作的机械装置。通常包括如下一些部件：

① 手部　又称抓取机构或夹持器，用于直接抓取工件或工具。在手部还可安装一些专用工具，如焊枪、喷枪、电钻、拧紧器等。

② 腕　连接手部和手臂的部件，用以调整手部的姿势和方位，腕部通常有 1～3 个运动自由度。

③ 手臂　支撑手部和腕部的部件，由动力关节和连杆组成，用以承受工件或工具的负荷，改变工件或工具的空间位置并到达指定位置。

（2）控制系统　机器人的大脑，能记忆人们给予的指令信息，并能按照这些指令信息控制机器人的操作机构进行动作。

（3）驱动系统　机器人的动力源，能按照控制系统发出的指令信息驱动操作机构进行动作。

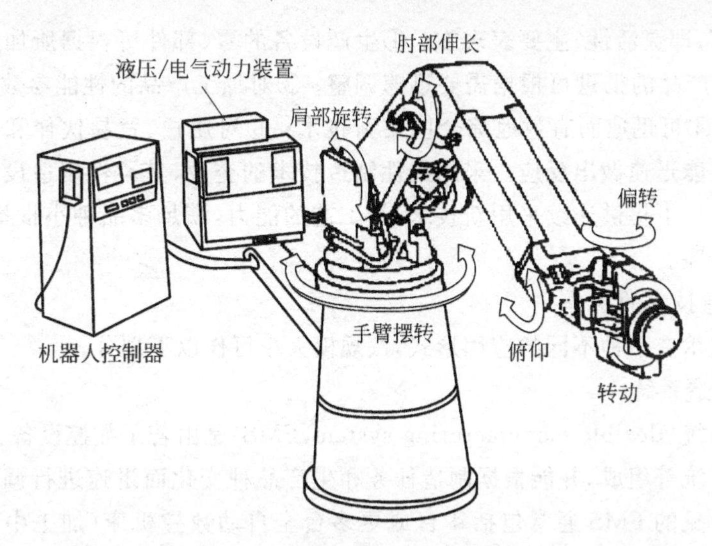

图 5-35 工业机器人的典型结构

(4) 位置检测系统 能通过其中的力、位置、触觉、视觉等传感器检测机器人的运动位置和工作状态,并能随时反馈给控制系统,以便使执行机构具有一定的精度。

(5) 人工智能系统 主要由两部分组成,一是由各种传感器来实现感觉功能的感觉系统;二是决策、规划系统,可实现逻辑判断、模式识别和规划操作程序等功能。

(6) 行走机构 有些工业机器人可以行走,因此,具有腿、脚等行走机构。

(7) 机身 这是基础部件,起支撑和连接作用。

3) 工业机器人的应用

工业机器人特别适合于多品种、变批量柔性生产。它对稳定、提高产品质量,提高生产效率,改善劳动条件和产品快速更新换代起着十分重要的作用。

目前,工业机器人主要应用于汽车制造、机械制造、电子器件、集成电路、塑料加工等较大规模生产企业。在汽车制造领域,自从 1969 年美国通用汽车公司用 21 台工业机器人组成了焊接轿车车身的自动生产线以后,焊接机器人在汽车生产中得到广泛应用。20 世纪 70 年代起,工业机器人与数控机床结合在一起,成为机械制造企业的柔性制造单元或柔性制造系统的组成部分,用来搬运物料、工件和工具,装配机器人完成设备的装配,测量机器人进行在线或离线测量。

工业机器人在其他领域的应用也非常广泛,如工业机器人可以取代人去完成一些危险环境中的作业(如放射线、火灾、海洋、宇宙等)。例如,2004 年 1 月 4 日,美国"勇气"号火星探测机器人实现了人类登陆火星的梦想。

3. 柔性制造技术

1) 柔性制造技术的概念

柔性制造技术也称柔性集成制造技术,它集自动化技术、信息技术和制作加工技术于一体,把以往企业中相互孤立的工程设计、制造、经营管理等过程,在计算机及其软件和数据库的支持下,构成一个覆盖整个企业的有机系统。

所谓“柔性”，即灵活性，主要表现在：①生产设备的零、部件可根据所加工产品的需要变换；②对加工产品的批量可根据需要迅速调整；③对加工产品的性能参数可迅速改变并及时投入生产；④可迅速而有效地综合应用新技术；⑤对用户、贸易伙伴和供应商的需求变化及特殊要求能迅速做出反应。采用柔性制造技术的企业，其柔性制造设备可在无需大量追加投资的条件下提供连续采用新技术、新工艺的能力，满足多品种小批量的生产需求，而且产品质优价廉。

2）柔性制造技术的划分

柔性制造技术有多种不同的应用形式，按规模大小可作以下划分。

（1）柔性制造系统

柔性制造系统（flexible manufacturing system，FMS）是由若干数控设备、物料运贮装置和计算机控制系统等组成，并能根据制造任务和生产品种变化而迅速进行调整的自动化制造系统。目前常见的FMS通常包括4台或更多台全自动数控机床（加工中心与车削中心等），由集中的控制系统及物料搬运系统连接起来，可在不停机的情况下实现多品种、中小批量的加工及管理。

图5-36是一个典型柔性制造系统的示意图。该系统由6台加工中心、2台自动导向小车、工业机器人、自动化仓库、托盘站和装卸站等组成。在装卸站由工人将毛坯安装在早已固定在托盘上的夹具中；然后物料传送系统把毛坯连同夹具和托盘输送到第一道工序的加工中心旁边排队等候；一旦加工中心空闲，就由自动上下料装置立即将零件送上加工中心进行加工；每道工序加工完毕以后，物料传送系统还要将该加工中心完成的半成品取出，并送至执行下一工序的加工中心旁边排队等候。如此不停地运行，直到完成最后一道加工工序。在零件的整个加工过程中除进行加工工序外，若有必要还要进行清洗、检验以及压套组装工序。

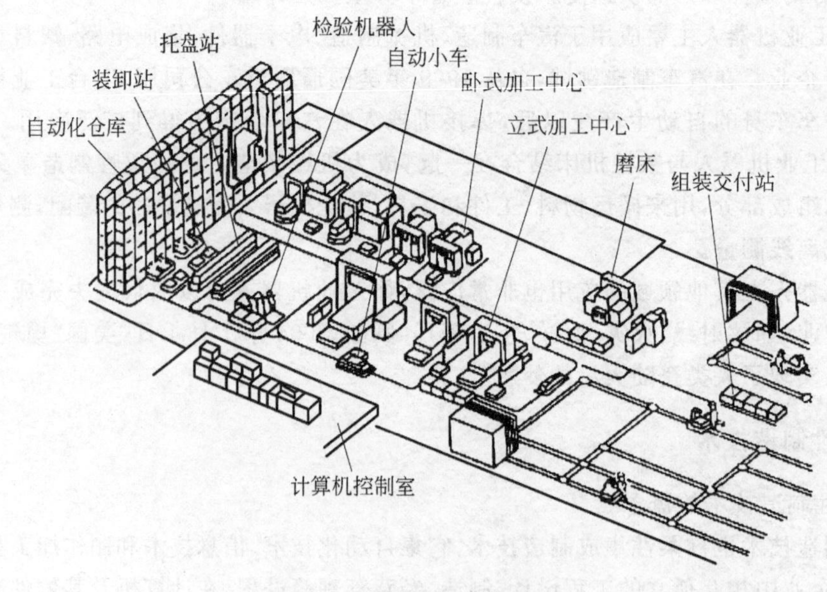

图5-36　典型的柔性制造系统

(2) 柔性制造单元

柔性制造单元(flexible manufacturing cell,FMC)的问世并在生产中使用约比 FMS 晚 6～8 年,FMC 可视为一个规模最小的 FMS,是 FMS 向廉价化及小型化方向发展的一种产物。它是由 1～2 台加工中心、工业机器人、数控机床及物料运送存储设备构成,能够实现单机柔性化及自动化,具有适应多品种产品加工的灵活性,迄今已进入普及应用阶段。

图 5-37 所示是加工棱体零件的柔性制造单元。单元主机是一台卧式加工中心,刀库容量为 70 把,采用双机械手换刀,配有 8 工位自动交换托盘库。托盘库为环形转盘,其台面支承在圆柱环形导轨上,由内侧的环链拖动回转,链轮由电机驱动。托盘库具有正反向回转、随机选择及跳跃分度等功能,托盘的选择和定位由可编程控制器控制,托盘的交换由设在环形台面中央的液压推拉机构实现。托盘库旁设有工件装卸工位,机床两侧设有自动排屑装置。

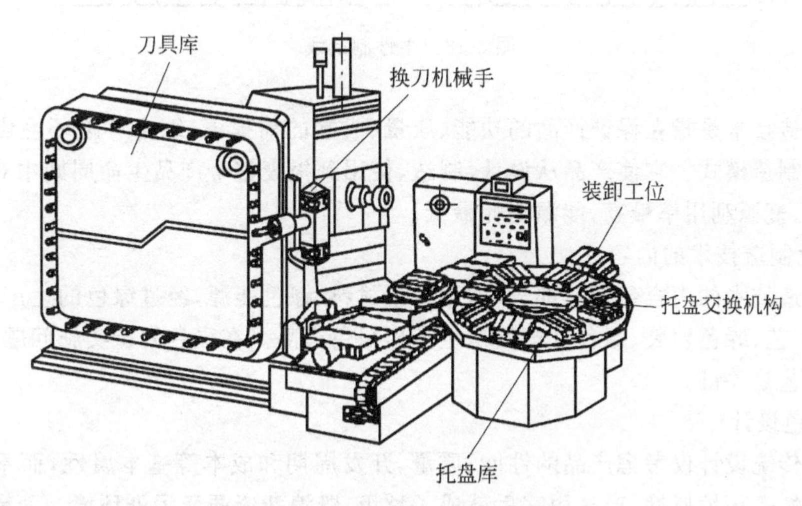

图 5-37 带托盘库的柔性制造单元

(3) 柔性制造线

柔性制造线(flexible manufacturing line,FML)是介于刚性自动线与 FMS 之间的生产线。它由多台加工中心或数控机床组成,其中有些机床也可采用专用机床,全线机床按工件的工艺过程布局,可以有生产节拍,对物料搬运系统柔性的要求低于 FMS,但生产率更高。FML 能够实现生产线柔性化及自动化,其技术已日臻成熟,迄今已进入实用化阶段。

图 5-38 为加工箱体零件的柔性制造线,它由 2 台对面布置的数控铣床,4 台两两对面布置的转塔式换箱机床和 1 台循环式换箱机床组成,采用辊道传送带输送工件。这条自动线同时具有刚性自动线和 FMS 的某些特征,在柔性上接近 FMS,在生产率上接近刚性自动线。

4. 绿色制造技术

1) 绿色制造技术的含义

在传统的机械工业蓬勃发展的同时,也产生了对能源和原材料的巨大消耗和浪费及对生态环境的日益破坏,环境问题已经成为世界各国关注的热点,制造业将改变传统制造模式,推行绿色制造技术,生产出保护环境、提高资源效率的绿色产品。

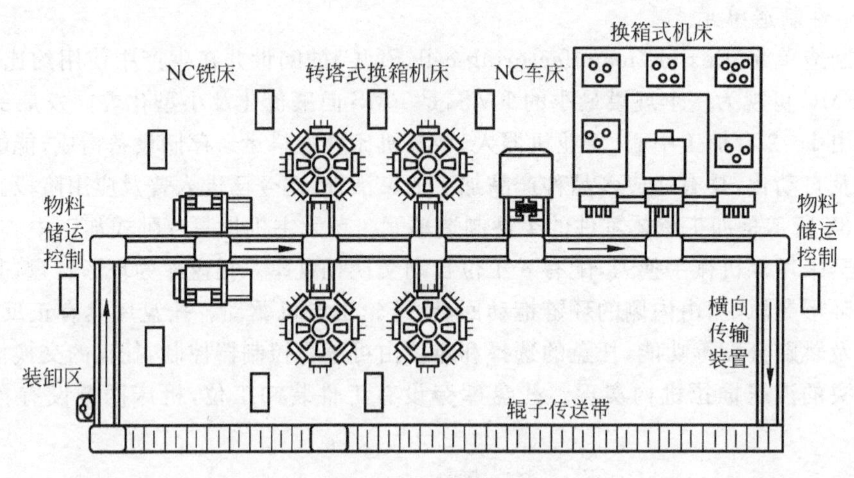

图 5-38 柔性制造线

绿色制造技术是指在保证产品的功能、质量、成本的前提下,综合考虑环境影响和资源效率的现代制造模式。它使产品从设计、制造、使用到报废整个产品生命周期中对环境的负面影响最小,资源利用率最高,能源消耗最低。

2) 绿色制造技术的内容

绿色制造技术的内容包括三部分,即用绿色材料、绿色能源,经过绿色的生产过程(绿色设计、绿色工艺、绿色包装、绿色管理等),生产出绿色产品。在绿色制造实施问题中,绿色设计和绿色工艺是关键。

(1) 绿色设计

产品的传统设计仅考虑产品的性能、质量、开发周期和成本等基本属性,而不考虑可拆性和可回收性等环境属性,产品用完后就成了垃圾,既浪费资源又污染环境。而绿色设计是在产品整个生命周期的设计中,充分考虑对资源和环境的影响,在满足环境要求的同时,保证产品应有的基本性能、质量和寿命。

绿色设计的内容很广泛,包括绿色材料的选择、面向拆卸设计、回收性设计、面向制造和装配设计、绿色产品的长寿命设计等。产品应尽可能选用无毒、无污染、易回收、可再用或易降解的材料;产品结构应便于制造和装配,并且在制造和装配过程中对环境的污染少,所需资源和能源少,使用寿命完结时,零部件能回收、重用或安全地处理掉;同时产品应能满足当前和将来相当长一段时间内的市场需求,最大限度地减少产品过时,以达到节约资源、保护环境的目的。

(2) 绿色工艺

采用绿色工艺是实现绿色制造的重要一环,绿色工艺与清洁生产密不可分。它要求在提高生产效率的同时,必须兼顾减少或消除危险废物及有毒化学品的用量,改善劳动条件,减少对操作者的健康威胁和对环境的污染,并能生产出安全的、与环境兼容的产品。

实现清洁生产主要从节省资源、面向环保以及产品包装三方面入手。首先要减少生产过程中能量的消耗、原材料的消耗和其他消耗;考虑生产过程对环境的影响,要尽量减少生产过程中的污染,包括减少生产过程的废料、减少有毒有害物质(废水、废气、固体废弃物等)、降低噪声和振动等,为此,少/无切削加工、干切削、干磨削、激光加工等绿色切削工艺被相继开发利用；包装是产品生产过程中的最后一个环节，产品包装形式、包装材料以及产品储存、运输等方面都要考虑环境影响的因素。

(3) 绿色产品

绿色制造最终是要获得绿色产品。绿色产品就是在其生命周期(设计、制造、使用和销毁)中，符合特定的环境保护和人类健康的要求，对生态环境无害或危害极少，资源利用率最高，能源消耗最低的产品。未来市场的竞争，其焦点不仅是产品的质量、功能、价格和寿命，还在于产品是否满足环境要求。例如汽车在使用中消耗的主要是汽油这种宝贵的资源，所以汽车制造企业十分注重汽车的节能设计，这也是未来汽车市场竞争的焦点之一。

思考题与习题

1. 数控机床与普通机床相比较，最根本的不同是什么？
2. 数控机床一般由哪几个部分组成？各部分起什么作用？
3. 数控机床有几种分类方法？
4. 何谓机床坐标系和工件坐标系？
5. 在数控车床上精加工如图 5-39 所示的锥柱零件的外轮廓(不含端面)，请编制加工程序。要求：

(1) 在给定工件坐标系内采用绝对坐标编程和直径编程；

(2) 图示刀具位置为程序的起点和终点。切入点在倒角 2×45°的延长线上，其 Z 坐标值为 84；

(3) 进给速度 50mm/min，主轴转速 700r/min；

(4) 刀尖圆弧半径 5mm。

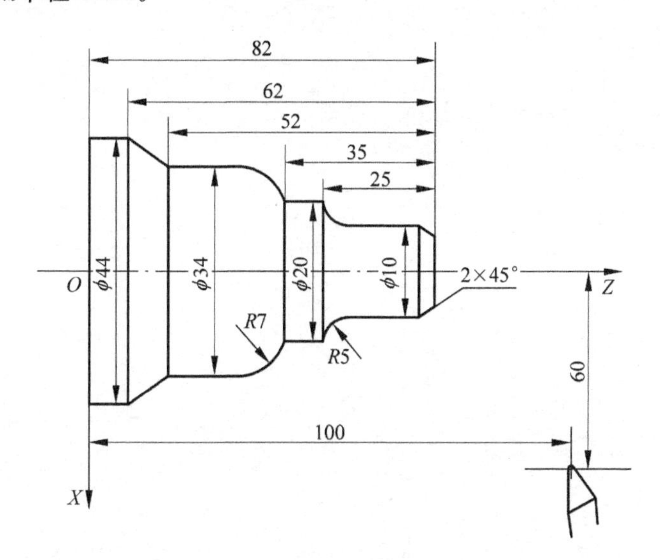

图 5-39 锥柱零件

6. 现代加工也叫特种加工,“现代”在何处？主要有哪些工艺方法？
7. 学习了现代加工后,对材料的切削性有何认识？试举例说明。
8. 电火花加工的基本原理是什么？有何工艺特点？有哪些应用？
9. 电解加工的基本原理是什么？有何工艺特点？有哪些应用？
10. 电子束加工的基本原理是什么？有何工艺特点？有哪些应用？
11. 超声波加工的基本原理是什么？有何工艺特点？有哪些应用？
12. 激光加工的基本原理是什么？有何工艺特点？有哪些应用？
13. 什么叫先进制造技术？包括哪些内容？
14. 试述快速成形技术的主要成形方法及成形原理。
15. 柔性制造技术的应用形式有哪几种？各有什么特点？

机械加工工艺过程基础知识

在实际生产中，由于零件的结构形状、尺寸精度、形位精度、技术条件和生产批量等要求不同，往往不是在一种机床上用一种加工方法就能完成，而是要对零件各组成表面选择适当的加工方法，合理地安排加工顺序，制定出合理的机械加工工艺过程，以保证加工质量，提高生产率并降低成本。

6.1 基本概念

6.1.1 生产过程与工艺过程

1. 生产过程

生产过程是指把原材料转变为成品的全过程。它包括原材料运输和保管、生产准备、毛坯制造、零件加工和热处理、部件和产品的装配、调试、检验以及油漆和包装等。

机械产品的生产过程一般比较复杂，很多产品往往不是在一个工厂内单独生产，而是由许多工厂或车间联合完成的。如汽车制造，汽车上的轮胎、仪表、电器元件、标准件及其他许多零部件都是由其他专业厂生产的，汽车制造厂只生产一些关键零部件和配套件，并最后组装成成品——汽车，这有利于专业化生产、保证质量、提高生产率和降低成本。因此，所谓"原材料"和"成品"，其概念是相对的，某一工厂(或车间)生产的成品可能是其他工厂(或车间)的原材料。例如，铸造和锻造车间的成品就是机械加工车间的原材料，而机械加工车间的成品又是装配车间的原材料。

2. 工艺过程

在生产过程中，凡是改变生产对象的形状、尺寸、相对位置(装配)和性能(物理、化学、力学性能等)等，使其成为成品或半成品的过程称为工艺过程。工艺过程又可分为铸造、锻造、冲压、焊接、机械加工、热处理、装配等工艺过程。本教材只研究机械加工工艺过程。

6.1.2 机械加工工艺过程的组成

一个零件的加工工艺往往比较复杂，需要采用不同的加工方法和设备，通过一系列的加工步骤逐步完成。机械加工工艺过程是由一个或若干个顺序排列的工序组成，毛坯通过这些工序而变为成品。

1. 工序

一个(或一组)工人，在一个工作地点，对一个(或同时对几个)工件所连续完成的那一部分工艺过程称为工序。区分工序的主要依据，是工作地点(或设备)是否变动以及完成的那部分工艺内容是否连续。例如，在车床上加工一批轴，既可以对每一根轴连续地进行粗车和精车，也可以先对整批轴进行粗车，然后再依次对它们进行精车。在第一种情形下，加工只包括一个工序；而在第二种情形下，由于加工过程的连续性中断，虽然加工是在同一台机床上进行的，但却成为两个工序。

工序是组成工艺过程的基本单元，也是制订时间定额、配备工人、安排作业和进行质量检验的基本单元。

图 6-1 所示的阶梯轴，加工数量较少时，可按表 6-1 划分工序；而加工数量较多时，工序划分如表 6-2 所示。

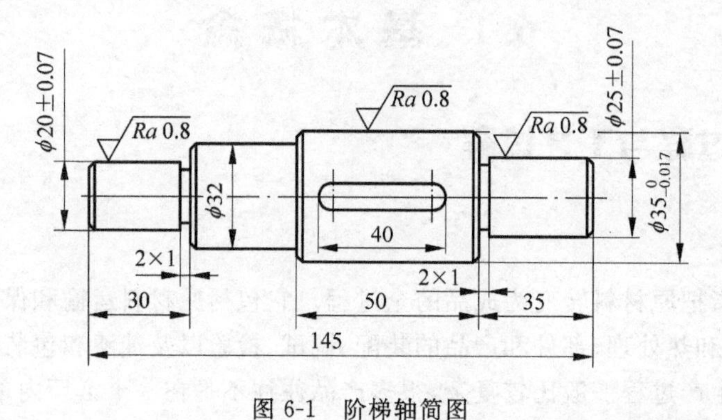

图 6-1　阶梯轴简图

表 6-1　单件小批量生产时阶梯轴的工艺过程

工序号	工序内容	设备
1	车端面、钻中心孔	车床
2	车外圆、车退刀槽、倒角	车床
3	铣键槽、去毛刺	铣床
4	磨外圆	磨床

表 6-2　大批量生产时阶梯轴的工艺过程

工序号	工序内容	设备
1	两边同时铣端面、钻中心孔	铣端面钻中心孔机床
2	车一端外圆、车退刀槽、倒角	车床
3	车另一端外圆、车退刀槽、倒角	车床
4	铣键槽	铣床
5	去毛刺	钳工台
6	磨外圆	磨床

2. 安装

安装是指工件经过一次装夹后所完成的那部分工序内容。有时,工件在机床上需经过多次装夹才能完成一个工序的工作内容。

例如,表 6-1 中的工序 2,为车削全部外圆,先从一端加工出部分外圆表面,然后调头再加工另一端,这时的工序内容就包括两次安装。工件在加工中应尽量减少安装次数,多一次安装,就多一次定位误差,而且会增加装卸工件的辅助时间。

3. 工位

为了减少因多次装夹而带来的装夹误差和时间损失,常采用各种回转工作台、回转夹具或移动夹具及多轴机床,使工件在一次装夹中,能够先后处于几个不同的位置进行加工。工件在机床上占据的每一个位置上所完成的那一部分工作称为工位。图 6-2 是在一台三工位回转工作台机床上加工轴承盖螺钉孔的示意图。操作者在上下料工位Ⅰ处装上工件,当该工件依次通过钻孔工位Ⅱ、扩孔工位Ⅲ后,即可在一次装夹后把 4 个阶梯孔在两个位置加工完毕。这样,既减少了装夹次数,又节约了安装时间,使生产率大大提高。

4. 工步

在加工表面不变、加工工具不变的条件下,所连续完成的那一部分工序内容称为工步。如表 6-1 中的工序 1,包含车两端面和钻两中心孔 4 个工步。

为了提高生产率,常常用几把刀具同时加工一个工件上的几个表面,这样的工步称为复合工步。如图 6-3 所示,用三把刀同时加工出零件的两个外圆和孔,它属于复合工步。在多刀多轴机床上加工经常采用复合工步,复合工步在工艺规程中也可以看作一个工步。

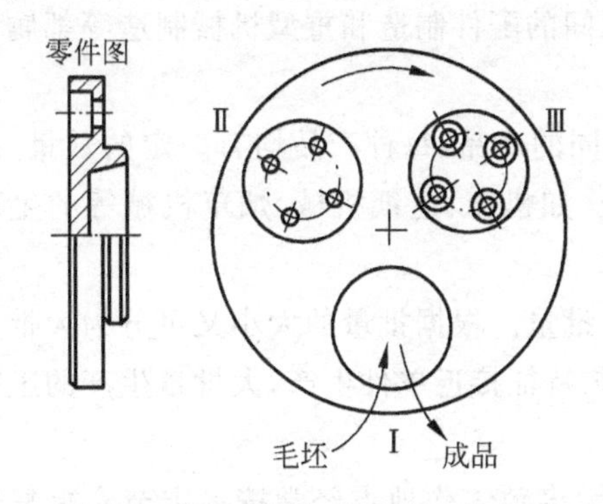

图 6-2 轴承盖螺钉孔的三工位加工

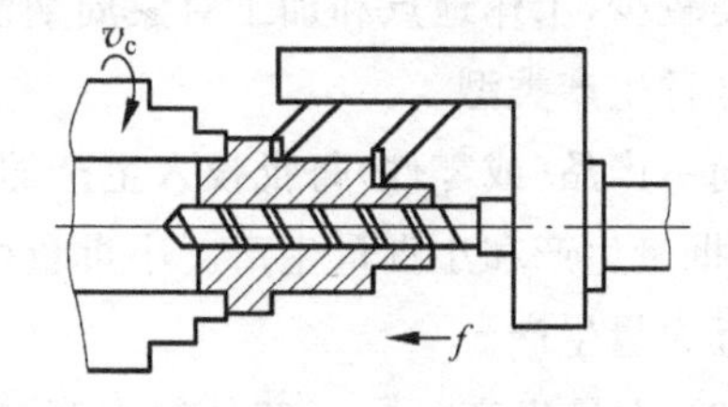

图 6-3 复合工步

5. 走刀

在同一工步中,如果要切去的金属层很厚,则需要用同一把刀具,在相同切削速度和进给量的情况下,对同一加工表面进行多次切削,每切削一次就称为一次走刀。

6.1.3 生产纲领和生产类型

1. 生产纲领

生产纲领是企业在计划期内产品的产量,而计划期常定为一年,因此生产纲领即为年产量。

机器产品中某零件的生产纲领可按下式计算:

$$N = Qn(1+\alpha\%)(1+\beta\%)$$

式中,N——零件的年产量;

Q——产品的年产量;

n——每台产品中该零件的数量;

$\alpha\%$——备品率;

$\beta\%$——废品率。

生产纲领对工厂的生产过程和生产组织起决定性的作用,它影响着工作地点的专业化程度、采用的工艺方法和工艺装备等方面,因而涉及工厂始终寻求的高质量、高效率和低成本问题。

2. 生产类型

生产类型是指企业(或车间、工段、班组、工作地)生产专业化程度的分类。按照产品的大小、特征、生产纲领、投入生产的批量,可将企业的生产分为单件生产、成批生产和大量生产三种类型。

(1) 单件生产　产品种类较多,而同一产品的产量很小,工作地点和加工对象经常改变,很少重复甚至不重复。如新产品试制、维修车间的配件制造和重型机械制造等都属于此种生产类型。

(2) 成批生产　一年中分批轮流制造几种不同的产品,每种产品均有一定的数量,产品的种类较少,工作地点和加工对象周期性地重复。如机床、造纸机械、烟草机械等的生产即属于这种生产类型。

同一产品(或零件)每批投入生产的数量称为批量。根据批量的大小又可分为大批量生产、中批量生产和小批量生产。小批量生产的工艺特征接近单件生产,大批量生产的工艺特征接近大量生产。

(3) 大量生产　同一产品的生产数量很多,大多数工作地点经常按一定节奏重复进行某一零件的某一工序的加工。如汽车、自行车制造和一些链条厂、轴承厂等专业化生产即属此种生产类型。

表 6-3 列出了生产纲领与生产类型的关系。不同生产类型的制造工艺有不同特征,各种生产类型的工艺特征见表 6-4。

表 6-3　生产纲领与生产类型的关系

生产类型		同类零件的年产量/件		
		重型零件 （质量＞2000kg）	中型零件 （质量＝100～2000kg）	轻型零件 （质量＜100kg）
单件生产		＜5	＜10	＜100
成批生产	小批生产	5～100	10～200	100～500
	中批生产	100～300	200～500	500～5000
	大批生产	300～1000	500～5000	5000～50 000
大量生产		＞1000	＞5000	＞50 000

表 6-4　各种生产类型的工艺特点

工艺特点	单件生产	成批生产	大量生产
毛坯	铸件用木模手工造型，锻件用自由锻，毛坯精度低，加工余量大	铸件用金属模造型，部分锻件用模锻，毛坯精度及余量中等	铸件广泛用金属模机器造型，锻件用模锻，毛坯精度高，余量小
机床设备及其布置	采用通用机床；按机床类别和规格采用“机群式”排列	部分采用通用机床，部分采用专用机床；按零件加工分“工段”排列	广泛采用生产率高的专用机床和自动机床；按流水线形式排列
夹具	很少用专用夹具，由划线和试切法达到设计要求	广泛采用专用夹具，部分用划线法进行加工	广泛采用专用夹具，用调整法达到精度要求
刀具和量具	采用通用刀具和万能量具	较多采用专用刀具和专用量具	广泛采用高生产率的刀具和量具
零件互换性	配对制造、互换性低，广泛用钳工修配	大部分零件有互换性，少数用钳工修配	全部零件有互换性，对装配要求较高的配合件，采用分组装配
对工人要求	需要技术熟练的工人	需要一定熟练程度的技术工人	对机床调整工人技术要求高，对机床操作工人技术要求低
对工艺文件的要求	只有简单的工艺过程卡	有详细的工艺过程卡或工艺卡，零件的关键工序有详细的工序卡	有工艺过程卡、工艺卡和工序卡等详细的工艺文件
生产率	低	中	高
成本	高	中	低

6.2　工件的安装

在进行机械加工前，必须使工件在机床或夹具上占有某一正确位置，称为工件的定位。在加工过程中，为了使定位好的工件能承受切削力，并保持其先前确定的位置不变，还必须把它压紧或夹牢，称为夹紧。从定位到夹紧的整个过程，称为安装。

工件安装是否正确、迅速、方便、可靠，直接影响到加工质量、生产率、生产成本及操作者的安全。

6.2.1 工件的安装方法

在各种不同的生产条件下加工时，工件可能有不同的安装方法，但归纳起来可分为以下三类。

1. 直接找正安装

直接找正安装是操作人员借助于划针、角尺、百分表等工具，通过目测，一边校验，一边调整，来找正工件在机床上的位置，然后夹紧工件。

直接找正安装能达到的精度取决于找正工具、找正面本身状况和工人技术水平。采用目测或划针找正，定位精度低，多用于粗加工毛坯的找正；使用百分表找正定位精度可达0.01mm左右，多用于精加工找正。直接找正安装效率低，适合于在单件小批量生产或精度要求特别高的生产中使用。

2. 划线找正安装

对于形状复杂、余量不均匀的铸、锻件毛坯，往往先在毛坯上划出待加工表面的位置线，然后将工件装上机床，按所划的线找正并夹紧工件，称为划线找正安装。

这种方法能保证工件相关表面的位置精度，且可通过划线调整加工余量。但划线费时，又需要技术水平高的划线工，故划线找正的定位精度较低、生产率低，通常只用于单件、小批量生产中形状复杂而笨重的工件的粗加工。

3. 专用夹具安装

将工件放在为其加工而专门设计和制造的夹具中，不需找正即可迅速可靠地获得正确位置并夹紧。如图6-4所示，在钻床上用夹具安装轴套钻孔。轴套以孔和一个端面定位安装在夹具上，拧紧螺母，通过开口垫圈，将轴套压紧，即可进行钻孔。钻完后松开螺母，取下开口垫圈，即可卸下轴套。

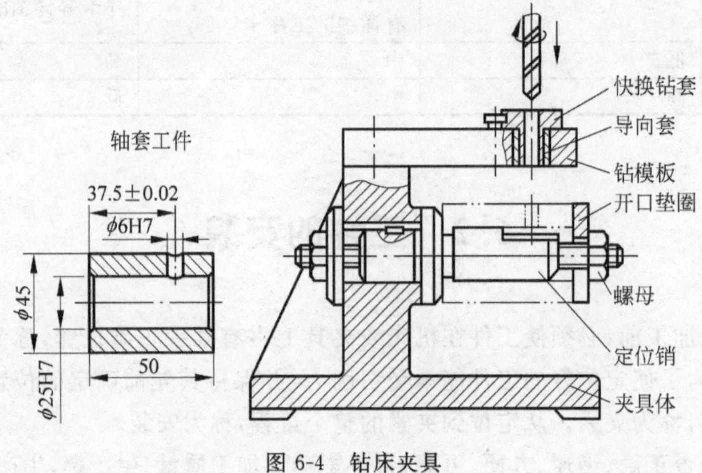

图6-4 钻床夹具

专用夹具安装定位精度高，一般可达 0.01mm，生产率高。由于需要专门设计制造夹具，使生产成本增加，所以主要用于成批大量生产中。但对于形状特殊的零件(如连杆、曲轴)或虽为单件小批生产，但产品精度高，采用其他方法难以保证时，也要考虑使用专用夹具安装。

6.2.2 夹具简介

夹具是在机床上用于准确快捷地确定零件与机床或刀具之间的相对加工位置，并把零件可靠夹紧的工艺装备。它是用来安装零件的机床附加装置，直接影响零件各加工表面之间的位置精度，对保证产品质量、提高生产率和降低成本、扩大机床的使用范围并减轻工人劳动强度起着重要作用。

1. 夹具的分类

夹具的分类方法很多，按夹具的通用程度通常可分为以下两类。

1) 通用夹具

通用夹具是指结构、尺寸已规格化，且具有一定通用性的夹具，如车床上的卡盘，铣床上的虎钳、万能分度头，平面磨床上的电磁吸盘等。其特点是适用性强、不需调整或稍加调整即可装夹一定形状范围内的各种工件。这类夹具已商品化，且成为机床附件，但本身加工精度不高，生产率也较低，且较难装夹形状复杂的工件，故在单件小批量生产中应用广泛。

2) 专用夹具

专用夹具是针对某个工件某一工序的加工要求而专门设计和制造的夹具。这类夹具结构紧凑，操作迅速、方便、省力，可以保证较高的加工精度和生产效率，但设计制造周期较长、制造费用也较高。当产品变更时，夹具将由于无法再使用而报废。所以只有大批量生产中才能发挥它的经济效益。

按使用的机床不同，夹具又可分为车床夹具、铣床夹具、钻床夹具、镗床夹具、磨床夹具、齿轮机床夹具、数控机床夹具等。

按夹具夹紧动力源不同，可将夹具分为手动夹具、气动夹具、液压夹具、电动夹具、电磁夹具等。

2. 夹具的组成

虽然机床夹具的种类繁多，结构千差万别，但就其组成元件的基本功能来看，均可概括为几个共同的组成部分。以图 6-4 所示的钻床夹具为例，说明夹具的组成部分。

(1) 定位元件　指用于确定工件在夹具中正确位置的元件，如图 6-4 中的定位销。与定位元件相接触的零件表面，称为定位表面。凡是夹具都有定位元件，它是实现夹具基本功能的元件。

(2) 夹紧元件　指用于保持工件在夹具中的正确位置，保证工件在加工过程中受到外力(如切削力、重力、惯性力)作用时，已经占据的正确位置不被破坏。图 6-4 中的开口垫圈和螺母即为夹紧元件。

（3）对刀导向元件　指用于确定刀具相对于夹具的正确位置和引导刀具进行加工的元件，如图6-4所示的快换钻套和导向套。对于钻头、扩孔钻、铰刀、镗刀等孔加工刀具用钻套作为导向元件；对于铣刀、刨刀等须用对刀块进行对刀。

（4）夹具体和其他部分　夹具体是夹具的基础件，用于连接夹具上各个元件或装置，使之成为一个整体，并与机床的有关部位相连接。如图6-4中的夹具体。

根据工序要求的不同，有些夹具上还有分度装置、靠模装置、工件顶出器、上下料装置等。

上述各组成部分，并非每个夹具都必须完全具备，但定位元件、夹紧装置和夹具体则是每个夹具都必须具有的基本组成部分。

6.2.3　工件的定位

1. 六点定位原则

一个自由的物体，在空间直角坐标系中具有6个自由度——沿着三个互相垂直的坐标轴的移动自由度，分别用$\vec{X}$、$\vec{Y}$、$\vec{Z}$表示；以及绕三个坐标轴的转动自由度，分别用$\hat{X}$、$\hat{Y}$、$\hat{Z}$表示，如图6-5所示。工件的自由度应理解为位置上的不确定，定位是限制这些自由度，但并非限制了自由度的物体就不能动了，若要工件不动还需夹紧。定位和夹紧是两个不同的概念。

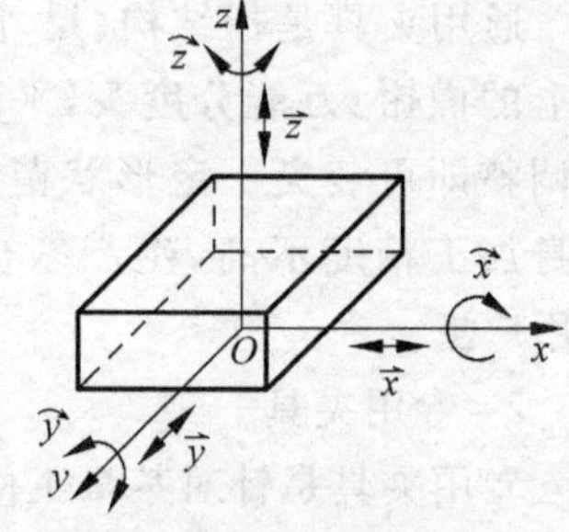

图6-5　物体的6个自由度

在机械加工中，要完全确定工件在夹具中的正确位置，必须用6个相应的支承点限制工件的6个自由度，称为"六点定位原则"。如图6-6所示，将6个支承钉分布在3个互相垂直的坐标平面内。在XOY平面上有3个支承钉，可限制$\hat{X}$、$\hat{Y}$和$\vec{Z}$共3个自由度；在YOZ平面内分布两个支承钉，可限制$\vec{X}$和$\hat{Z}$这两个自由度；在XOZ平面内分布一个支承钉，限制自由度$\vec{Y}$。一个支承钉可以限制工件的一个自由度。

由上述分析可知，工件只要同时与夹具中的6个支承点确切地接触，就可以相对于夹具在空间占据一个确定的位置，工件重复放置时，此位置也是不会改变的。

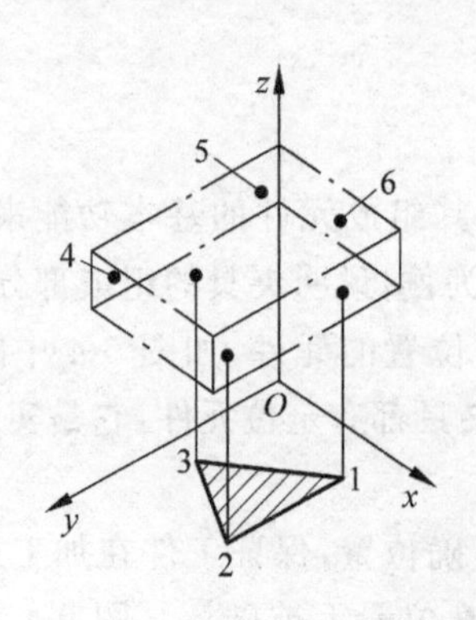

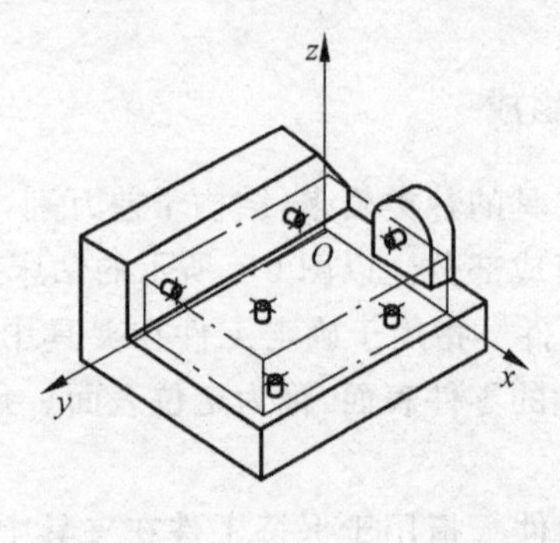

图6-6　六点定位简图

2. 常见定位方式

工件在定位时，对其自由度的限制需视要求而定。影响加工要求的自由度必须限制；不影响加工要求的自由度，有时要限制，有时不需限制。定位方式主要有以下几种。

1）完全定位

在实际加工中，有时需要将工件的6个自由度全部限制，称为完全定位。当工件在三个坐标方向均有尺寸要求或位置精度要求时，一般采用这种定位方式，如图6-7所示。在具体的夹具中，支承点是由定位元件来体现的。

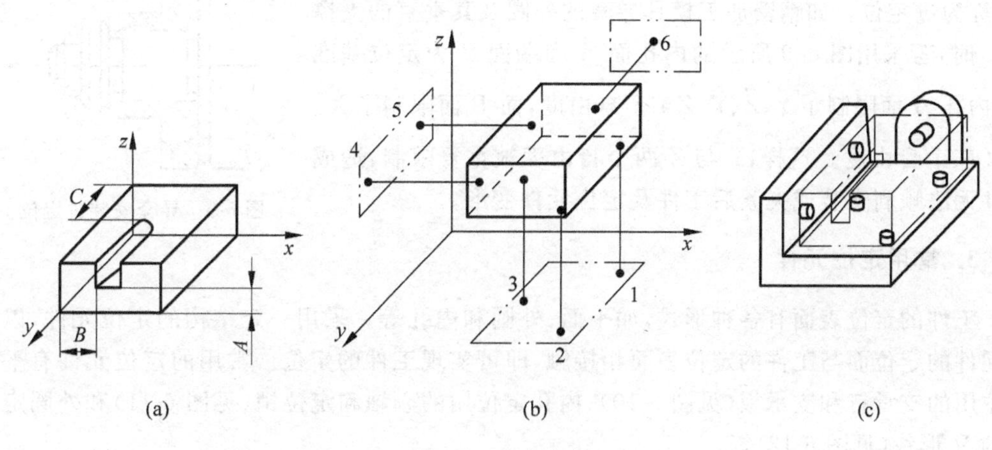

图6-7　完全定位

2）不完全定位

工件被限制的自由度少于6个，但仍能保证加工要求，称为不完全定位。这种定位有两种情况：一种是工件的某些自由度不限制并不影响加工要求，如图6-8(a)铣削通槽，工件的自由度 $\vec{Y}$ 并不影响通槽的加工要求，因此只需要限制 $\vec{X}$、$\vec{Z}$、$\widehat{X}$、$\widehat{Y}$、$\widehat{Z}$ 5个自由度即可；另一种情况是由于工件的几何形状特点，限制工件的某些自由度没有意义，有时也无法限制，如图6-8(b)光轴绕轴线的旋转自由度 $\widehat{X}$。采用不完全定位可简化定位装置，因此不完全定位在实际生产中也广泛应用。

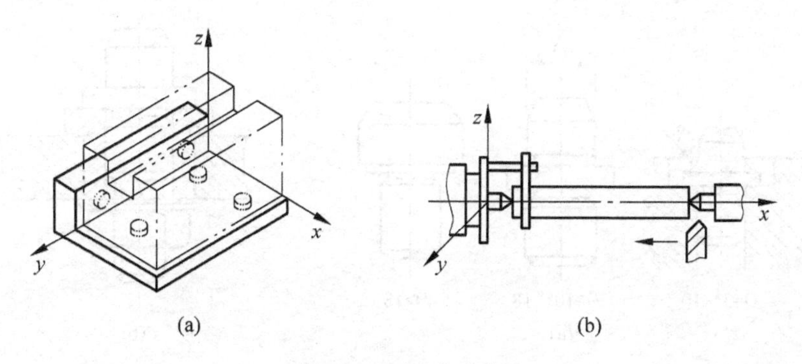

图6-8　不完全定位

3）欠定位

工件在加工时，若定位支承点实际限制的自由度数目少于加工时所必须限制的自由度数目，则定位不足，这种定位称为欠定位。欠定位无法保证加工精度，所以，欠定位在实际加工中是不允许的。如在图 6-7 所示定位中若不设端面支承 6，则在一批工件上半封闭槽的长度就无法保证；若缺少侧面两个支承点 4、5 时，则工件上的尺寸 B 及槽和工件侧面的平行度均无法保证。

4）过定位

两个或两个以上的定位元件重复限制同一个自由度的现象，称为过定位。如精密加工模具导套的外圆及其垂直的支撑面 C 时，若采用图 6-9 所示的内孔面 A 和端面 B 为定位基准面，内孔 A 面限制了 $\vec{Y}$、$\vec{Z}$、$\hat{Y}$、$\hat{Z}$ 4 个自由度，而 B 面限制了 $\vec{X}$、$\hat{Y}$、$\hat{Z}$ 三个自由度。这样，$\hat{Y}$ 与 $\hat{Z}$ 两个自由度被重复限制，造成工件无法顺利安装或夹紧后工件及定位元件变形。

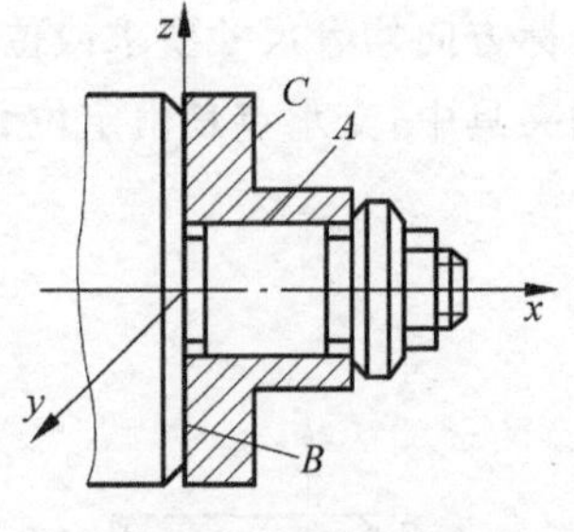

图 6-9 导套安装过定位

3. 常用定位元件

工件的定位表面有各种形式，如平面、外圆和内孔等。采用一定结构的定位元件，以定位元件的定位面与工件的定位表面相接触，即可实现工件的定位。常用的定位元件有平面定位用的支承钉和支承板（见图 6-10）、内孔定位用的心轴和定位销（见图 6-11）和外圆定位用的 V 形块（见图 6-12）等。

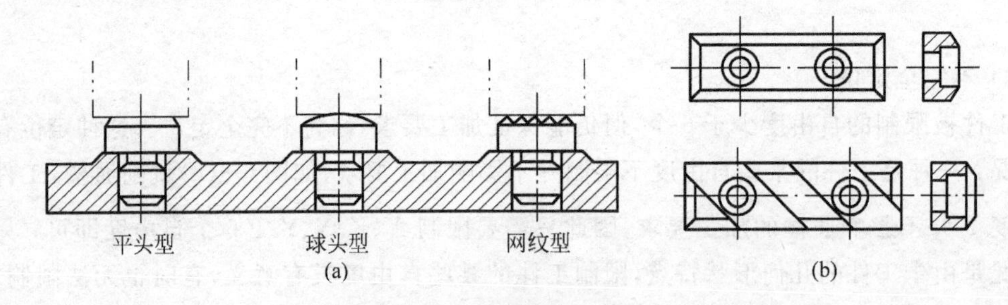

图 6-10 支承钉和支承板

（a）支承钉；（b）支承板

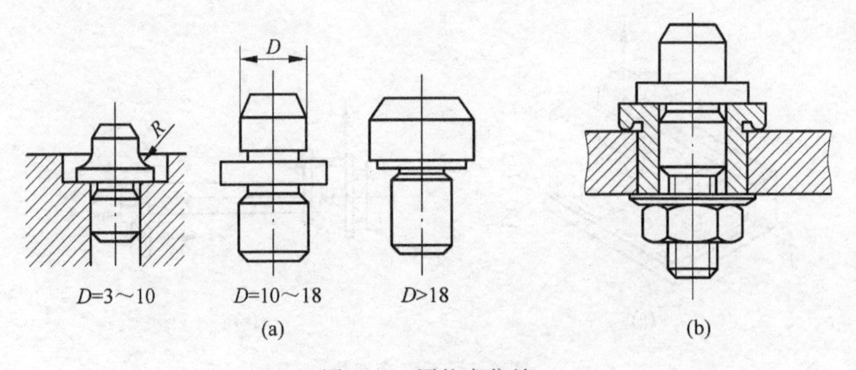

图 6-11 圆柱定位销

（a）固定式定位销；（b）带衬套可换式定位销

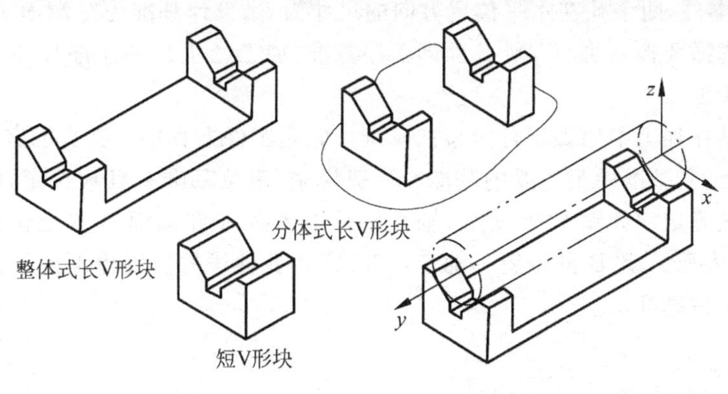

图 6-12 V 形块

6.2.4 基准及其选择

基准就是“依据”。在零件的设计和制造过程中,总要依据一些点、线、面来确定另一些点、线、面的位置,这些被依据的点、线、面称为基准。

1. 基准的分类

按功用不同,基准可分为设计基准和工艺基准两大类。

1) 设计基准

设计基准是设计时在零件图上所使用的基准,即设计尺寸标注的起点。如图 6-13(a)所示,*A* 面和 *B* 面互为设计基准,即对于 *A* 面,*B* 是它的设计基准,对于 *B* 面,*A* 是它的设计基准;图 6-13(b)中,ϕ50mm 外圆的轴线是 ϕ30mm 外圆的设计基准;图 6-13(c)中外圆面的下母线 *D* 是平面 *C* 的设计基准。

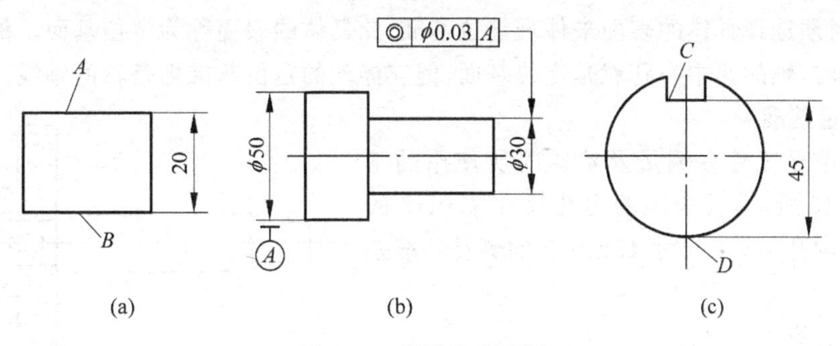

图 6-13 设计基准示例

2) 工艺基准

工艺基准是零件在加工、定位、测量及装配过程中所使用的基准。按用途不同可分为工序基准、定位基准、测量基准和装配基准。

(1) 工序基准

工序基准是在工序图上用来确定本工序所加工表面加工后的尺寸、形状、位置的基准。

如图 6-14 所示零件,两个孔在水平位置方向的尺寸为 l_2,设计基准为左端面 A。钻孔时,如果从工艺上考虑需要按 l_3 加工,则 B 面即工序基准,加工尺寸 l_3 叫工序尺寸。

(2) 定位基准

定位基准是在加工中用做工件定位的基准。它是工件上直接与夹具的定位元件相接触的点、线、面,是工艺基准中最主要的基准。一般说来,定位基准一旦被选定,则工件的定位方案也基本上被确定。如图 6-15 所示,轴承座是用底面 A 和侧面 B 来定位的。因为工件是一个整体,当表面 A 和 B 的位置一确定,ϕ20H7 内孔轴线的位置也确定了。表面 A 和 B 就是轴承座的定位基准。

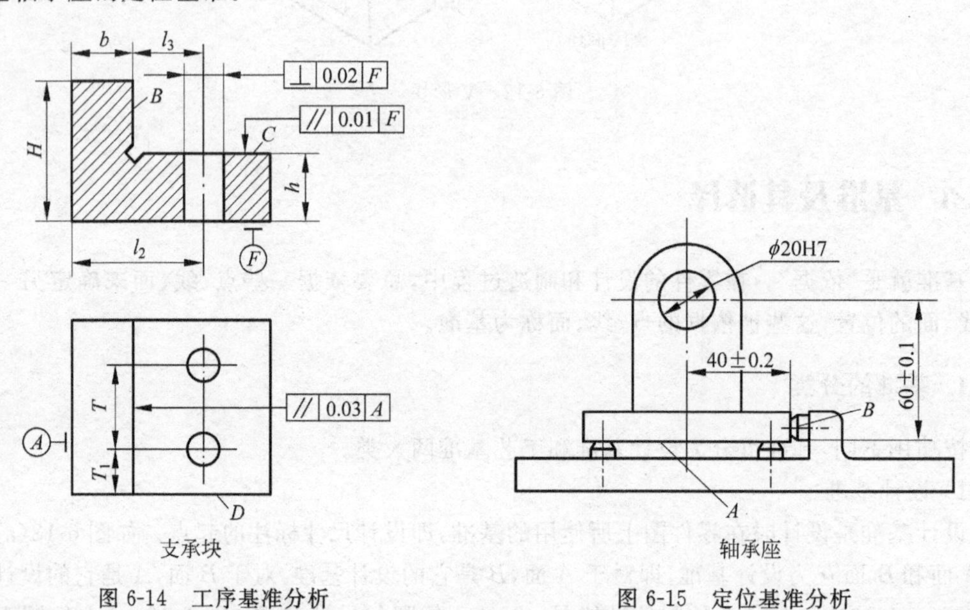

图 6-14 工序基准分析　　图 6-15 定位基准分析

作为定位基准的点、线、面在工件上并不一定具体存在,如表面的几何中心、对称面或对称线等,此时须选择具体的表面来体现定位基准,此具体的表面称为定位基面。例如用双顶尖安装车轴时,轴的两中心孔就是定位基面,但它体现的定位基准则是轴的轴线。

(3) 测量基准

测量基准是工件在测量及检验时所使用的基准。如图 6-15 所示,轴承座的内孔尺寸 ϕ20H7 的测量基准为内孔轴线;尺寸 40±0.2 的测量基准是表面 B。

(4) 装配基准

零件或部件装配时用来确定它在机器中位置的基准称为装配基准。如图 6-16 所示的齿轮以内孔和左端面确定其安装在轴上的位置,则内孔和左端面就是齿轮的装配基准。

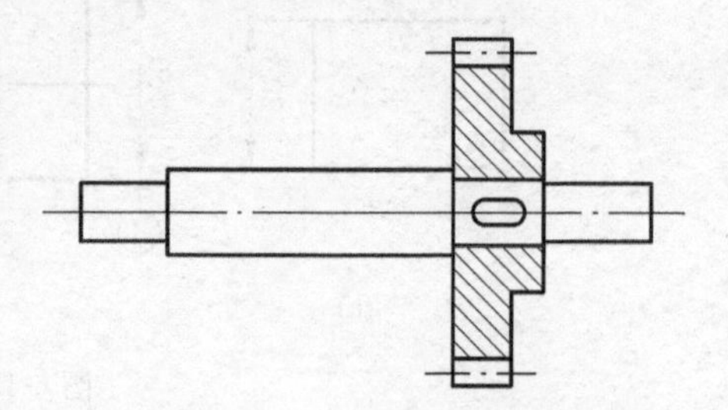
图 6-16 齿轮的装配基准

2. 定位基准的选择原则

定位基准选择得是否合理,直接影响到加工质量和生产效率。选择定位基准时,在最初工序中,只能用毛坯上未经加工的表面作为定位基准,这种基准称为粗基准。在以后的工序中用已加工过的表面作为定位基准，这种基准称为精基准。在选择定位基准时，需要按照粗基准和精基准的各自原则来确定。

1) 粗基准的选择原则

粗基准的选择，主要应考虑两个问题：一是加工表面与不加工表面之间的位置精度要求；二是各加工表面加工余量的合理分配。

(1) 保证加工表面与不加工表面位置精度的原则

如果零件上加工表面与不加工表面之间有相对位置要求，则应选不加工表面为粗基准，这样可使加工表面与不加工表面之间的位置误差最小；当零件上有多个不加工的表面时，应选择其中与加工表面的相对位置要求较高者为粗基准。

图 6-17 所示为套筒法兰零件，其外圆柱表面 A 是不加工表面，以该表面作粗基准可以在一次安装中完成车外圆 C、车端面 B 和镗内孔 D 的工作，不仅保证镗孔后零件的壁厚均匀，还能使端面 B 与外圆 A 的轴线垂直，内孔 D 和外圆 A 同轴。

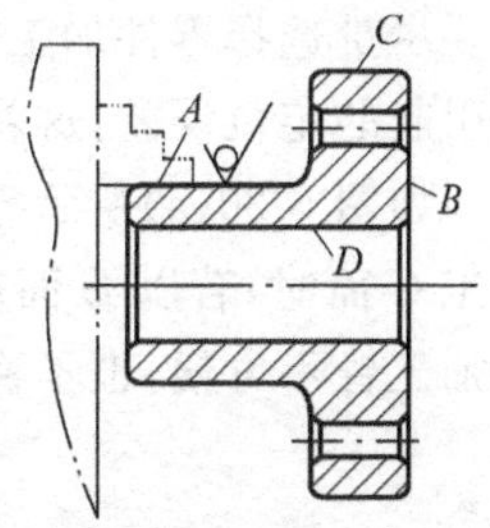

图 6-17 套筒法兰零件粗基准选择

(2) 保证各加工表面的加工余量合理分配原则

① 为了保证重要加工面的余量小而均匀，应选择重要加工面为粗基准。如图 6-18 所示车床导轨的加工，车床导轨面是重要表面，不仅精度和表面质量要求很高，而且要求导轨面具有均匀的物理力学性能和较高的耐磨性。由于床身毛坯铸造时，导轨面是倒扣在砂箱的最底部浇铸成形的，导轨面材料质地致密，砂眼、气孔相对较少。因此，导轨面粗加工时，希望切去的金属尽可能薄一些，以便留下一层组织紧密而耐磨的金属层。为了达到上述目的，应选导轨面作粗基准加工床腿，然后再以床腿作精基准加工导轨面，以保证导轨面的加工余量小而均匀。

② 为了保证各加工表面都有足够的加工余量，应选择毛坯余量最小的面为粗基准。如图 6-19 所示的阶梯轴，表面 B 加工余量最小，应选表面 B 作为粗基准，如果以表面 A 或表面 C 为粗基准来加工其他表面，则可因这些表面间存在较大位置误差而造成表面 B 加工余量不足。

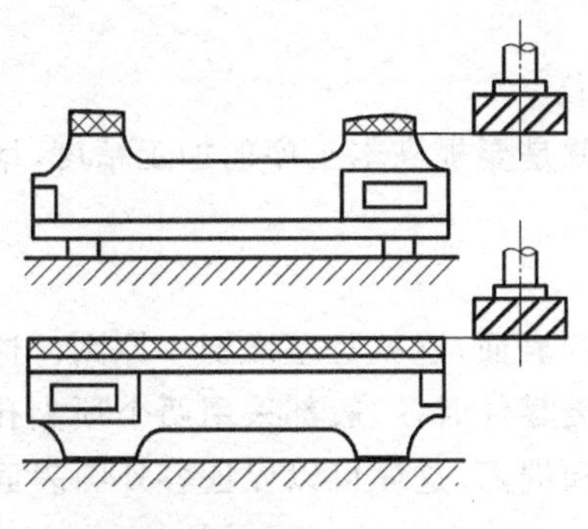
图 6-18 床身导轨的粗基准选择

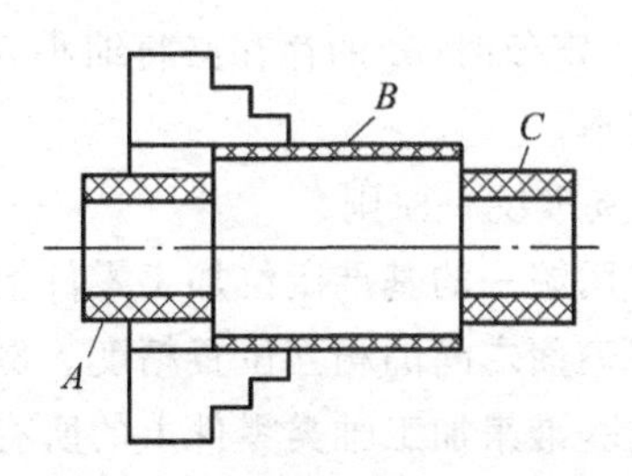

图 6-19 阶梯轴粗基准的选择

(3) 便于装夹原则

为了使定位准确、夹紧可靠，选作粗基准的表面应光洁、无锻造飞边和铸造浇冒口、分型面及毛刺等缺陷。

(4) 粗基准尽量避免重复使用原则

在同一尺寸方向上粗基准通常只允许使用一次。因粗基准是毛面，表面粗糙、形状误差大，重复使用同一粗基准所加工的两组表面之间会产生较大的相互位置误差。

2) 精基准的选择原则

选择精基准时，主要考虑的问题是如何减少零件的定位误差，保证加工精度，并使安装方便。

(1) 基准重合原则

尽量选择零件加工表面的设计基准作为定位基准，以避免定位基准与设计基准不重合而引起的定位误差，这就是基准重合原则。

如图 6-20(a)所示零件，表面 A 和 B 均已加工过，C 面待加工，B 面是 C 面的设计基准。加工 C 面时，若以 B 面定位，可以直接保证尺寸 c，也符合基准重合原则。但这种方法定位和加工皆不方便，也不稳固。

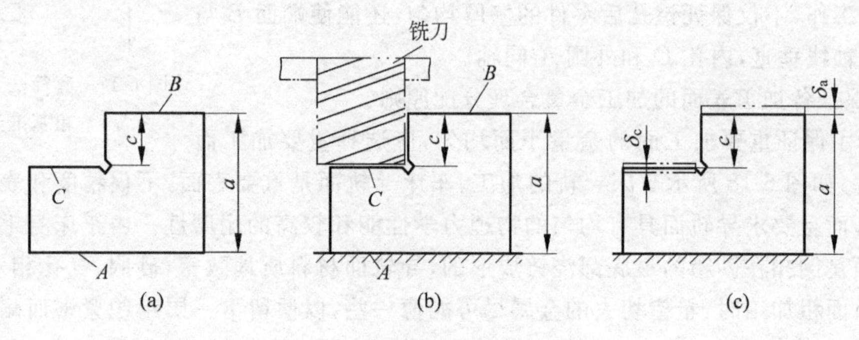

图 6-20 基准不重合误差示例

若以 A 面定位加工 C 面，则定位基准 A 与设计基准 B 不重合(见图 6-20(b))，此时尺寸 c 要通过尺寸 a 间接得到。这样，影响尺寸 c 精度的，除了本工序所出现的加工误差 δ_c 外，还加进了尺寸 a 的加工误差 δ_a。δ_a 是由于基准不重合带来的，称为基准不重合误差(见图 6-20(c))。

可见，为了保证尺寸 c 的精度(T_c)要求，应使

$$\delta_c + \delta_a \leqslant T_c$$

当 T_c 为一定值时，δ_a 的存在必将缩小 δ_c 的值，也就是要提高本工序的加工精度，增加加工难度和成本。

(2) 基准统一原则

应选用统一的基准定位加工零件上尽可能多的表面，这就是基准统一原则。这样做可以保证各表面之间的相互位置精度。例如加工轴类零件时，一般都采用两个顶尖孔作为统一的定位基准来加工轴类零件上的所有外圆表面和端面，这样可以保证各外圆表面间的同轴度和端面对轴心线的垂直度。

(3) 自为基准原则

当工件精加工或光整加工工序要求加工余量小而均匀时，应选用加工表面本身作定位基准，这就是自为基准原则。

如图 6-21 所示在导轨磨床上磨削床身导轨时，希望磨削余量小而均匀，故以导轨面自

身为定位基准，通过调整导轨下面的4个楔铁，用千分表找正导轨面定位。此时床腿面只起支承平面的作用，它并非定位基准面。此外，浮动镗孔、浮动铰孔、珩磨及拉孔等，均是采用加工表面自身作定位基准。

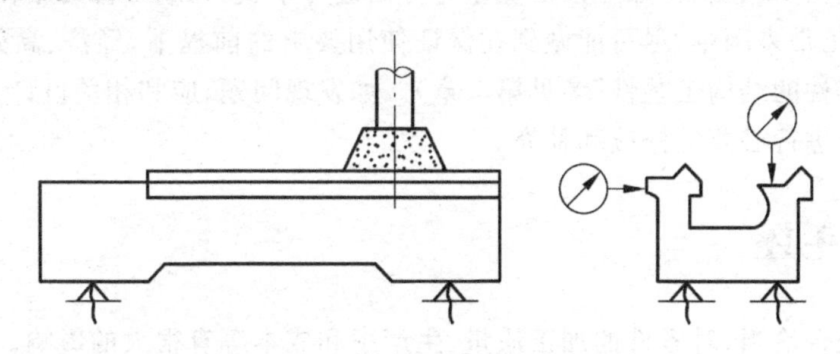

图6-21 机床导轨面自为基准示例

(4) 互为基准原则

对于加工余量要求均匀、位置精度要求较高的表面，采用加工表面间互为基准反复加工，更有利于精度的保证。例如加工精度和同轴度要求高的套筒类零件，精加工时，一般先以外圆定位磨内孔，再以内孔定位磨外圆。

(5) 装夹方便原则

选择精基准时，必须考虑工件定位准确、夹紧可靠以及操作方便等问题。

应该指出，上述粗、精基准选择原则，在实际运用中常常不能全部满足，往往出现相互矛盾的情况，这就要求从技术和经济两方面进行综合分析，选出最有利的定位基准。

6.3 机械加工工艺规程的制定

规定产品或零部件机械加工工艺过程和操作方法的技术文件，称为机械加工工艺规程。它是在具体生产条件下，本着最合理、最经济的原则编制而成的，是生产准备、生产计划、生产组织、实际加工及技术检验等的重要技术文件。

制定零件机械加工工艺规程的主要内容包括：零件的工艺分析、毛坯的选择、工艺路线的拟定、加工余量的确定及工艺文件的编制等。

6.3.1 零件加工工艺分析

对零件进行加工工艺分析时，首先要结合零件图和产品装配图，了解产品的性能、用途和工作条件，明确被加工零件在产品中的位置和功用；然后从加工制造的角度对零件的技术要求、结构工艺性等进行分析和研究。主要内容如下：

1. 检查零件图并熟悉各项技术要求

检查零件图上的视图、尺寸和技术要求是否完整、合理，零件材料的选取是否合理；找出加工的难点及保证零件加工质量的关键，以便在制定工艺规程时重点予以关注。

2. 审查零件的结构工艺性

对零件的结构要从安装、加工以及测量等方面进行审查,判断零件的结构工艺性是否良好,是否会给加工带来困难,尽可能做到在保证使用要求的前提下,经济、高效、合格地将零件加工出来("零件的结构工艺性"参见第7章)。如发现问题,应和相关设计人员协商,并按规定手续对图纸进行必要的修改和补充。

6.3.2 选择毛坯

毛坯选择是否恰当,对零件的加工质量、生产率和成本等有很大的影响。常用的毛坯种类有铸件、锻件、焊接件、冲压件、型材和粉末冶金件等。

选择毛坯时主要考虑零件的材料及其力学性能、结构和尺寸以及生产类型等。有些零件的毛坯种类会在图纸上明确,如焊接件;有些则随着零件材料的选定而确定,如选用铸铁、铸钢、青铜、铸铝等材料,毛坯必为铸件;对于材料为结构钢的零件,若力学性能要求高,毛坯一般采用锻件,若用途一般,则要根据零件的结构和尺寸确定毛坯种类,如普通阶梯轴,如果各段直径相差不大,可选择圆棒料做毛坯,倘若各段直径相差较大,为了节省材料,应选择锻件。

6.3.3 拟定工艺路线

拟定零件的工艺路线是制定工艺规程的关键性一步。拟定工艺路线的主要工作有:选择定位基准、确定各表面的加工方法、划分加工阶段、安排加工顺序、决定工序集中与分散等。

1. 选择定位基准

正确选择定位基准,特别是主要的精基准,对保证加工精度,合理安排加工顺序起决定性的作用,定位基准的具体选择原则参见6.2节的"工件的安装"。

2. 确定表面加工方法

机械零件一般都是由一些简单的几何表面组合而成,而每一种表面可以采用不同的加工方法来获得。选择表面加工方法,就是要为零件上每一个有质量要求的表面选择一套合理的加工方法。

1)表面加工方法的选择依据

选择表面加工方法时,主要依据以下几点:

(1)加工表面的精度和表面粗糙度要求　根据这些要求,选择与之相符合的加工精度所对应的加工方法。满足要求的加工方法可能有多种,再结合其他条件,最后确定一种。

(2)零件的材料及热处理要求　例如,钢件和铸铁件的精加工可以采用磨削,但有色金属的精加工因材料过软容易堵塞砂轮而不宜采用磨削,常用金刚镗或者高速精密车削;淬火钢精加工只能采用磨削。

(3)零件的结构和尺寸　例如,对于IT7级精度的孔,采用镗、铰、拉和磨削等都可达到要求,但箱体上的孔一般不宜采用拉或磨削,大孔宜选择镗削,小孔则宜选择铰孔。

(4) 零件的生产类型　选择加工方法要与生产类型相适应。大批大量生产应选用高生产率的加工方法，如平面和内孔可采用拉削的方法；单件小批生产时则可采用刨削、铣削平面和钻、扩、铰孔等方法。

(5) 企业的现有设备情况和技术条件　应充分利用企业的现有设备和工艺手段，节约资源，挖掘企业潜力；同时应重视新技术、新工艺，设法提高企业的工艺水平。

2) 典型表面的加工方案

在前人长期的生产实践中，对机械零件各种典型表面，如外圆、内孔、平面或成形表面等，总结出了若干行之有效的加工方案，可供设计工艺过程时参考。

(1) 外圆面的加工方案

外圆面是轴类、套类和盘类零件的主要表面。外圆面的基本加工方法是车削和磨削，要求精度高、粗糙度小时，往往还要进行研磨、超级光磨等光整加工。图 6-22 给出了外圆表面的加工路线框图以及各工序所能达到的精度和表面粗糙度。

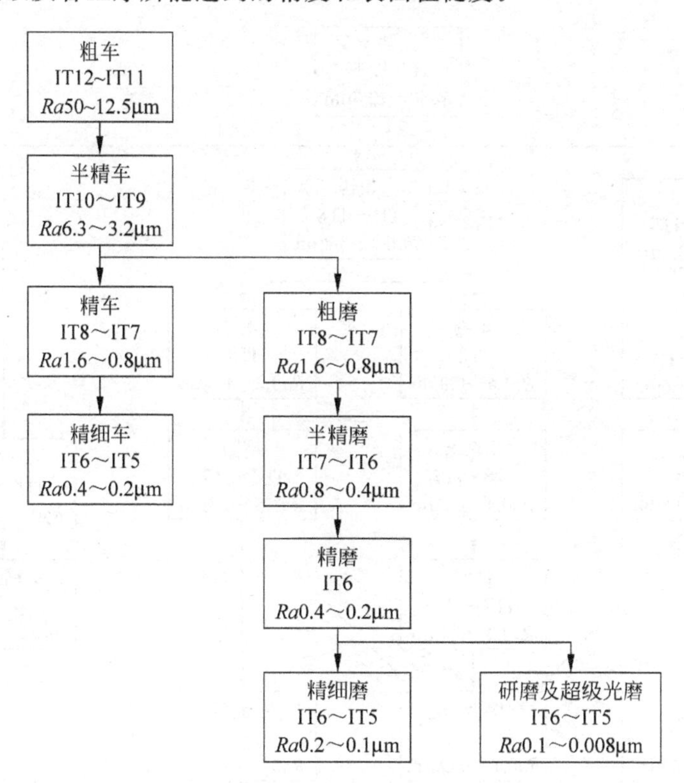

图 6-22　外圆面加工路线框图

根据各种零件外圆面的精度和表面粗糙度要求，其加工方案大致可分为如下几类：

① 粗车—半精车—精车　应用最广泛的一种加工方案。对于精度要求不高于 IT7，粗糙度 $Ra \geqslant 0.8\mu m$ 的未淬硬零件的外圆面，均可采用此方案。如果精度要求较低，可只取到半精车，甚至只取到粗车。

② 粗车—半精车—粗磨—精磨　主要用于黑色金属材料，特别是结构钢零件和半精车后有淬火要求的零件。精度要求不高于 IT6，粗糙度 $Ra \geqslant 0.2\mu m$ 的外圆面，均可采用此方案。

③ 粗车—半精车—粗磨—精磨—光整加工(研磨或超级光磨等)　若第二种方案仍不

能满足精度,尤其是粗糙度的要求,可采用此方案,即在精磨以后增加一道光整加工工序。但该方案不宜用于加工塑性大的有色金属零件。

④ 粗车—半精车—精车—精细车　主要适用于精度要求高的有色金属零件的加工。

(2) 孔的加工方案

孔是组成零件的基本表面之一,零件上常见的孔有以下几种:

① 紧固孔　如螺钉、螺栓孔等。

② 回转体零件上的孔　如套筒、法兰盘及齿轮上的孔。

③ 箱体类零件上的孔　如机床主轴箱体上的主轴及传动轴的轴承孔等,这类孔往往构成孔系。

孔加工的基本方法有钻孔、扩孔、铰孔、镗孔和磨孔等。图 6-23 给出了孔的加工路线框图以及各工序所能达到的精度和表面粗糙度。拟定孔的加工方案时,应考虑孔径的大小、深度、材料、精度和表面粗糙度等要求。

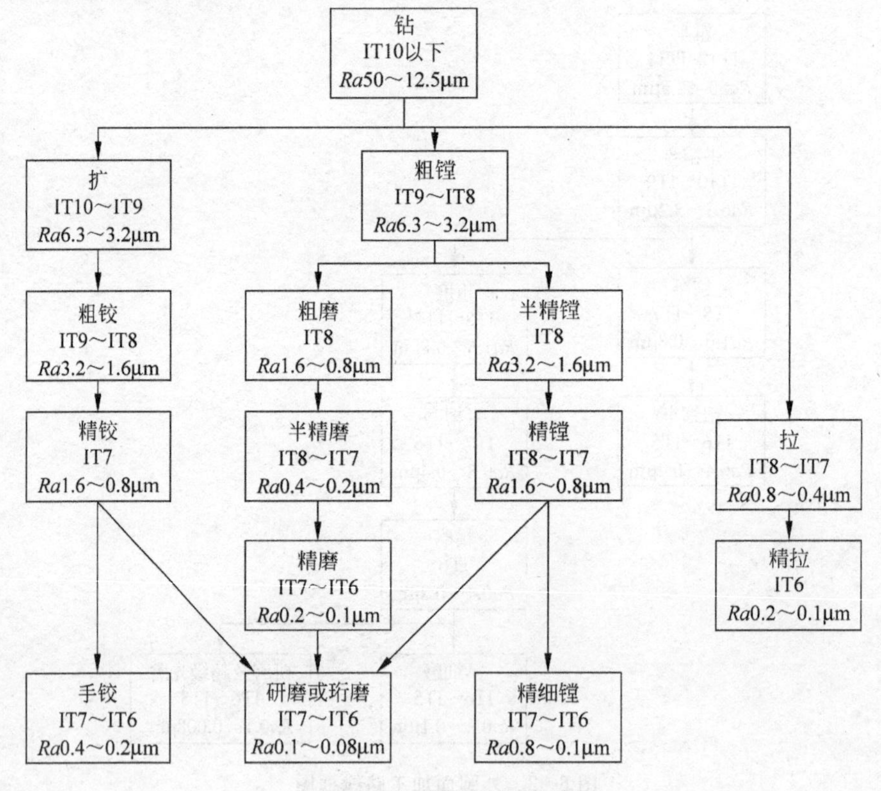

图 6-23　孔的加工路线框图

若在实体材料上加工孔,必须先采用钻孔,其加工方案大致可分为如下几类:

① 钻—扩—铰　主要用于加工直径小于 50mm 未淬硬的中小孔,是应用最广泛的一种加工方案。加工后孔的精度可达 IT7,表面粗糙度可达 $Ra0.8\mu m$,如果精度要求还要高,可在铰后安排一次手铰。

② 钻—粗镗—半精镗—精镗—精细镗　一条应用非常广泛的加工路线,用于加工除淬火钢以外的各种材料的高精度孔和孔系。与钻—扩—铰路线不同的是,该路线能加工的孔

径范围大，一般孔径不小于 18mm 即可镗削；另外，加工出的孔位置精度高。

③ 钻—粗镗—半精镗—粗磨—精磨—研磨(或珩磨) 用于黑色金属特别是淬硬零件的高精度的孔加工，但不宜用于有色金属。

④ 钻—拉 多用于大批量生产中加工盘套类零件的圆孔、单键孔和花键孔，加工质量稳定，生产率高。

若是对已经铸出或锻出的孔进行加工，则可直接采用扩孔或镗孔，直径大于 100mm 的孔，以镗孔为宜。其加工方案视具体情况参照上述方案拟定。

(3) 平面的加工方案

平面是盘形、板形、箱体和支架零件的主要表面之一。一般平面可采用车、铣、刨、磨、拉等方法进行加工；精密平面可采用宽刀精刨、刮研、研磨等方法进行加工；回转体零件的端面，多采用车削和磨削来加工；其他类型的平面以铣削和刨削为主；拉削仅适于大批量生产中技术要求较高，且面积不太大的平面；淬硬平面的精加工必须用磨削，而有色金属的精加工不能采用磨削，只能使用精车、精铣等方法。

图 6-24 所示为平面的加工路线框图，应根据平面的精度、表面粗糙度要求以及零件的结构和尺寸、材料性能、热处理要求等，采用不同的加工方案。

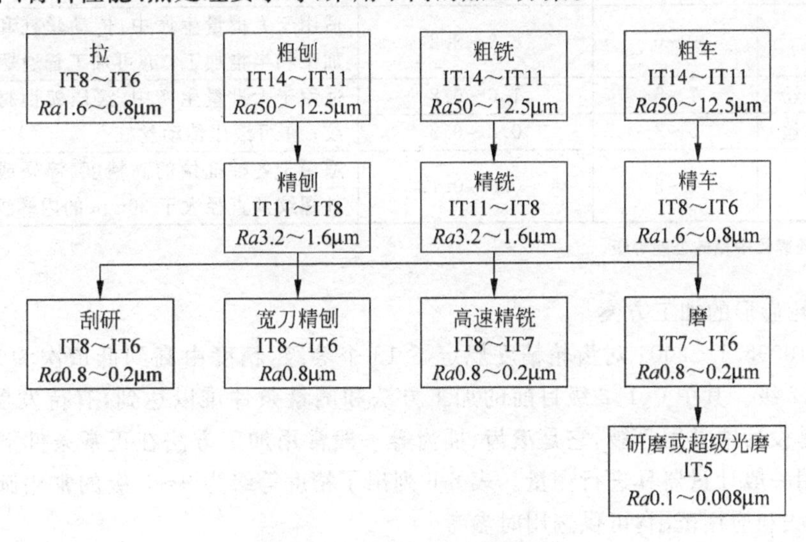

图 6-24 平面的加工路线框图

① 粗铣—精铣—高速精铣 铣削是平面加工中用得最多的方法，若采用高速精铣作为终加工，既可达到较高的精度，又可获得较高的生产率。视被加工面的精度和表面粗糙度要求，可以只安排粗铣，或粗铣—半精铣；粗铣—半精铣—精铣等。该方案适于加工未淬火钢件、铸铁件，特别是高精度有色金属件的宽平面。

② 粗刨—精刨—宽刀精刨(或刮研) 适于加工精度要求较高的未淬火钢件、铸铁件、有色金属件的狭长平面。

③ 粗铣(或粗刨)—精铣(或精刨)—粗磨—精磨—研磨(或超级光磨) 多用于精度要求较高且淬硬的平面。未淬火钢件或铸铁件上较大平面的精加工往往也采用此方案，但不宜精加工塑性大的有色金属件。

④ 拉削　适于大批量生产除淬火钢以外的各种金属材料。

⑤ 粗车—半精车—精车(或磨削)　主要用于加工轴、套、盘等回转体零件的端面。

(4) 螺纹的加工方案

GB/T 197—2003 对螺纹公差规定了 3,4,5,6,7,8,9 七个等级,3 级为最高,9 级最低。螺纹公差等级不同,其牙侧表面粗糙度要求也不同。一般受力零件采用 6 级公差的螺纹,牙侧表面粗糙度要求为 $Ra6.3\mu m$。表 6-5 列出了常用螺纹加工方法及其适用范围可供选用时参考。

表 6-5　螺纹加工方法及其适用范围

加工方法		公差等级*	表面粗糙度 $Ra/\mu m$	适用范围
车削螺纹		9～4	3.2～0.8	适用于单件小批生产中,加工轴、盘、套类零件与轴线同心的内外螺纹以及传动丝杠和蜗杆等
攻丝		8～6	6.3～1.6	适用于各种批量生产中,加工各类零件上的螺孔,直径小于 M16 的常用手动,大于 M16 或大批量生产用机动
铣削螺纹		9～6	6.3～3.2	适用于大批量生产中,传动丝杠和蜗杆的粗加工和半精加工;亦可加工普通螺纹
滚压	搓丝	7～5	1.6～0.8	适用于大批量生产中,滚压塑性材料的外螺纹;亦可滚压传动丝杠
	滚丝	5～3	0.8～0.2	
磨削螺纹		4～3	0.8～0.1	适用于各种批量的高精度、淬硬或不淬硬的外螺纹及直径大于 30mm 的内螺纹

* 系指普通螺纹中径的公差等级。

(5) 齿轮齿形的加工方案

GB/T 10095.1—2001 对齿轮精度规定了 13 个等级,精度由高到低依次为0 级、1 级、2 级、……、12 级。其中 0、1、2 级目前的加工方法和测量条件难以达到,有待发展。7 级是基本级,也是设计中常用等级,它是滚齿、插齿等一般常用加工方法在正常条件下所能达到的等级,可用一般计量器具进行测量。表 6-6 列出了精度等级为 9～3 级的常用圆柱齿轮的齿形加工方法和应用范围,可供选用时参考。

表 6-6　9～3 级圆柱齿轮齿形加工方法和应用范围

加工方法	精度等级	齿面粗糙度 $Ra/\mu m$	适用范围
铣齿	9 级以下	6.3～3.2	单件小批生产直齿及斜齿轮、齿条
滚齿	8～7 级	6.3～1.6	各种批量生产直齿及斜齿轮、蜗轮
插齿		1.6	各种批量生产直齿轮、内齿轮、双联齿轮,大批量生产斜齿轮及小型齿条
剃齿	7～6 级	0.8～0.4	大批量生产中作齿轮的最终精加工或滚插预加工后表面淬火前的半精加工
珩齿		0.4～0.2	大批量生产中作剃齿或高频淬火后齿形的精加工
磨齿	6～3 级	0.4～0.2	高精度齿轮淬硬后的精加工

齿形加工是齿轮加工的关键,其加工方案的选择主要决定于齿轮的精度等级,此外还应考虑齿轮的结构特点、热处理方法、表面粗糙度、生产批量等。常用齿形加工方案如下:

① 9 级精度以下齿轮　对于不淬硬齿轮,可直接用铣齿达到加工要求;若需淬火,则采用铣齿—齿面淬硬—修正内孔的加工方案。此方案适用于单件小批生产或维修。

② 8～7 级精度齿轮　一般采用滚(插)齿—齿面淬硬—修正内孔—珩齿(研齿)的加工方案。若无淬火工序,可去掉修正内孔和珩齿工序。此方案适于各种批量生产。

③ 7～6 级精度齿轮　淬硬齿轮采用滚(插)齿—剃齿—齿面淬硬—修正内孔—珩齿(或磨齿)的加工方案。单件小批生产时采用磨齿方案;大批大量生产时采用珩齿方案。如不需淬火,则可去掉磨齿或珩齿工序。

④ 6～3 级精度齿轮　采用滚(插)齿—齿面淬硬—修正内孔—磨齿加工方案。此方案适用各种批量生产。对于精度低于 6 级,但淬火后变形较大的齿轮,也需采用磨齿方案。

3. 划分加工阶段

为了保证零件的加工质量,合理地使用设备和人力,通常将零件的加工工艺过程划分为几个阶段。

(1) 粗加工阶段　主要任务是切除毛坯上各加工表面的大部分余量,并加工出精基准。该阶段的关键问题是如何提高生产率。

(2) 半精加工阶段　减少粗加工留下的误差,使加工面达到一定的精度,为精加工做准备,同时完成一些次要表面的加工(如紧固孔的钻削、攻螺纹、铣键槽等)。

(3) 精加工阶段　从工件上切除少量余量,保证各主要表面达到图纸规定的质量要求。大多数表面至此加工完毕,也为少数需要进行精密加工或光整加工的表面做好准备。

(4) 光整加工阶段　对精度要求很高(IT6 以上)、表面粗糙度很小(小于 $Ra0.2\mu m$)的零件,须安排光整加工阶段。其主要任务是减小表面粗糙度或进一步提高尺寸精度和形状精度,但一般没有纠正表面间位置误差的作用。

划分加工阶段的好处在于:零件按先粗后精的顺序进行加工,有利于减少切削力、切削热及内应力引起的工件变形对加工精度的影响;粗精加工分开,还便于及时发现毛坯缺陷,合理安排加工设备和工人,同时也有利于热处理工序的安排。

需要指出的是,加工阶段的划分不是绝对的,要根据实际情况作具体分析。在能满足加工质量的前提下,通常只分粗、精加工两个阶段。在有些情况下,例如,对那些加工质量要求不高、批量又小或受设备条件限制的零件,就不必划分加工阶段;对于一些重型零件,考虑到安装、运输费时,一般也不划分加工阶段,而是在一次安装中完成粗、精加工。

4. 安排加工顺序

1) 机械加工工序的安排

零件各表面的加工方法确定之后,需要进一步安排一个合理的顺序,这对于保证加工质量、提高生产率和降低成本至关重要。安排机械加工工序时一般遵循以下原则。

(1) 先基面后其他(基面先行)　零件加工一般多从精基准的加工开始,再以精基准定位加工其他表面。因此,选作精基准的表面应安排在工艺过程起始工序先进行加工,以便为后续工序提供精基准。例如精度要求高的轴类零件，第一道工序就是加工两端中心孔，然后再以中心孔作为精基准，粗、精加工所有外圆表面。齿轮加工则先加工内孔及基准端面，再以内孔及端面作为精基准，粗、精加工齿形表面。

(2) 先粗后精　精基准加工好以后，整个零件的加工工序，应是粗加工在前，相继为半精加工、精加工及光整加工。在对重要表面精加工之前，有时需对精基准进行修整，以利于保证重要表面的加工精度，如主轴高精度磨削时，精磨和超精磨削前都须研磨中心孔；精密齿轮磨齿前，也要对内孔进行磨削加工。

(3) 先主后次　根据零件的功用和技术要求，先将零件的主要表面和次要表面分开。主要表面(如零件上的工作表面、装配基准面等)的技术要求较高，加工工作量较大，应先安排加工。次要表面(如键槽、螺孔、销孔等)一般都与主要表面有一定的相对位置要求，应以主要表面作为基准进行次要表面加工，通常放在主要表面的半精加工以后、精加工以前进行。

(4) 先面后孔　这主要是对底座、箱体和支架类零件的加工而言。一般这类零件上既有平面，又有孔或孔系，平面的轮廓尺寸较大，用平面定位比较稳定可靠，因此选择平面作为精基准，先予以加工，再以平面定位加工孔，保证孔和平面的位置精度。

2) 热处理工序的安排

零件加工过程中，对热处理工序的安排主要取决于零件的材料和热处理的目的。

(1) 预备热处理　包括退火、正火和调质等。退火和正火的目的是改变材料的组织和硬度，常安排在毛坯制造之后、机械加工之前进行，以利于材料的切削；调质即是在淬火后进行高温回火处理，它能获得均匀细致的回火索氏体组织，具有良好的综合力学性能。因此，对某些硬度和耐磨性要求不高的零件，调质可作为其最终热处理工序，一般安排在粗加工之后进行。

(2) 时效处理　主要用于消除毛坯制造和机械加工中产生的内应力。对于铸件，特别是形状复杂的大型铸件，应在粗加工前后各安排一次时效处理，对于精度要求较高的零件，常在粗加工、半精加工之间安排多次时效处理。

(3) 最终热处理　包括淬火、渗碳淬火和氮化处理等，目的是提高材料表层的硬度和耐磨性。淬火和渗碳淬火通常安排在半精加工后、精加工前进行；氮化处理由于变形较小，通常安排在精加工之后。

3) 辅助工序的安排

零件的检验、去毛刺、清洗和去磁等称为辅助工序。其中检验是最主要也是必不可少的辅助工序，它是保证产品质量的重要措施，除了各工序操作工人自行检验以外，一般在下列场合还需单独安排：

(1) 粗加工全部结束之后，精加工之前；

(2) 重要工序前后；

(3) 零件转入、转出车间前后；

(4) 零件全部加工完成后。

5. 工序的集中与分散

安排了加工顺序后，在确定各工序的具体加工内容时，可有两种设计思路：一种是工序数少而各工序的加工内容多，称之为工序集中(见表 6-1)；另一种是工序数多而各工序的加工内容少，称之为工序分散(见表 6-2)。

1) 工序集中的特点

(1) 在一次安装中可完成多个表面的加工，不仅减少了安装次数，而且易于保证这些表面之间的位置精度。

(2) 有利于使用高效率的专用设备及工艺装备，可提高生产率。

(3) 可减小生产面积和操作工人数，有利于管理，转产快。

(4) 设备投资大，调整和维修复杂。

2) 工序分散的特点

(1) 设备和工艺装备比较简单，便于调整和维修，投资小。

(2) 有利于采用合理的切削用量。

(3) 设备数量多、操作工人多、生产面积大，不便于管理，转产困难。

工序集中和工序分散各有利弊，应根据生产类型、现有条件、工件结构特点和技术要求等进行综合分析后选用。

一般情况下，多品种、小批量生产时为便于转产和管理，多采用工序集中方式，数控加工中心采用的便是典型的工序集中方式；大批量生产时，在流水线、自动线上多采用工序分散的方式，可获得高生产率和低成本，但柔性差，转产困难。由于市场需求的多变性，对生产过程的柔性要求越来越高，工序集中将成为今后生产的发展趋势。

6.3.4 确定加工余量

在选择了毛坯并拟定了工艺路线之后，即应确定每一工序的加工余量。

1. 加工余量的基本概念

为了保证零件的加工质量，从某加工表面上必须切去的金属层厚度，称为加工余量。加工余量分工序余量和总余量两种。

工序余量是指完成某一道工序时所需切除的金属层厚度，即相邻两工序的工序尺寸之差。加工总余量是指零件从毛坯变为成品时所切除的金属层总厚度，即毛坯尺寸与零件图的相应设计尺寸之差。加工总余量等于各工序余量之和。

2. 加工余量的确定方法

加工余量的大小与加工质量和加工成本有密切关系。余量过大既浪费材料，又增加切削工时；余量过小，会使前一道工序的缺陷得不到纠正，影响加工质量，甚至造成废品。

确定加工余量的基本原则是在保证加工质量的前提下，尽量减少加工余量。目前常用经验估算法、查表修正法和分析计算法来确定加工余量。

1) 经验估计法

此法是根据工厂的生产技术水平，依靠实际经验确定加工余量。为防止因余量过小而产生废品，经验估计的数值总是偏大，这种方法常用于单件小批量生产。

2）查表修正法

此法是根据各工厂长期的生产实践与实验研究所积累的有关加工余量数据为基础，再结合实际情况进行适当修正来确定加工余量，目前此法应用较为普遍。

3）分析计算法

此法是根据有关加工余量计算公式和一定的实验资料，对影响加工余量的各项因素进行分析和综合计算来确定加工余量。此法科学、准确，但目前计算所需实验资料并不齐全可靠，实际应用较少。

6.3.5 编制工艺文件

零件的机械加工工艺过程拟定后，将其各项内容填写在一定形式的表格内，作为工艺文件，一般称为工艺规程。生产中常用的工艺规程有以下三种。

1. 机械加工工艺过程卡片

机械加工工艺过程卡片是以工序为单位，简要说明零件加工工艺过程的一种工艺文件。其包括按工艺路线排列的工序，经过的车间、工段，所采用的设备、工艺装备，以及时间定额等，其格式见表 6-7。它是制定其他工艺文件的基础，也是生产技术准备、编排作业计划和组织生产的依据。

表 6-7 机械加工工艺过程卡片

<table>
<tr><td colspan="2" rowspan="2">（厂名）</td><td colspan="4" rowspan="2">机械加工工艺过程卡片</td><td colspan="2">产品型号</td><td colspan="2"></td><td colspan="2">零件图号</td><td colspan="3"></td></tr>
<tr><td colspan="2">产品名称</td><td colspan="2"></td><td colspan="2">零件名称</td><td></td><td>共 页</td><td>第 页</td></tr>
<tr><td colspan="2">材料牌号</td><td></td><td>毛坯种类</td><td></td><td>毛坯外形尺寸</td><td colspan="2"></td><td colspan="2">每毛坯件数</td><td></td><td>每台件数</td><td></td><td>备注</td><td></td></tr>
<tr><td rowspan="2">工序号</td><td rowspan="2">工序名称</td><td colspan="4" rowspan="2">工序内容</td><td rowspan="2">车间</td><td rowspan="2">工段</td><td rowspan="2">设备</td><td colspan="4">工艺装备</td><td colspan="2">工时</td></tr>
<tr><td>夹具</td><td colspan="2">刀具</td><td>量具</td><td>准终</td><td>单件</td></tr>
<tr><td></td><td></td><td colspan="4"></td><td></td><td></td><td></td><td></td><td colspan="2"></td><td></td><td></td><td></td></tr>
<tr><td></td><td></td><td colspan="4"></td><td></td><td></td><td></td><td></td><td colspan="2"></td><td></td><td></td><td></td></tr>
<tr><td colspan="6"></td><td colspan="3">设计（日期）</td><td>校对（日期）</td><td colspan="2">审核（日期）</td><td>标准化（日期）</td><td colspan="2">会签（日期）</td></tr>
<tr><td>标记</td><td>处数</td><td>更改文件号</td><td>签字</td><td>日期</td><td>标记 处数 更改文件号 签字 日期</td><td colspan="3"></td><td></td><td colspan="2"></td><td></td><td colspan="2"></td></tr>
</table>

由于这种卡片对各工序的说明不够具体，一般不能直接指导工人操作，而多作生产管理方面使用。在单件小批生产中，常以这种卡片指导生产。

2. 机械加工工艺卡片

机械加工工艺卡片是以工序为单位，详细说明零件加工工艺过程的一种工艺文件。它不但包含了机械加工工艺过程卡片的内容，还详细说明了每一工序的安装、工位、工步的顺序和内容等，其格式见表 6-8。

表 6-8 机械加工工艺卡片

(厂名)	机械加工工艺卡片	产品型号		零部件图号		共 页
		产品名称		零部件名称		第 页

材料牌号	毛坯种类		毛坯外形尺寸		每毛坯件数		每台件数		备注	

工序	装夹	工步	工序内容	同时加工零件数	切削用量				设备名称及编号	工艺装备名称及编号			技术等级	工时定额	
					背吃刀量/mm	切削速度/(m/min)	每分钟转数或往返次数	进给量/mm		夹具	刀具	量具		单件	准终

										编制(日期)	审核(日期)	标准化(日期)	会签(日期)
标记	处数	更改文件号	签字	日期	标记	处数	更改文件号	签字	日期				

表 6-8 是用来指导工人生产和帮助车间管理人员及技术人员掌握零件整个加工过程的一种主要技术文件,广泛用于成批生产的零件和小批生产的重要零件。

3. 机械加工工序卡片

机械加工工序卡片是为每道工序编制的、用来具体指导工人操作的一种工艺文件。它详细地说明该工序每一工步的内容、工艺参数、操作要求以及所用的设备和工艺装备等。在这种卡片上,要画出工序简图,注明该工序的加工表面和应达到的尺寸公差、形位公差和表面粗糙度等。其格式见表 6-9。

工序卡片多用于大批量生产中,每个工序都有工序卡片;中小批生产中的主要零件或一般零件的关键工序,有时也要有工序卡片。

表 6-9 机械加工工序卡片

(厂名)	机械加工工序卡片	产品型号		零件图号			
		产品名称		零件名称		共 页	第 页

	车间	工序号	工序名称	材料牌号	
	毛坯种类	毛坯外形尺寸	每毛坯可制件数	每台件数	
(工序简图)	设备名称	设备型号	设备编号	同时加工件数	
	夹具编号		夹具名称	切削液	
	工位器具编号		工位器具名称	工序工时/min	
				准终	单件

续表

工步号	工步内容	工艺装备	主轴转速/(r/min)	切削速度/(m/min)	进给量/(mm/r)	背吃刀量/mm	进给次数	工步工时	
								机动	辅助

										设计（日期）	校对（日期）	审核（日期）	标准化（日期）	会签（日期）
标记	处数	更改文件号	签字	日期	标记	处数	更改文件号	签字	日期					

6.4 典型零件工艺过程

为加深对机械零件工艺过程制定的内容、方法和步骤的理解，并达到综合运用所学知识，分析和解决实际问题的目的，本节以轴类零件、套类零件和箱体类零件的典型加工工艺为例进行讨论。

6.4.1 轴类零件

1. 轴类零件简介

1）轴类零件的功用和结构特点

轴类零件是机械加工中经常遇到的零件之一，主要用来支承传动零件（如齿轮、带轮等），传递运动与扭矩。轴类零件是旋转体，其长度大于直径，它的主要表面是同轴线的若干外圆柱面，同轴度要求较高；为传递扭矩，轴上往往有键槽、花键。其坯料常用圆棒料或锻件，常用的加工方法为车削和磨削。

2）轴类零件的材料及热处理

一般的轴可用 35，45，50 钢，以 45 钢应用最为广泛，经调质处理后，进行局部高频淬火，再经适当的回火处理，可获得一定的强度、韧性和表面硬度；重要的轴可选用 40Cr、轴承钢 GCr15、弹簧钢 65Mn 等进行调质和表面淬火处理，使其具有较高的综合力学性能；对高速、重载的轴，可选用 20Cr、20CrMnTi、20Mn2B 等低碳合金钢进行渗碳淬火处理或 38CrMoAlA 氮化钢进行调质和渗碳处理。

2. 轴类零件机械加工工艺规程的制定

现以图 6-25 所示减速箱中的传动轴为例，说明在单件、小批量生产中，制定一般轴类零件机械加工工艺过程的方法。

1）零件技术要求及工艺分析

由传动轴零件图 6-25 和其装配图 6-26 可知，传动轴通过轴颈 M、N 支承于减速箱的轴承孔中。外圆 P 上装有蜗轮，运动由蜗杆传给蜗轮，经减速后，通过装在轴左端外圆 Q 上的齿轮传出。轴肩 G、H、I 分别用来确定蜗轮、齿轮和轴承的轴向安装位置。

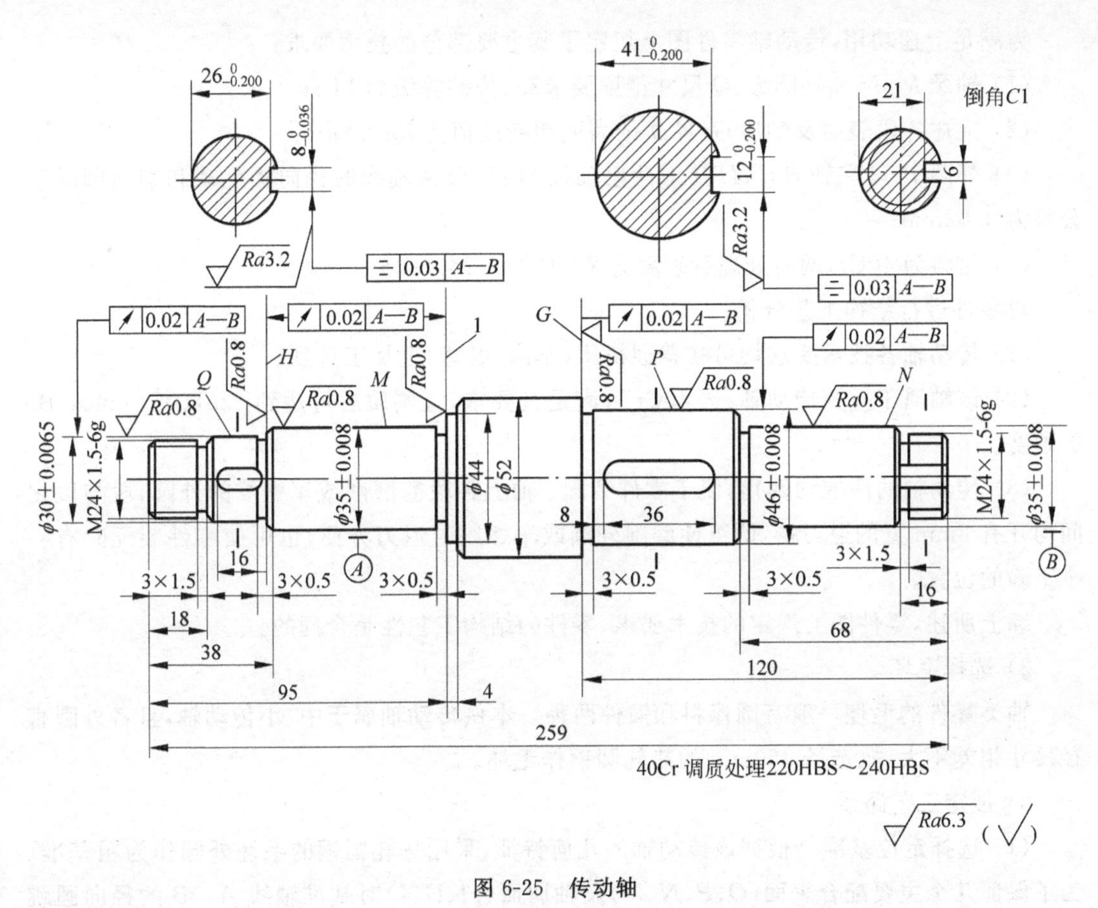

图 6-25 传动轴

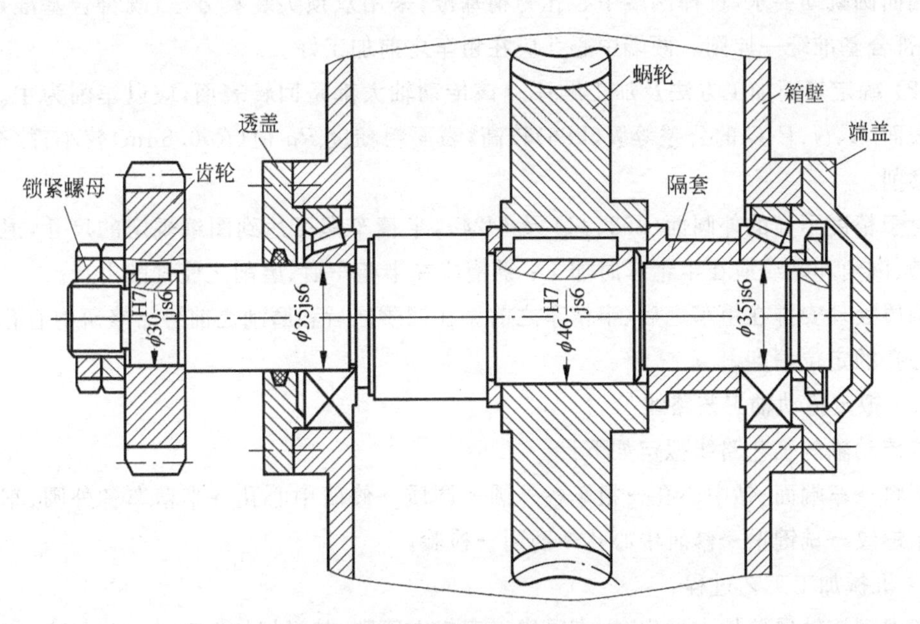

图 6-26 减速箱传动轴装配关系简图

为满足上述功用，传动轴零件图上规定了其主要部分的技术要求：

(1) 轴颈 M、N 和外圆 P、Q 尺寸精度要求高，公差等级为 IT6；

(2) 上述各段表面及轴肩 G、H、I 的表面粗糙度值为 $Ra0.8\mu m$；

(3) 外圆 P、Q 和轴肩 G、H、I 对两段轴颈 M、N 公共轴线的径向圆跳动和端面圆跳动公差为 0.02mm；

(4) 材料为 40Cr，调质处理后硬度为 220HBS～240HBS。

对零件进行结构工艺分析：

(1) 传动轴各技术要求均可在普通机床（车床、磨床）上加工达到。

(2) 该轴属于重要传动轴，选 40Cr 可满足其要求，且调质后可达到 220HBS～240HBS 的硬度。

(3) 传动轴的两端均倒角，便于零件装配；轴上各段需磨削或车螺纹的外圆，段与段之间均开有 3mm 宽的退刀槽，既可使磨削外圆或车螺纹时退刀方便，也可使零件装配时有一个正确的位置。

综上所述，零件图上规定的技术要求、零件的结构工艺性是合理的。

2) 选择毛坯

轴类零件的毛坯一般有圆棒料和锻件两种。本例传动轴属于中、小传动轴，且各外圆直径尺寸相差不大，故选择 ϕ60mm 的热轧圆钢作毛坯。

3) 拟定工艺路线

(1) 选择定位基准　根据该传动轴的几何特征，采用热轧圆钢的毛坯外圆作为粗基准。为了保证几个主要配合表面（Q、P、N、M）及轴肩面（H、G、I）对基准轴线 $A—B$ 的径向圆跳动和端面圆跳动要求，选择两端中心孔为精基准，采用双顶尖装夹方法，既符合基准重合原则，又符合基准统一原则。两端中心孔应在粗车之前加工好。

(2) 确定表面加工方法及加工顺序　该传动轴大都是回转表面，应以车削为主。由于主要表面 M、N、P、Q 的公差等级（IT6）较高，表面粗糙度 Ra 值（$Ra0.8\mu m$）较小，故车削后还需磨削。

对于精度不高的外圆面（ϕ52、ϕ44 及 M24），半精车即可达到图纸规定的尺寸，退刀槽、越程槽、倒角和螺纹应在半精车时加工；键槽应在半精车后、磨削之前铣削出来。

调质处理安排在粗车之后、半精车之前。在调质之后和磨削之前各需修研中心孔，以提高中心孔的定位精度。

(3) 拟定传动轴工艺路线

该传动轴的工艺路线拟定如下：

下料→车端面、钻中心孔→粗车各外圆→调质→修研中心孔→半精车各外圆、车槽、倒角→车螺纹→铣键槽→修研中心孔→磨削→检验。

4) 机械加工工艺过程

考虑到该轴属单件小批生产，宜采用工序集中原则，其机械加工工艺过程见表 6-10。

表 6-10　传动轴机械加工工艺过程

工序号	工序名称	工序内容	加工简图	设备
1	下料	ϕ60×265		锯床
2	车	安装Ⅰ： 三爪自定心卡盘夹持工件，车端面见平，钻中心孔。用尾座顶尖顶住中心孔，粗车3个台阶，直径、长度均留余量2	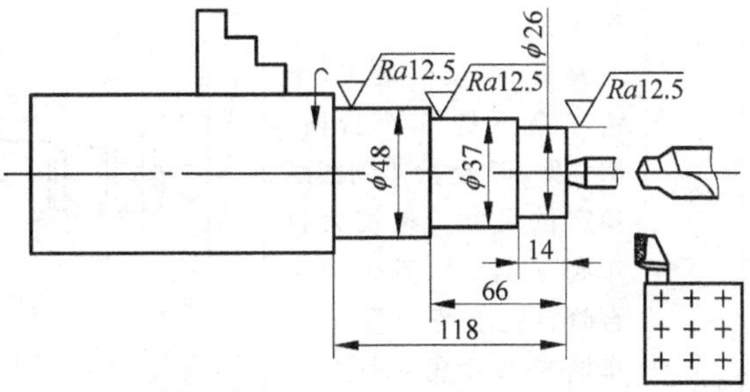	车床
		安装Ⅱ： 调头，三爪自定心卡盘夹持工件另一端，车端面保持总长259，钻中心孔。用尾座顶尖顶住中心孔，粗车另外4个台阶，直径、长度均留余量2	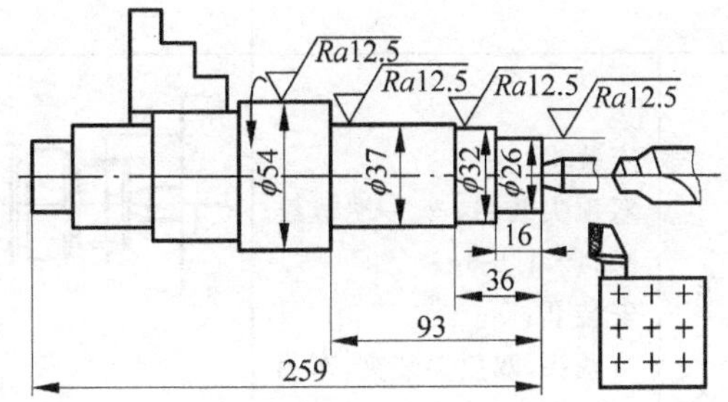	
3	热	调质处理220HBS～240HBS		
4	钳	修研两端中心孔	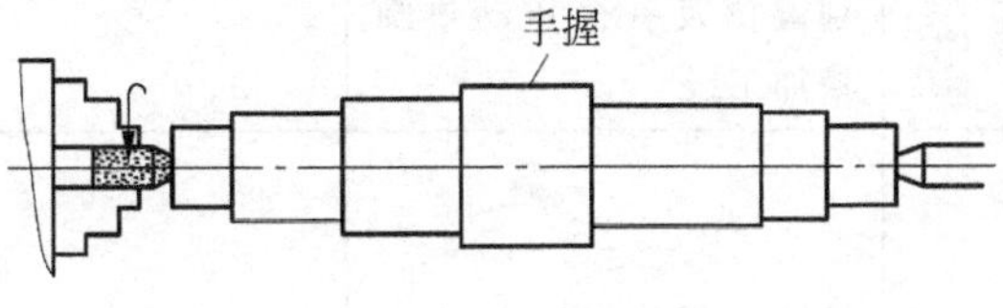	车床
5	车	安装Ⅰ： 双顶尖装夹，半精车3个台阶。螺纹大径车到$\phi 24^{-0.1}_{-0.2}$，其余两个台阶直径上留余量0.5，车槽3个，倒角3个	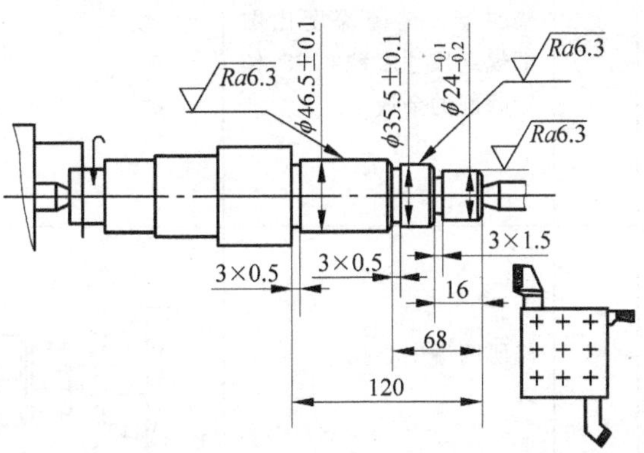	车床

续表

工序号	工序名称	工序内容	加工简图	设备
5	车	安装Ⅱ： 调头，双顶尖装夹，半精车余下的5个台阶。ϕ44及ϕ52台阶车到图纸规定的尺寸。螺纹大径车到ϕ $24_{-0.2}^{-0.1}$，其余两个台阶直径上留余量0.5，车槽3个，倒角4个	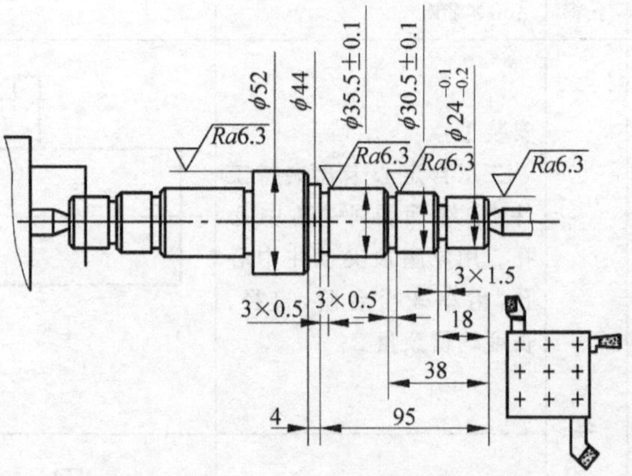	车床
6	车	安装Ⅰ： 双顶尖装夹，车一端螺纹M24×1.5-6g。 安装Ⅱ： 调头，双顶尖装夹，车另一端螺纹M24×1.5-6g	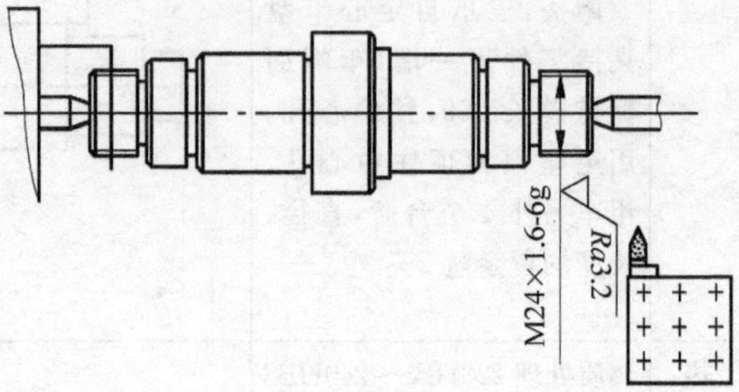	车床
7	钳	划键槽及一个止动垫圈槽加工线		
8	铣	铣两个键槽及一个止动垫圈槽。键槽深度比图纸规定尺寸多铣0.25，作为磨削的余量	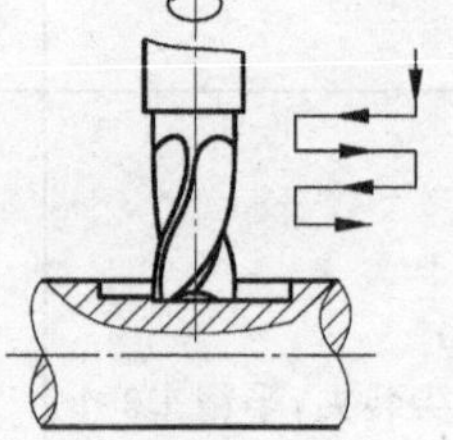	铣床
9	钳	修研两端中心孔	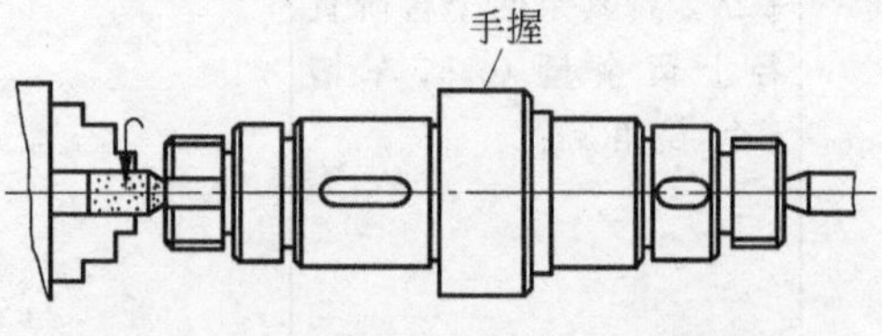	车床

续表

工序号	工序名称	工序内容	加工简图	设备
10	磨	安装Ⅰ： 磨外圆 Q、M，并用砂轮端面靠磨台肩 H、I。 安装Ⅱ： 调头，磨外圆 N、P，靠磨台肩 G	H I G N P M Q Ra0.8 Ra0.8 Ra0.8 Ra0.8 Ra0.8 Ra0.8 Ra0.8 Ra0.8 $\phi35\pm0.008$ $\phi46\pm0.008$ $\phi35\pm0.008$ $\phi30\pm0.0065$	外圆磨床
11	检	按图纸要求检验		

6.4.2 套类零件

1. 套类零件简介

1）套类零件的功用和结构特点

机械加工中，经常见到导套、轴承套、轴承端盖、缸套、齿轮等带孔的零件，统称为套类零件。套类零件在机械产品中通常起支承或导向作用。其主要表面是同轴度要求较高的内、外圆表面，壁较薄，端面与轴线有垂直度要求。

2）套类零件的材料及热处理

套类零件的材料一般为低碳钢、中碳钢、合金钢、铸铁、青铜或黄铜。毛坯的选择与零件的材料、结构及尺寸等因素有关。孔径小于 20mm 的套类零件，一般选用热轧或冷拉棒料、实心铸件；孔径较大时，常采用带孔的铸件或锻件；大量生产时还可采用无缝钢管、粉末冶金件等。套类零件常采用调质、正火等热处理，而齿轮常需进行渗碳、高频淬火等热处理以提高齿面硬度。

2. 套类零件机械加工工艺规程的制定

现以图 6-27 所示接盘为例，说明在小批生产中，制定一般套类零件机械加工工艺过程的方法。

1）零件技术要求及工艺分析

该零件由 $\phi94$ 和 $\phi55$ 两个外圆，$\phi35$ 和 $\phi16$ 两个内孔以及宽度为 16 的圆弧槽组成。其主要加工面为 $\phi35$ 的内孔、$\phi55$ 的外圆及 B、C 两端面，其中内孔是基准孔。主要技术要求如下：

(1) $\phi55$ 外圆对内孔的同轴度为 $\phi0.02$；两端面 B、C 对 $\phi35$ 内孔轴线的端面圆跳动公差为 0.03mm；

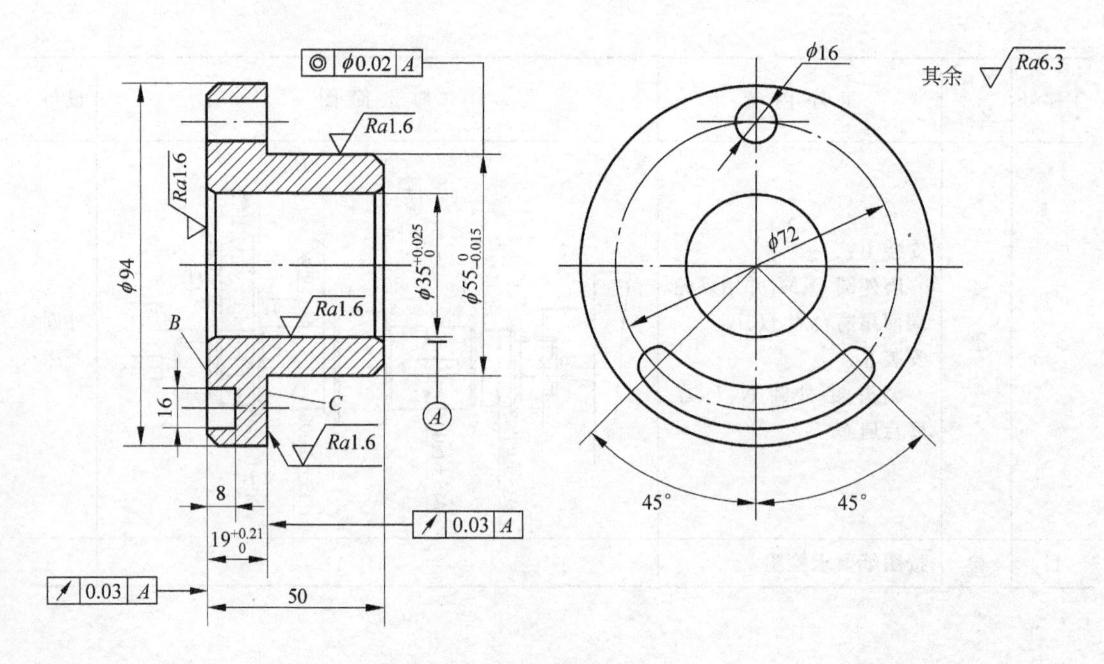

技术要求
1. 热处理调质220HBS～240HBS。
2. 倒角1×45°。

图 6-27　接盘

(2) 内孔、外圆尺寸精度较高，内孔尺寸精度为 IT7，外圆尺寸精度为 IT6；

(3) 内孔，外圆，两端面 B、C 的表面粗糙度均为 $Ra1.6\mu m$；

(4) 材料为 45 钢，调质处理后硬度为 220HBS～240HBS。

上述技术要求均可在普通机床（车床、铣床、钻床）上加工达到，且接盘零件的结构便于加工。

综上所述，零件图上规定的技术要求、零件的结构工艺性是合理的。

2）选择毛坯

该零件为盘类零件，且生产数量为 10 件，可采用自由锻件。

3）拟定工艺路线

(1) 选择定位基准

根据接盘的几何特征，采用锻造毛坯的外圆作为粗基准。为了保证接盘的外圆及两端面 B、C 对内孔的形位公差要求，在精加工外圆和两个端面时，应以内孔表面作为定位精基准，采用心轴装夹方法，或采取“一刀活”加工方法。

(2) 确定表面加工方法及加工顺序

接盘大部分为回转表面，以车削为宜。因为主要表面内孔、外圆的尺寸公差等级较高，表面粗糙度 Ra 值较小，故需要精车才能完成。内孔，外圆，端面 B、C 的加工方法均为：粗车—半精车—精车。

在确定主要表面的加工方法后，还要考虑次要表面的加工。圆弧槽可以按划线铣削，$\phi16$ 的内孔可以钻削。同时，还要考虑热处理要求。

(3) 拟定接盘工艺路线

接盘的工艺路线拟定如下：

粗车端面、外圆、内孔→调质→半精车端面、外圆、内孔、倒角→精车端面、外圆、内孔→铣圆弧槽→钻孔→检验。

4）机械加工工艺过程

考虑到该接盘属单件小批生产，宜采用工序集中原则，其机械加工工艺过程见表 6-11。

表 6-11 接盘机械加工工艺过程

工序号	工序名称	工序内容	加工简图	设备
1	锻	锻造毛坯		
2	车	三爪自定心卡盘夹小端，粗车大端面见平，粗车大外圆至 $\phi96$	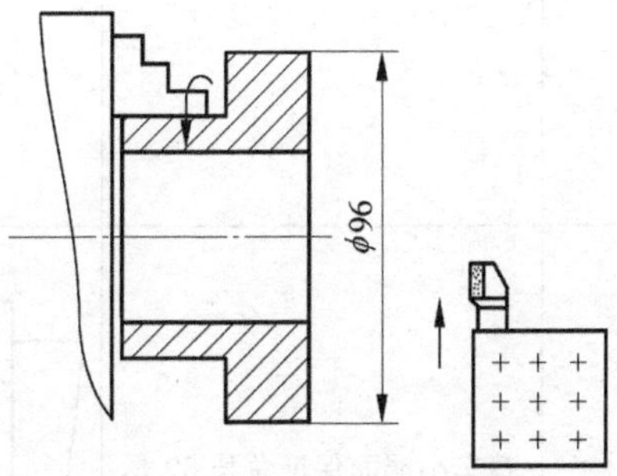 $\phi96$	车床
3	车	调头夹大端，粗车小端面保证总长 52，粗车小外圆至 $\phi57$ 长 31，粗车孔至 $\phi33$	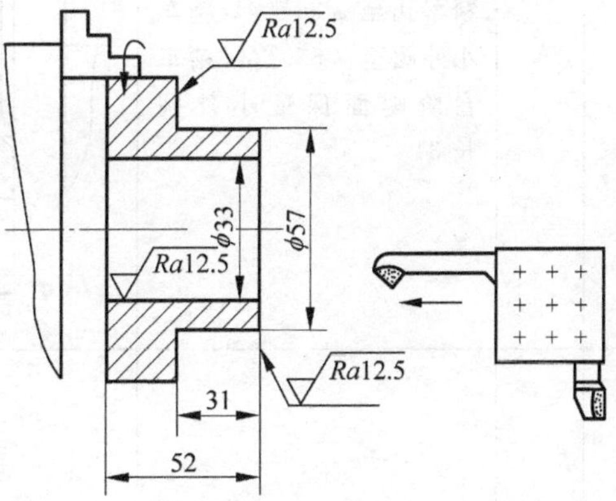 Ra12.5；Ra12.5；Ra12.5；$\phi33$；$\phi57$；31；52	车床
4	热	调质处理 220HBS～240HBS		
5	车	半精车大外圆至图纸要求 $\phi94$，半精车大端面保证 $\phi94$ 外圆长 20，半精车孔至 $\phi34$，倒角 1×45°	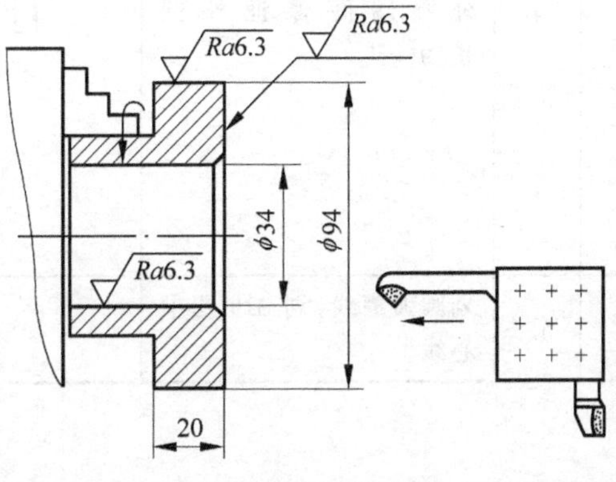 Ra6.3；Ra6.3；Ra6.3；$\phi34$；$\phi94$；20	车床

续表

工序号	工序名称	工序内容	加工简图	设备
6	车	半精车小端面保证总长51，半精车小外圆至 $\phi54$，半精车台阶端面保证小外圆长31.5，内、外倒角 $1\times45°$	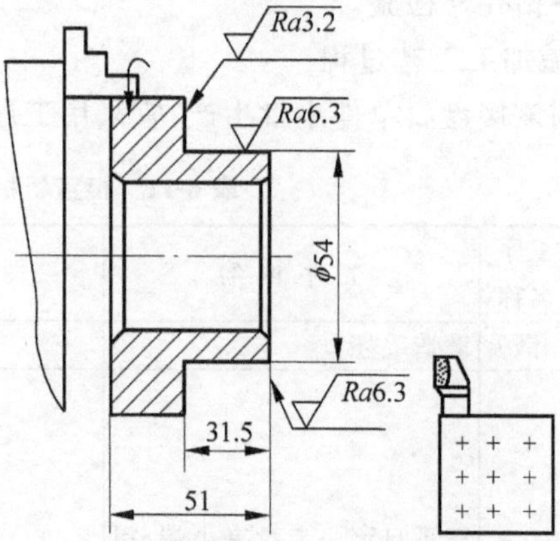 Ra3.2 Ra6.3 $\phi54$ Ra6.3 31.5 51	车床
7	车	精车小端面保证总长50.5，精车孔至 $\phi35^{+0.025}_{0}$，精车小外圆至 $\phi55^{0}_{-0.019}$，精车台阶端面保证小外圆长31	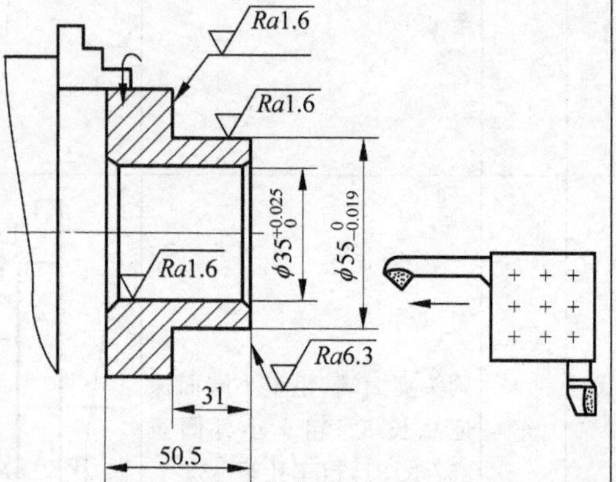 Ra1.6 Ra1.6 Ra1.6 $\phi35^{+0.025}_{0}$ $\phi55^{0}_{-0.019}$ Ra6.3 31 50.5	车床
8	车	顶尖、心轴装夹，精车大外圆端面保证外圆长 $19^{+0.21}_{0}$	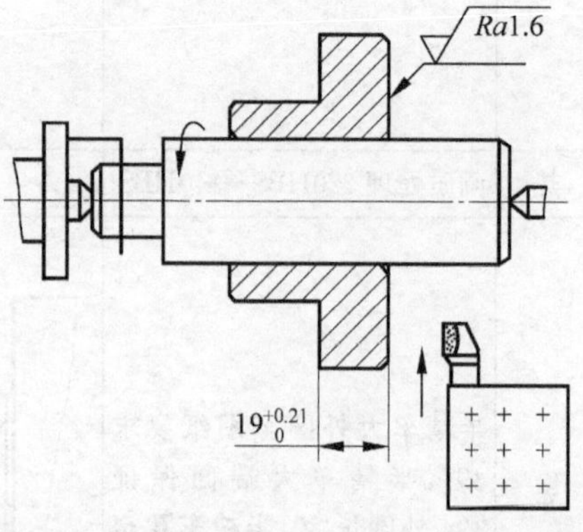 Ra1.6 $19^{+0.21}_{0}$	车床
9	钳	划圆弧槽线，划 $\phi16$ 孔中心线		

续表

工序号	工序名称	工序内容	加工简图	设备
10	铣	圆工作台-三爪自定心卡盘装夹，铣宽 16 深 8 的圆弧槽	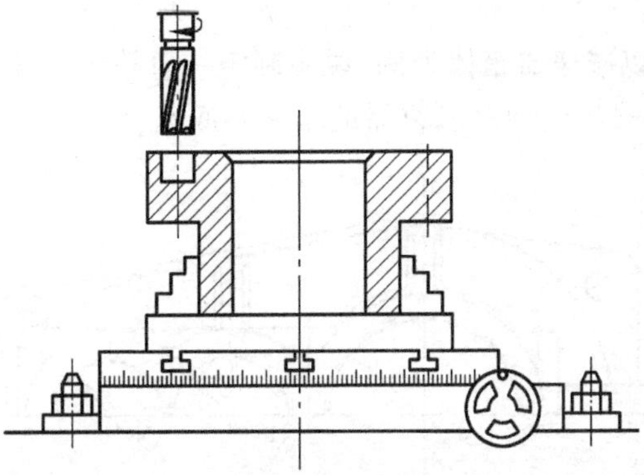	铣床
11	钳	圆工作台-三爪自定心卡盘装夹，钻 ϕ16 通孔	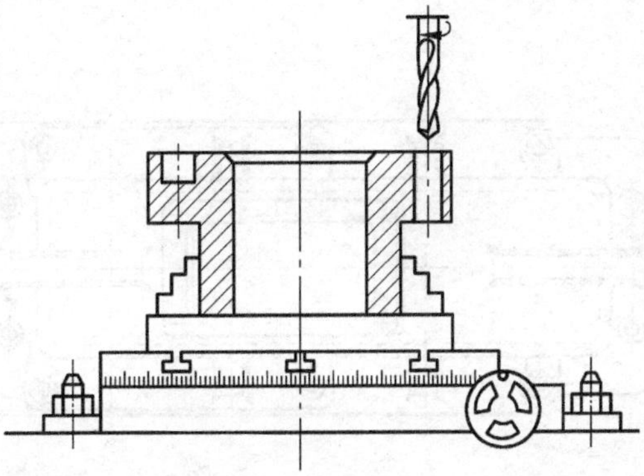	钻床
12	检	按图纸要求检验		

6.4.3 箱体类零件

1. 箱体类零件简介

1) 箱体类零件的功用和结构特点

箱体是机器或部件的基础零件，它将机器或部件中的轴、套、齿轮等零件按一定的相互位置关系装配成一个整体，使它们彼此能协调地运动。因此，箱体的加工质量直接影响到机器或部件的性能、精度和寿命。常见的箱体有机床主轴箱、机床进给箱、减速箱、发动机缸体等。

箱体零件的结构特点是：尺寸较大，形状复杂，内部为空腔，壁薄且不均匀，加工部位多，加工难度大。其主要加工表面是平面和孔系，平面加工一般采用刨削、铣削和磨削等；孔系加工常用镗削，小孔多采用钻削。

2) 箱体类零件的材料及热处理

箱体零件材料常选用各种牌号的灰铸铁，最常用的为 HT200。因为灰铸铁具有较好的耐磨性、铸造性和可切削性，而且吸振性好，成本也低。某些负荷较大的箱体采用铸钢件。也有某些简易箱体，为了缩短毛坯制造的周期而采用钢板焊接结构。

为了减少毛坯铸造时的内应力，箱体浇注后应安排时效或退火处理；粗加工之后、精加工之前往往也安排时效，以消除加工内应力。

2. 箱体类零件机械加工工艺规程的制定

现以减速器箱体为例，说明制定一般箱体类零件机械加工工艺过程的方法。图 6-28 和图 6-29 是一台两级减速器的箱盖和底座。

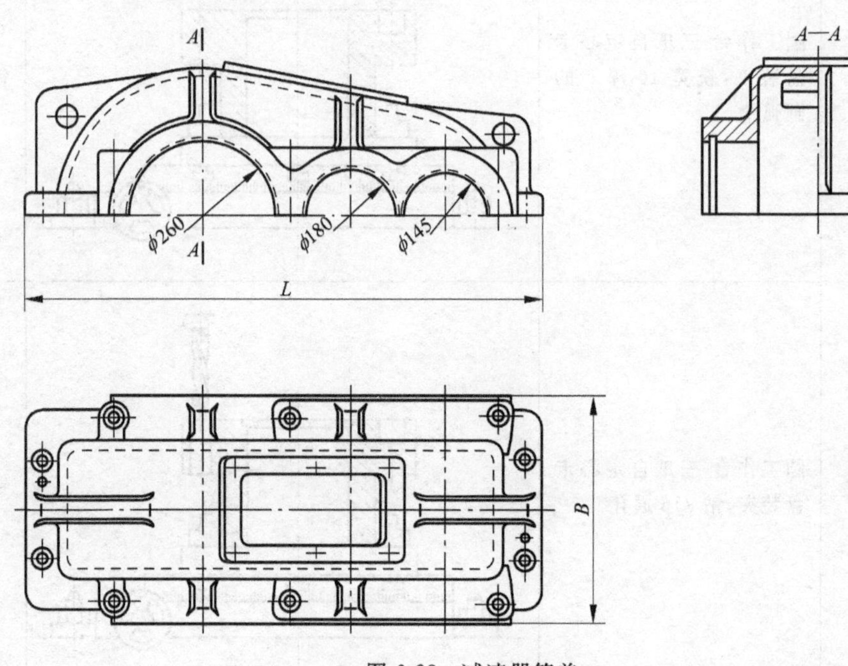

图 6-28 减速器箱盖

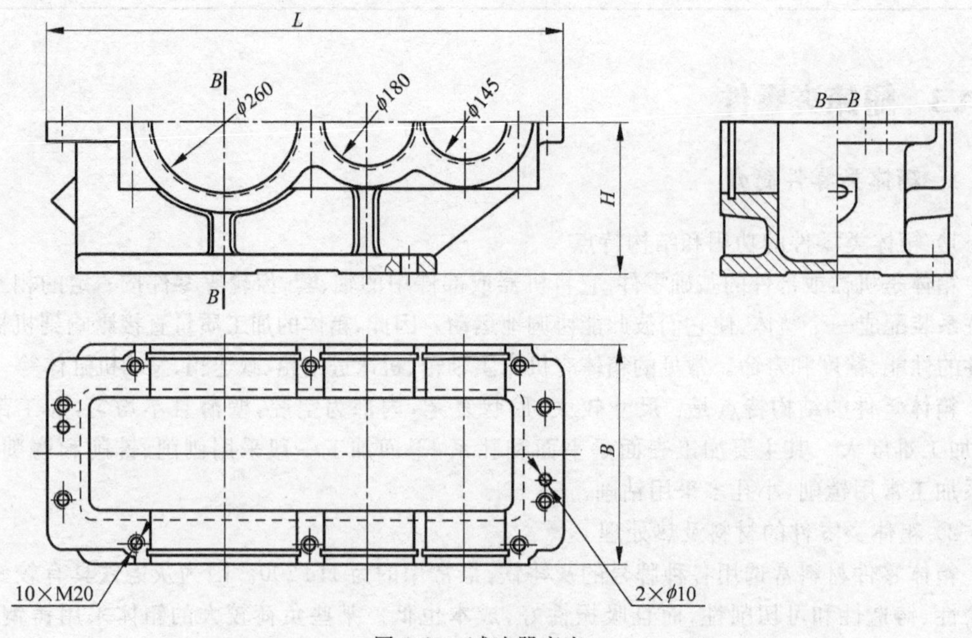

图 6-29 减速器底座

1）零件技术要求及工艺分析

该减速器箱体为剖分式结构，箱盖与底座以剖分面结合，通过2个定位销定位，10个螺栓紧固。$\phi 260^{+0.05}_{0}$、$\phi 180^{+0.045}_{0}$及$\phi 145^{+0.04}_{0}$分别为安装低速轴、中速轴和高速轴部件的轴承孔。其主要技术要求有：

（1）底座底面与对合面的不平行度在1m内不大于0.5mm；

（2）对合面加工后，它的表面上不得有条纹、划痕及毛刺存在。对合面的接合间隙不得超过0.03mm；

（3）轴承孔的轴线须保持在对合面内，其偏差不得超过±0.2mm；

（4）轴承孔的轴距误差应保持在±0.03～±0.05mm范围之内；

（5）轴承孔的精度为IT6级，其圆度及圆柱度的误差不得超过孔径公差的二分之一；

（6）轴承孔和平面的表面粗糙度不大于$Ra1.6\mu m$。

对箱体零件进行工艺分析如下：上述技术要求均可在普通机床（刨床或铣床、钻床、镗床）上加工达到，轴承孔内环槽可镗削获得，各螺孔的尺寸规格也一致，可减少刀具数量和换刀次数。

综上所述，箱体零件的技术要求、零件的结构工艺性是合理的。

2）选择毛坯

根据减速器箱体的结构特点和使用要求，毛坯材料采用灰铸铁HT200，砂型铸造。为消除应力，铸造后应进行去应力退火。

3）拟定工艺路线

（1）选择定位基准

对于剖分式箱体，其工艺过程通常分为两个阶段：第一阶段主要完成箱盖和底座的平面、螺钉孔、定位孔的加工，为箱体装合作准备；第二阶段是在装合好的箱体对合面上加工三个轴承孔。所以定位基准也分两个阶段选择。

① 第一阶段基准的选择　小批量生产时，由于毛坯精度较低，加工前先以法兰的凸缘和内壁为基准，对箱盖顶面和对合面及底座底面和对合面进行划线，保证各加工面有足够余量，然后以对合面为定位基准，按划线加工各面；大批量生产时，选对合面法兰的不加工面为粗基准加工对合面，以保证对合面边缘厚度的均匀一致，然后以对合面为精基准加工箱盖顶面及底座的底面。

② 第二阶段基准的选择　在箱盖与底座组合后，以底面为定位基准加工三个轴承孔。

（2）确定表面加工方法及加工顺序

箱体的加工表面可归纳为三类：一是主要平面，包括底座的底面和对合面、箱盖的对合面和顶部的方孔端面等，其中底面及对合面的精度和粗糙度要求均高，又是装配基准和定位基准，可采用粗刨、精刨以达到要求；二是主要孔，包括装轴承的三孔及孔内的环槽，为保证三孔的精度，在底面和对合面加工后，将底座和箱盖装好后粗镗、精镗三孔及孔内环槽以达到要求；三是其他加工部分，如连接孔、螺孔、销孔及个别孔的小端面等，可在上述工序间适当安排。

（3）拟定零件工艺路线

箱体类零件通常按先面后孔的原则安排加工工艺，以便用加工好的平面为孔提供稳定可靠的定位精基准。由于箱体一般体积、重量较大，且孔与孔、孔与面之间的相互位置精度要求高，故应尽量在一次安装中加工尽可能多的表面，即采用工序集中。但是适当地划分粗精加工阶段，也是必要的。其工艺路线有以下两种。

(1) 单件小批量生产时：铸造毛坯→退火→划线→粗加工平面→精加工平面→划线→钻小孔、攻螺纹等→粗加工主要孔→精加工主要孔。

(2) 大批量生产时：铸造毛坯→退火→粗加工平面→精加工平面→钻小孔、攻螺纹等→粗加工主要孔→精加工主要孔。

4) 机械加工工艺过程

表 6-12 是在单件小批生产中，减速箱箱体的机械加工工艺过程。表 6-13 则是在大批生产条件下，减速箱箱体的机械加工工艺过程。

表 6-12　减速箱箱体单件小批生产的机械加工工艺过程

工序号	工序名称	工序内容	定位基准	加工设备
1	铸	砂型铸造		
2	热	去应力退火		
3	钳	划线： 划底座的底面及对合面的加工线 划箱盖对合面及方孔端面的加工线	根据对合面找正	划线平台
4	刨	刨平面： 刨底座的对合面、底面及两侧面 刨箱盖的对合面、方孔端面及两侧面	用对合面定位	龙门刨床
5	钳	划线： 划连接孔、螺丝孔及销孔加工线	根据对合面找正	划线平台
6	钻	钻孔： 钻连接孔、螺丝底孔及销孔	用底面或对合面	摇臂钻床
7	钳	钳工： 攻螺丝孔、铰销孔并连接箱体	用底面或对合面	划线平台
8	钳	划线： 划主要孔加工线	根据底面	划线平台
9	镗	镗孔： 镗三个主要孔	用底面定位	镗床
10	检	检验		

表 6-13　减速箱箱体大批生产的机械加工工艺过程

工序号	工序名称	工序内容	加工简图	定位基准	设备
1	铸	砂型铸造			
2	热	去应力退火			
3	铣(刨)	粗加工对合面	$Ra6.3$　$Ra6.3$	对合面法兰的不加工部分	龙门铣床或龙门刨床

续表

工序号	工序名称	工序内容	加工简图	定位基准	设备
4	铣(刨)	粗、精加工底面、顶面及两侧面	Ra3.2 Ra6.3 Ra6.3	对合面	龙门铣床(龙门刨床)
5	铣(刨)	精加工对合面	Ra1.6 Ra1.6	底面或方孔端面	龙门铣床(龙门刨床)
6	钻	钻连接孔、销孔及螺丝底孔	见图 6-28 及图 6-29	对合面	摇臂钻床
7	钳	攻螺纹、铰孔后连接箱体	见图 6-28 及图 6-29	对合面、底面	
8	镗	粗镗主要孔		底面	镗床
9	镗	精镗主要孔	同上图	底面	镗床
10	检	检验			

思考题与习题

1. 解释下列名词术语：

生产过程、工艺过程、工序、工步；基准、设计基准、工艺基准、工序基准；加工余量。

2. 定位的目的是什么？什么是工件的六点定位原理？

3. 工件被夹紧所得到的固定位置与工件在夹具中定位而确定的位置有何不同？

4. 根据图 6-30 所示各工件的加工要求，分析应限制哪几个自由度，并判断属于何种定位方式。

5. 什么是粗基准？什么是精基准？试述粗、精基准的选择原则。

6. 机械加工工艺规程的内容和作用是什么？其制定步骤是什么？

7. 试决定下列零件外圆面的加工方案：

(1) 紫铜小轴，ϕ20h7，Ra0.8μm；

(2) 45 钢轴，ϕ50h6，Ra0.2μm，表面淬火 40HRC～50HRC。

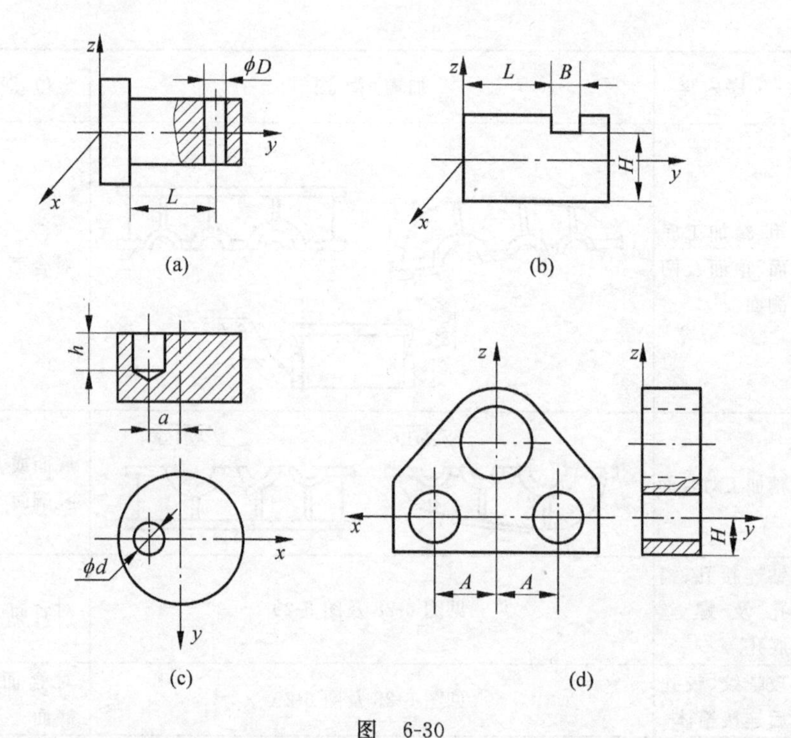

图 6-30

(a) 轴上钻 ϕD 孔；(b) 轴上铣槽；(c) 钻 ϕd 孔；(d) 镗孔

8. 下列零件上的孔，用何种方案加工比较合理？

(1) 单件小批生产中，铸铁齿轮上的孔，ϕ20H7，Ra1.6μm；

(2) 大批大量生产中，铸铁齿轮上的孔，ϕ50H7，Ra0.8μm；

(3) 高速钢三面刃铣刀上的孔，ϕ27H6，Ra0.2μm；

(4) 变速箱箱体（材料为铸铁）上传动轴的轴承孔，ϕ62J7，Ra0.8μm。

9. 常用的工艺文件有哪几种？各用于什么场合？

10. 加工轴类零件时，常以什么作为统一的精基准？为什么？

11. 试拟定图 6-31 所示零件在中批生产中的工艺过程。零件材料为 20Cr，要求 ϕ12h7mm 段渗碳（深 0.8mm～1.1mm），淬火硬度为 50HRC～55HRC。

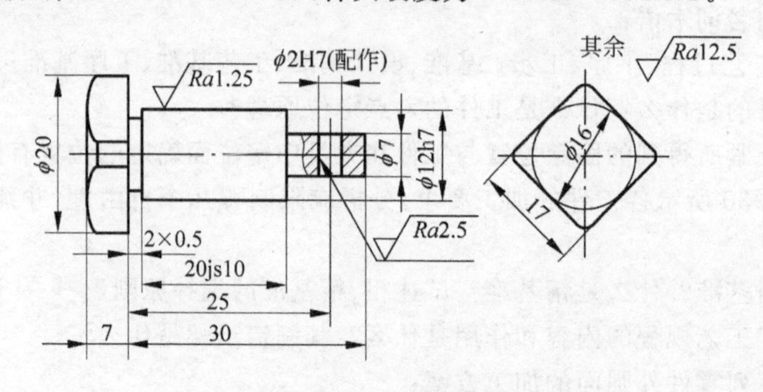

图 6-31　方头小轴

零件的结构工艺性

7.1 零件结构工艺性的概念

零件的结构对于加工质量、生产效率和经济效益有着非常重要的影响，在设计零件结构时，既要满足其使用要求，又要便于制造，即考虑零件的结构工艺性。

所谓零件的结构工艺性，是指所设计的零件在满足使用性能的前提下，制造的可行性和经济性，即制造的难易程度。设计的零件结构，在一定的生产条件下若能合理、高效、低耗地制造出来，则认为该零件具有良好的结构工艺性。

判断零件结构工艺性是否合理，要全面考虑生产类型、加工方法、设备条件以及制造技术的发展，在某种条件下合理的结构，在另一种条件下却可能是不合理的。通常切削成形在零件的加工中耗费劳动量最多，因而零件结构的切削工艺性就显得尤为重要。

7.2 零件结构的切削工艺性原则及实例

在实际加工中，不同的切削方法，对零件结构工艺性的要求也不尽相同。本节通过常见实例，分析切削成形对零件结构的要求。在具体设计当中，通常遵循以下几项原则。

7.2.1 合理确定零件的技术要求

应根据零件在整个机器中的作用和工作条件合理地确定其技术要求，尽可能使零件方便经济地加工出来。不需要加工的表面，不要设计成加工面；对于加工表面，在满足使用性能的前提下，加工精度和表面粗糙度尽量设计得低一些，以降低制造成本。

7.2.2 遵循零件结构设计的标准化

1. 尽量采用标准件

设计时，尽量根据国家标准选用标准件，不仅缩短设计制造周期，使用维修方便，而且经济。

2. 尽量选用标准型材

只要满足使用要求，零件毛坯尽量选择标准型材，不仅减少了毛坯制造的工作量，也减少了切削工时。

3. 尽量采用标准化参数

零件上的结构要素如孔径及孔底形状、螺纹孔径、齿轮模数、沟槽宽度、圆角半径等参数尽量选用标准推荐的数值，以便能使用标准的刀具和量具，减少专用刀具和量具的设计及制造。

如图 7-1 所示盲孔，孔底以及不同直径之间的过渡应做成与钻头顶角相同的圆锥面（见图 7-1(a)），因为与孔的轴线相垂直的底面或其他角度的锥面（见图 7-1(b)）无法采用标准钻头钻孔，从而使加工复杂化。

又如图 7-2(a)所示零件的型腔，用端铣刀加工后，尖角部位用立铣刀难以清边。若设计成图 7-2(b)所示的结构，则其内圆角可用立铣刀清边，要求内圆角半径必须等于标准立铣刀的半径，且圆角半径不能太小，型腔不能太深，以免加工困难。

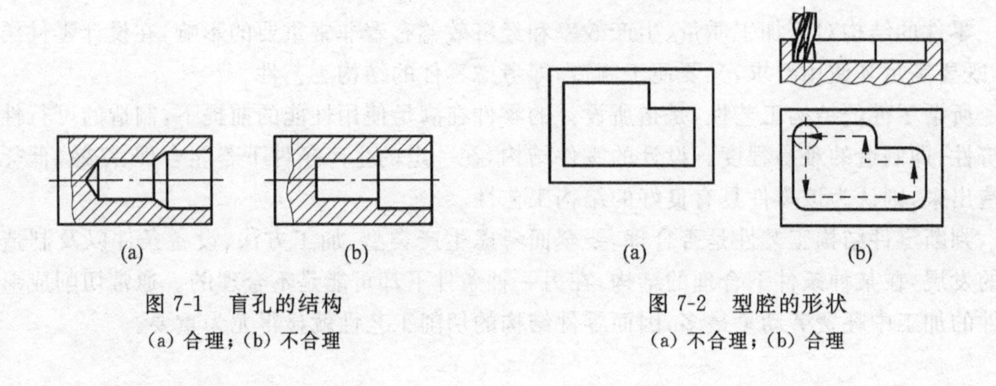

图 7-1　盲孔的结构
(a) 合理；(b) 不合理

图 7-2　型腔的形状
(a) 不合理；(b) 合理

7.2.3　零件结构应便于装夹

零件的结构应使装夹方便、稳定可靠，同时尽量减少装夹次数。

1. 保证装夹方便、稳定可靠

(1) 增设工艺凸台　刨削较大型工件时，往往把工件直接安装在工作台上。如图 7-3(a)所示数控铣床床身，如果要刨削导轨面，必须使加工面水平放置，定位装夹困难，若在零件上设置如图 7-3(b)所示的工艺凸台，便容易找正安装。加工完导轨面后再把凸台切除。

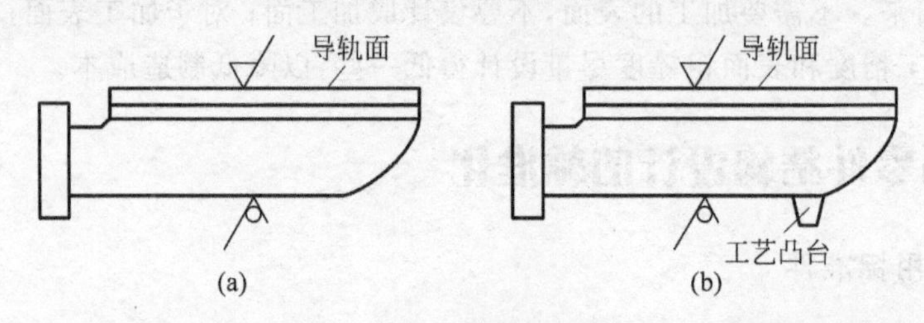

图 7-3　数控铣床的床身
(a) 不合理；(b) 合理

(2) 增设工艺凸缘或工艺孔　如图 7-4(a)所示的大平板，在龙门刨床或龙门铣床上加工上平面时，无法用螺钉压板压紧工件，零件也无法吊运。应在零件的两侧各设置一个

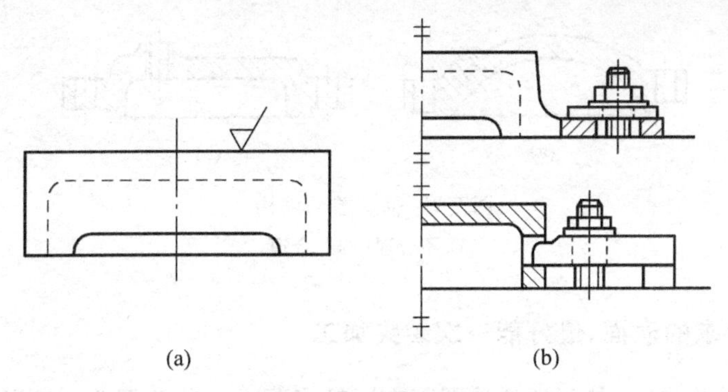

(a) (b)

图 7-4 大平板的结构

(a) 不合理；(b) 合理

图 7-4(b)所示的工艺凸缘或工艺孔，用来夹紧和吊运。

(3) 改变结构 如图 7-5(a)所示锥度心轴，在三爪自定心卡盘上安装时，工件与卡爪是点接触，不能将工件夹牢。通过增加一段圆柱面作为安装基面(见图 7-5(b))，工件与卡爪的接触面积增大，将使安装方便可靠。

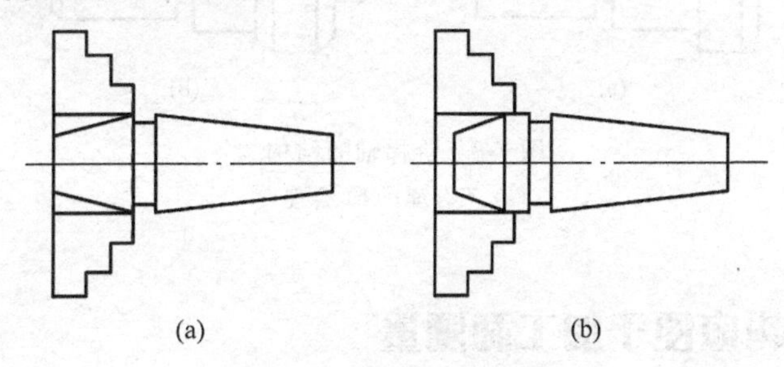

(a) (b)

图 7-5 锥度心轴的结构

(a) 不合理；(b) 合理

2. 尽量减少装夹次数

减少工件装夹次数，可以减少安装误差和辅助工时，提高切削效率。

如图 7-6(a)所示轴套两端的孔，需两次装夹才能加工出来。若改为图 7-6(b)所示的结构，增大非加工表面的直径，只需一次装夹就可以完成内孔的加工。

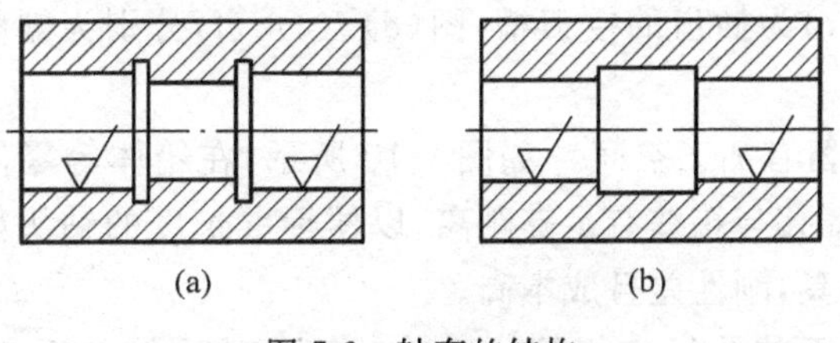

(a) (b)

图 7-6 轴套的结构

(a) 不合理；(b) 合理

如图 7-7(a)所示轴承盖上的螺孔若设计成倾斜的，既增加了装夹次数，又不便于钻孔和攻螺纹。改为图 7-7(b)所示的结构，则减少了装夹次数，便于加工且提高了效率。

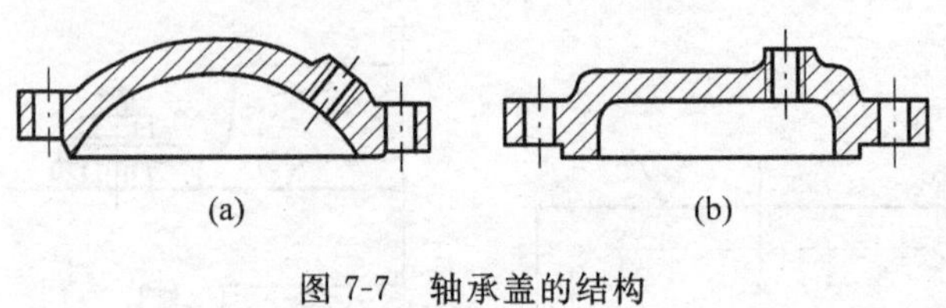

图 7-7 轴承盖的结构
(a) 不合理;(b) 合理

3. 有精度要求的表面,最好能一次装夹加工

如图 7-8 所示阶梯轴,其两端的外圆面有同轴度要求。若按图 7-8(a)所示结构,磨削两端的外圆,必须调头装夹。改为图 7-8(b)所示的结构,只需一次装夹即可磨削两段外圆面,既保证了同轴度,又提高了生产率。

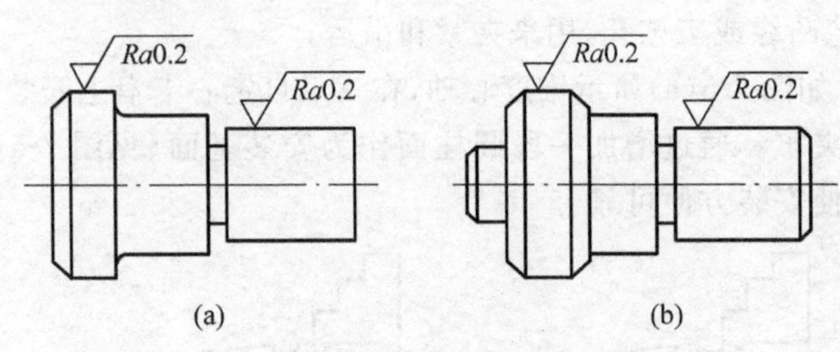

图 7-8 阶梯轴的结构
(a) 不合理;(b) 合理

7.2.4 零件结构应便于加工和测量

零件的结构要便于加工和测量,以提高生产率,保证加工质量。为此,在设计零件的结构时,应考虑以下几方面。

1. 便于进刀和退刀

(1) 留出退刀槽、空刀槽或越程槽 切削时,为避免刀具或砂轮与工件的某部位相碰,工件上应留有退刀槽、空刀槽或越程槽等。图 7-9 中,图(a)为车螺纹的退刀槽,图(b)为铣齿或滚齿的退刀槽,图(c)为插齿的空刀槽,图(d)、(e)、(f)分别为刨削、磨外圆和磨内孔的越程槽。

(2) 凸台上的孔要留有加工空间 如图 7-10 所示,在箱体等零件的凸台上钻孔时,应合理布置孔的位置,保证孔与箱壁有足够距离,以便标准长度的钻头能正常工作,否则需采用加长钻头等非标准刀具,刚性差且成本高。

(3) 箱体上同轴孔系的孔径应相等或递减 箱体的同轴孔系应是无台阶的通孔,孔径最好相等,这样只需调整一次刀头即可将各孔依次镗出;若孔径不同时,应向一个方向递减,或从两边向中间递减,以便镗刀的切入和切出,不能出现两边小、中间大的情况。图 7-11(b)、(c)比图(a)结构要合理。

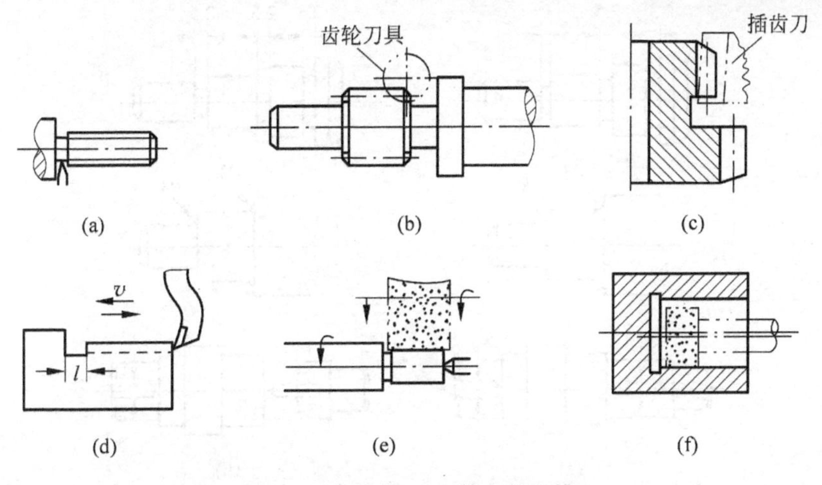

(a) (b) (c)

(d) (e) (f)

图 7-9 退刀槽、空刀槽和越程槽

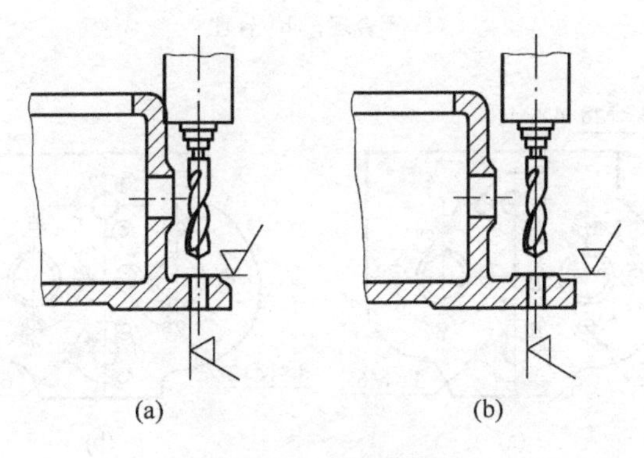

(a) (b)

图 7-10 钻孔位置

(a) 不合理；(b) 合理

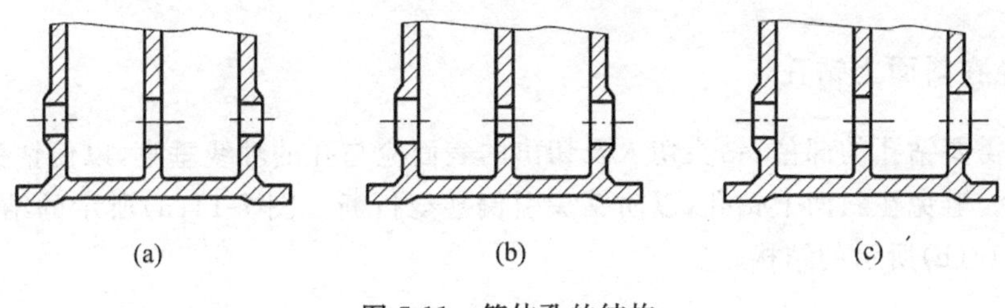

(a) (b) (c)

图 7-11 箱体孔的结构

(a) 不合理；(b) 合理；(c) 合理

2. 同类结构要素要统一，以减少刀具种类

如图 7-12(a)所示的阶梯轴，车削其上的退刀槽、过渡圆弧、键槽，需要多把车刀和铣刀，增加了换刀和调刀的次数。若改为图 7-12(b)所示的结构，使同类要素在同一个零件上尽量统一，减少了刀具种类，便于加工。

又如图 7-13(a)所示的箱体，其上的螺纹孔直径应尽量一致或减少种类，以便采用同一丝锥或减少丝锥规格。

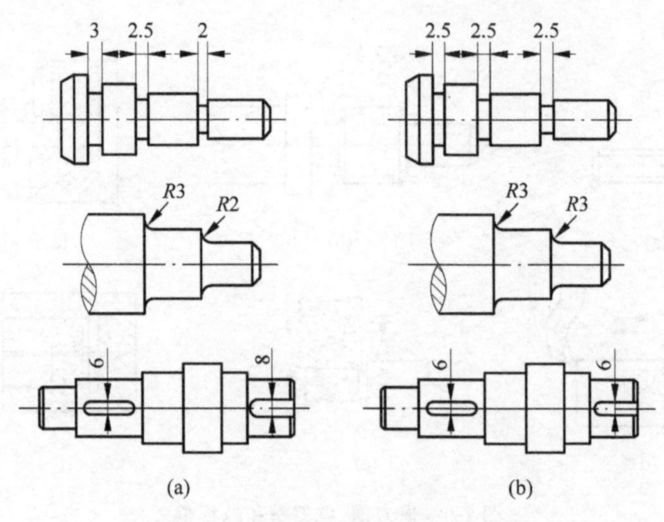

图 7-12　箱体上同类要素尽量一致

(a) 不合理；(b) 合理

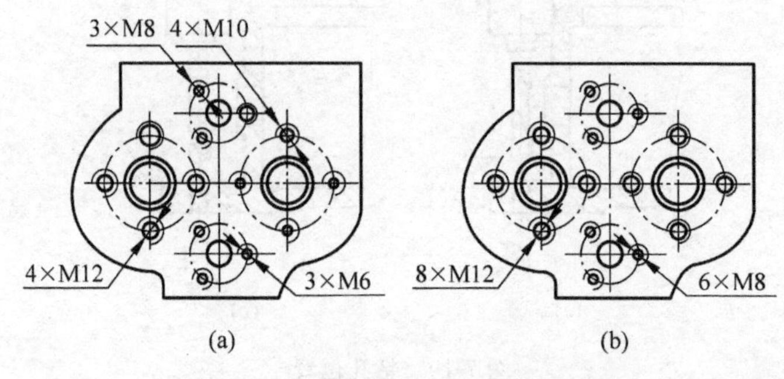

图 7-13　箱体上螺纹孔直径尽量一致

(a) 不合理；(b) 合理

3. 避免在斜面上钻孔

零件上需要钻孔的部位，钻头切入及切出的表面应与孔的轴线垂直，以便钻头两个切削刃同时切削。避免在斜面上钻孔，以防钻头引偏甚至折断。图 7-14(a)所示的结构不合理，应改为图 7-14(b)所示的结构。

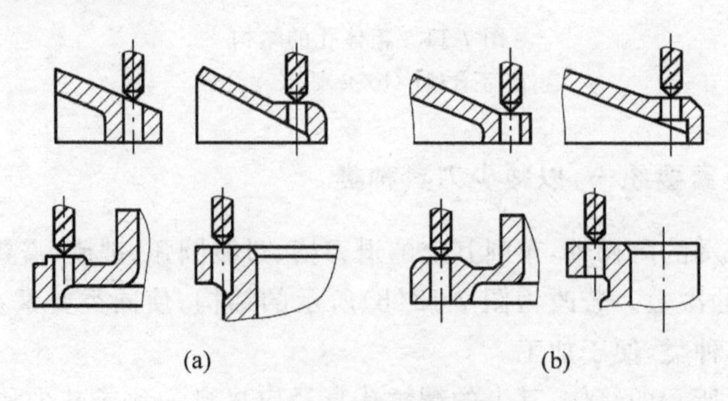

图 7-14　钻孔表面的结构

(a) 不合理；(b) 合理

4. 尽量避免内表面加工和深孔加工

如图 7-15(a)所示，在箱体内部需要安装轴承座，与其配合的凸台表面设置在内部，加工和测量极为不便，装配也很困难。若改为图 7-15(b)所示的结构，将凸台设置在箱体外部，则内表面的加工变为外表面的加工，使加工、测量及装配都方便。

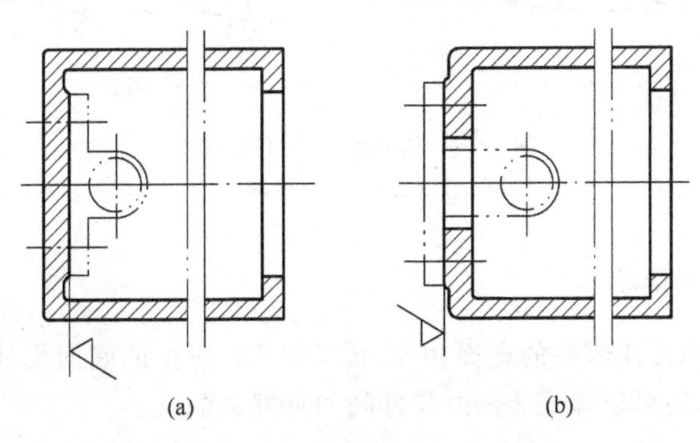

图 7-15　外加工面代替内加工面的结构

(a) 不合理；(b) 合理

钻深孔时，冷却、排屑困难，效率低，在零件结构设计中应予以避免。图 7-16(a)所示的结构不合理，应改为图 7-16(b)所示的结构。

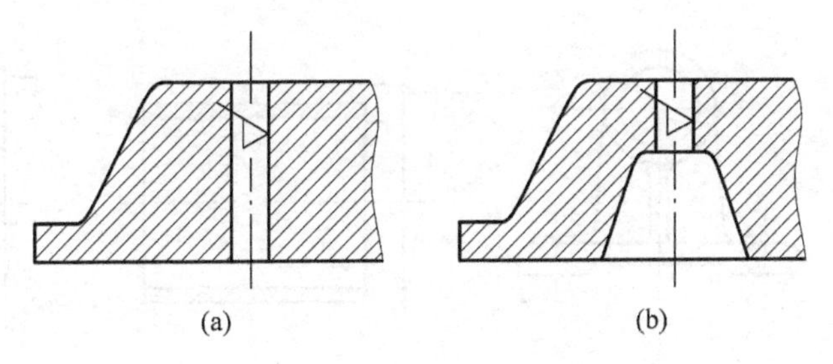

图 7-16　避免深孔加工的结构

(a) 不合理；(b) 合理

5. 尽量减少机床调整次数

如图 7-17(a)所示的零件，同一面上的凸台表面高度不一，铣削或刨削时需要多次调整工作台的高度，加工不便。如果将凸台设计得一样高，如图 7-17(b)所示，可以一次走刀加工完所有凸台表面，也便于同时加工几个件。

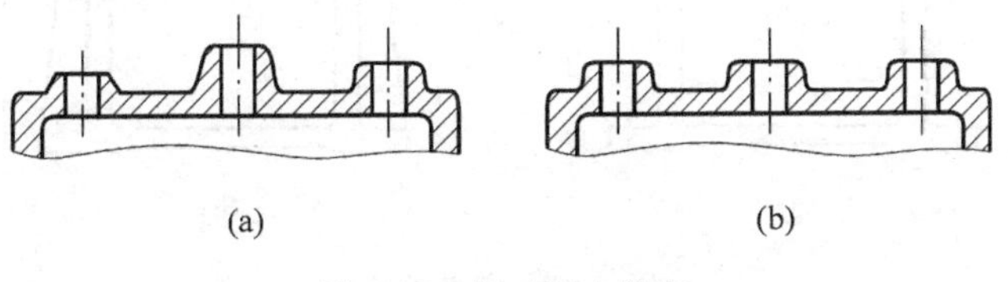

图 7-17　加工面应等高

(a) 不合理；(b) 合理

图 7-18(a)所示的轴上有两处锥度，在车削和磨削时需两次调整机床。如果将轴上锥度设计的一致，如图 7-18(b)所示，可以减少机床的调整次数。

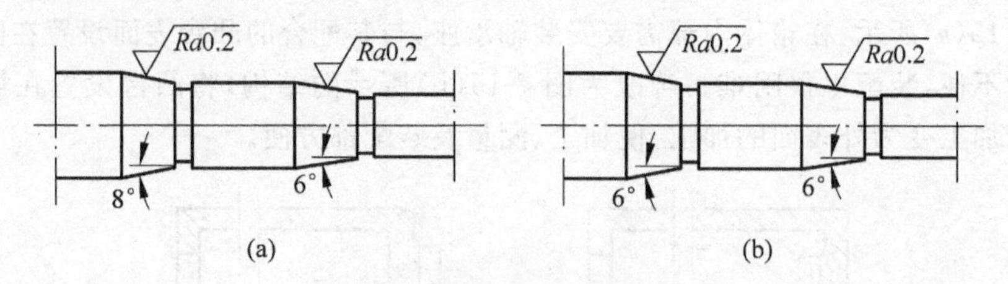

图 7-18　轴上锥度尽可能一致
(a) 不合理；(b) 合理

6. 尽量减少加工面积

与图 7-19(a)所示支座零件的底面相比，图 7-19(b)所示的底面设计为中凹，既可减少加工面积，节省材料，还可以保证装配时零件间的良好接触。

7. 零件结构应有足够刚度

图 7-20(a)所示的薄壁套筒，利用三爪自定心卡盘夹紧时，由于刚性差，容易变形，车削后形状误差较大。改为图 7-20(b)所示的结构，在零件一端加凸缘，可增加零件的刚性，防止夹紧变形。

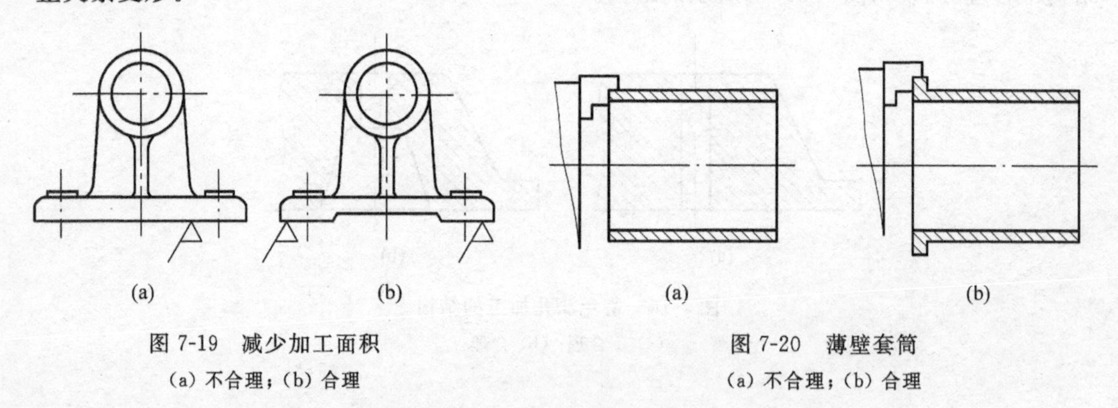

图 7-19　减少加工面积
(a) 不合理；(b) 合理

图 7-20　薄壁套筒
(a) 不合理；(b) 合理

图 7-21(a)所示为床身导轨，刨削时切削力使导轨边缘挠曲，产生较大的加工误差。采用图 7-21(b)所示结构，通过增设加强筋提高导轨刚性，可有效防止变形。

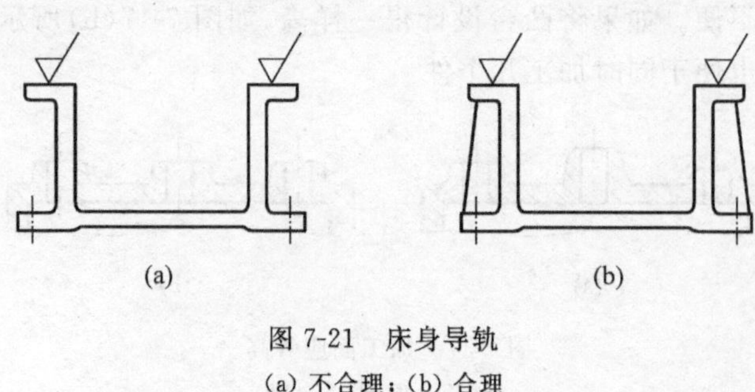

图 7-21　床身导轨
(a) 不合理；(b) 合理

7.2.5 合理采用组合结构

为了满足使用要求，有些零件的结构比较复杂，难以加工或无法加工。采用组合结构，先加工各个组件，再装配成组合件，既保证了加工质量，也简化了加工过程。

如图 7-22(a)所示轴带动齿轮旋转，当齿轮较小、轴较短时，可以把齿轮与轴做成一体，即齿轮轴；当齿轮较大、轴较长时，做成一体则难以加工，必须分成三件：轴、齿轮、键，分别加工后，装配到一起，如图 7-22(b)所示，这样加工很方便，结构工艺性好。图 7-22(c)所示的零件，内部球面很难加工。若改为图 7-22(d)所示的结构，把零件分为两件，球面的内部加工变为外部加工，使加工得以简化。

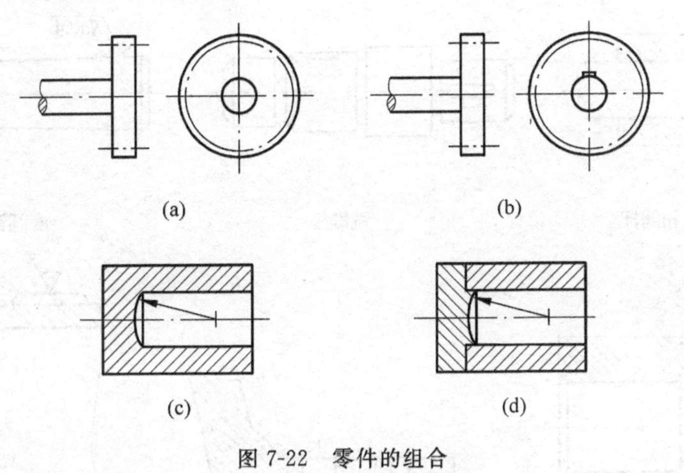

图 7-22 零件的组合

思考题与习题

1. 什么是零件的结构工艺性？它有什么实际意义？
2. 设计零件时，考虑零件结构工艺性的一般原则有哪几项？
3. 试指出图 7-23 中零件的结构工艺性存在什么问题？如何改进？

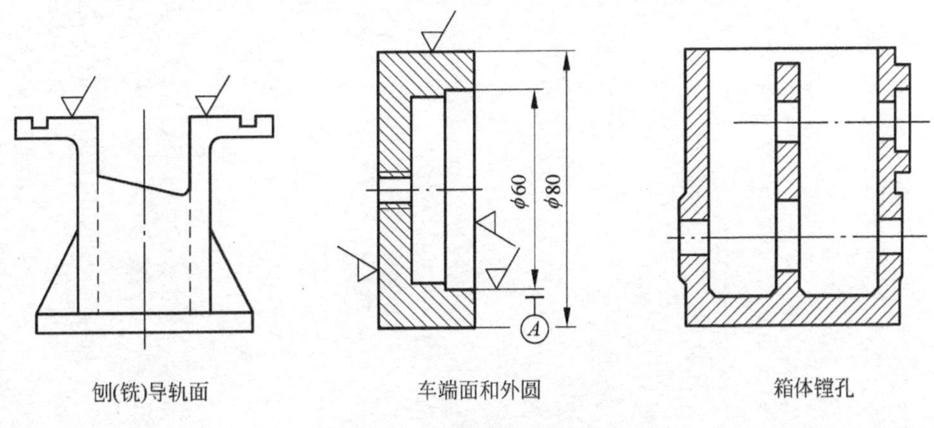

图 7-23 不同零件的结构形状

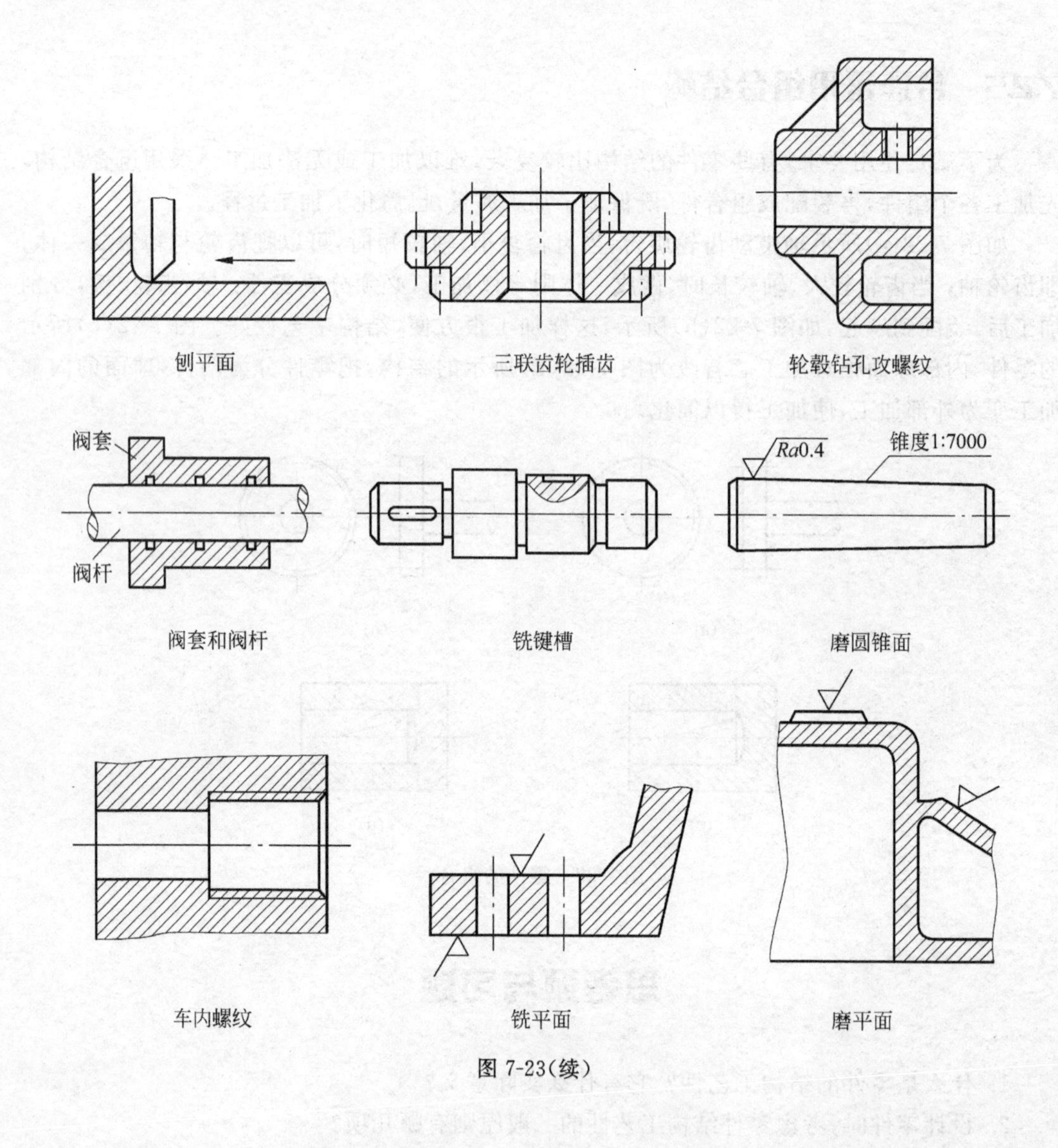
刨平面
三联齿轮插齿
轮毂钻孔攻螺纹
阀套
阀杆
阀套和阀杆
铣键槽
Ra0.4
锥度1:7000
磨圆锥面
车内螺纹
铣平面
磨平面

图 7-23（续）

参考文献

1. 崔明铎.机械制造基础.北京：清华大学出版社,2008
2. 邓文英,宋力宏.金属工艺学.北京：高等教育出版社,2008
3. 卢秉恒.机械制造技术基础.北京：机械工业出版社,2005
4. 张世昌,李旦,高航.机械制造技术基础.北京：高等教育出版社,2001
5. 孔德音.机械加工工艺基础.北京：机械工业出版社,1998
6. 常春.材料成形基础.北京：机械工业出版社,2009
7. 何世松,寿兵.机械制造基础.哈尔滨：哈尔滨工程大学出版社,2009
8. 周世全.机械制造工艺基础.武汉：华中科技大学出版社,2005
9. 邢忠文,张学仁.金属工艺学.哈尔滨：哈尔滨工业大学出版社,1999
10. 陆剑中,孙家宁.金属切削原理与刀具.北京：机械工业出版社,2005
11. 韩荣第.金属切削原理与刀具.哈尔滨：哈尔滨工业大学出版社,2007
12. 李庆余,孟广耀.机械制造装备设计.北京：机械工业出版社,2008
13. 丁德全.金属工艺学.北京：机械工业出版社,2007
14. 周桂莲,付平.机械制造基础.西安：西安电子科技大学出版社,2009
15. 陶亦亦,潘玉娴.工程材料与机械制造基础.北京：化学工业出版社,2006
16. 刘舜尧,李燕,邓曦明.制造工程工艺基础.长沙：中南大学出版社,2002
17. 傅水根.机械制造工艺基础.北京：清华大学出版社,1998
18. 陈红康,杜洪香.数控加工与编程.济南：山东大学出版社,2009
19. 易红.数控技术.北京：机械工业出版社,2005
20. 杨伟群.数控工艺培训教程(数控铣部分).北京：清华大学出版社,2006
21. 赵玉刚,宋现春.数控技术.北京：机械工业出版社,2003
22. 刘晋春.特种加工.北京：机械工业出版社,2005
23. 李长河.机械制造基础.北京：机械工业出版社,2009
24. 盛晓敏,邓朝晖.先进制造技术.北京：机械工业出版社,2000
25. 杨继全,朱玉芳.先进制造技术.北京：化学工业出版社,2004
26. 王广春,赵国群.快速成形与快速模具制造技术及应用.北京：机械工业出版社,2008

参考文献